Unity3D + SteamVR 虚拟现实应用
——HTC Vive 开发实践

喻春阳　马　新　编著

電子工業出版社
Publishing House of Electronics Industry
北京•BEIJING

内 容 简 介

本书以HTC Vive为例，介绍如何使用Unity3D和SteamVR插件进行虚拟现实产品的设计和开发。本书包含5章，第1章为绪论，详细介绍虚拟现实的开发平台。第2章为SteamVR官方案例，包括如何实现一些常用的VR交互。第3章为初级：实例实战，介绍使用HTC Vive手柄进行移动操作和可交互物体的抓取操作。第4章为高级：项目实战，介绍手枪对象的拾取、放下等操作。第5章为综合项目实战，完成VR驾驶员更换汽车轮胎的综合项目。本书配套给出了全部实例、项目的素材文件和源代码，读者可轻松根据本书内容进行虚拟现实开发的学习和实践。

本书可作为高等学校计算机、软件、数字媒体相关专业的教材，也可作为相关工作人员的参考书。

图书在版编目（CIP）数据

Unity3D + SteamVR虚拟现实应用：HTC Vive开发实践 / 喻春阳，马新编著. —北京：电子工业出版社，2021.9

ISBN 978-7-121-41932-4

Ⅰ. ①U… Ⅱ. ①喻… ②马… Ⅲ. ①程序设计－高等学校－教材 Ⅳ. ①TP311.1

中国版本图书馆CIP数据核字（2021）第181254号

责任编辑：刘　瑀　　　特约编辑：田学清
印　　刷：北京雁林吉兆印刷有限公司
装　　订：北京雁林吉兆印刷有限公司
出版发行：电子工业出版社
　　　　　北京市海淀区万寿路173信箱　　邮编：100036
开　　本：787×1092　1/16　印张：16.5　字数：371千字
版　　次：2021年9月第1版
印　　次：2021年9月第1次印刷
定　　价：55.00元

凡所购买电子工业出版社图书有缺损问题，请向购买书店调换。若书店售缺，请与本社发行部联系，联系及邮购电话：（010）88254888，88258888。

质量投诉请发邮件至zlts@phei.com.cn，盗版侵权举报请发邮件至dbqq@phei.com.cn。

本书咨询联系方式：liuy01@phei.com.cn。

前 言

PREFACE

2018 年 9 月，教育部正式宣布在普通高等学校高等职业教育（专业）院校中设置“虚拟现实应用技术”专业，从 2019 年开始执行。“虚拟现实应用技术”专业新增为普通高等学校本科专业。2020 年，江西科技师范大学、江西理工大学、吉林动画学院、河北东方学院新增“虚拟现实应用技术”本科专业。可以肯定，将来会有更多的高等学校设立“虚拟现实应用技术”专业，为国家培养更多的虚拟现实应用方面的人才。

虚拟现实应用技术从最初提出到现在，已经发展了半个多世纪的时间，在教育、军事、工业、艺术与娱乐、医疗、城市仿真、科学计算可视化等领域都有极其广泛的应用。如今，随着移动 VR 设备的发展，以及云渲染、大数据等技术的落地，使得虚拟现实应用技术有了更广阔的发展前景。

本书的作者是东北大学“数字媒体技术”专业的教师，多年从事虚拟现实方向的教学和科研工作，积累了丰富的教学和科研经验。在教学中，教师主要使用 HTC Vive 套件，因此，本书以 HTC Vive 为例，介绍如何使用 Unity3D 和 SteamVR 插件进行虚拟现实产品的设计和开发。

本书包含 5 章，第 1 章为绪论，详细介绍虚拟现实的开发平台，以及 Valve 公司基于 Unity3D 的 SteamVR 插件的功能。第 2 章为 SteamVR 官方案例，包括如何实现一些常用的 VR 交互。第 3 章为初级：实例实战，介绍使用 HTC Vive 手柄进行移动操作和可交互物体的抓取操作。第 4 章为高级：项目实战，介绍手枪对象的拾取和放下、握枪姿势的设置、激光瞄准线的设置、手枪射击音效的设置等。第 5 章为综合项目实战，完成 VR 驾驶员更换汽车轮胎的综合项目。本书配套给出了全部实例、项目的素材文件和源代码，读者可轻松根据本书内容进行虚拟现实开发的学习和实践。另外，由于本书采用黑白印刷，书中图片的颜色无法区分，请读者自行结合软件界面进行识别。

由于作者的水平有限，书中难免存在不足之处，恳请读者批评和指正。

编著者

目 录

CONTENTS

第 1 章 绪论

2018 年 3 月，由斯皮尔伯格执导的影片《头号玩家》在全球同步上映，让全世界的人们领略了虚拟现实（VR）应用技术所带来的巨大魅力。更加令人兴奋的是，电影《头号玩家》展现在观众面前的妙趣横生的虚拟世界中的大部分内容借助 HTC Vive 虚拟现实设备就可以实现。

1.1 HTC Vive

2015 年 3 月 2 日，在巴塞罗那举行的世界移动通信大会期间，HTC 公司发布消息，HTC 公司和 Valve 公司合作推出了一款 VR 游戏头显。这款头显的名称为 HTC Vive，屏幕刷新率为 90Hz，搭配两个无线控制器，并具备手势追踪功能。图 1.1 所示为正在使用 HTC Vive 的用户。

图 1.1 正在使用 HTC Vive 的用户

HTC Vive 通过三个部分为使用者提供沉浸式体验：一个头戴式显示器（简称头显）、两个单手持控制器（简称手柄）、一个能在空间内同时追踪显示器与控制器的定位系统。

在头戴式显示器上，HTC Vive 采用了一块 OLED 屏幕，单眼有效分辨率为 1200px×1080px，双眼合并分辨率为 2160px×1200px。这样的分辨率大大降低了画面的颗粒感，用户几乎感觉不到纱门效应，并且能在佩戴眼镜的同时戴上头显，即使没有佩戴眼镜，近视度数在 400 度左右的人依然能清楚地看到画面的细节。画面刷新率为 90Hz，数据显示延迟为 22ms，实际体验几乎零延迟，用户不会出现恶心和眩晕的感觉。

控制器定位系统采用的是 Valve 的专利，它不需要借助摄像头，而是靠激光和光敏传感器来确定运动物体的位置的，也就是说，HTC Vive 允许用户在一定范围内走动。

HTC Vive 为用户打开了通向虚拟世界的大门。

1.2 SteamVR

有了 HTC Vive 的支持，距离我们迈进虚拟现实世界的大门，还差一个软件，这个软件就是 SteamVR。SteamVR 能够驱动 HTC Vive 设备进行工作，通过激光定位器获取 HTC Vive 的头显和手柄在真实三维空间中的位置数据，并实时映射到虚拟三维空间中，然后输出视频数据到 HTC Vive 的头显上，分别渲染左右眼所看到的画面，实现 3D 效果。SteamVR 能够接收手柄的按键操作信息，同时能够驱动手柄采用不同震动频率来实现力反馈效果。

由于 HTC Vive 是 HTC 公司和 Valve 公司联合设计并开发的产品，因此想要正确驱动 HTC Vive 设备，就需要安装 Valve 公司提供的 SteamVR 软件，而想要安装和使用 SteamVR 软件，就需要先下载和安装 Steam 平台。

1.2.1 Steam 平台的下载和安装

Steam 平台是 Valve 公司旗下的游戏和软件平台，是目前全球较大的综合性数字发行平台之一。Steam 平台官方网站首页如图 1.2 所示。

图 1.2　Steam 平台官方网站首页

单击右上方的“安装 Steam”按钮，将会弹出如图 1.3 所示的界面。

图 1.3　安装 Steam 平台的界面

单击“安装 STEAM”按钮，将会弹出如图 1.4 所示的“新建下载任务”界面。

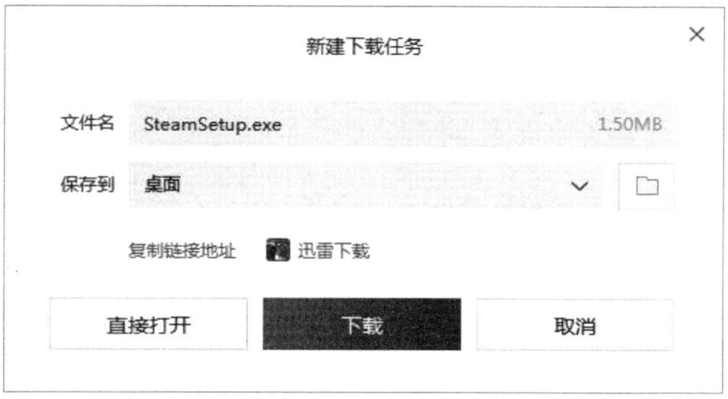

新建下载任务
文件名　SteamSetup.exe　1.50MB
保存到　桌面
复制链接地址　迅雷下载
直接打开　下载　取消

图 1.4　“新建下载任务”界面

单击“下载”按钮，将 SteamSetup.exe 文件下载到计算机上，然后运行该安装文件，弹出“Steam 安装”窗口，如图 1.5 所示。

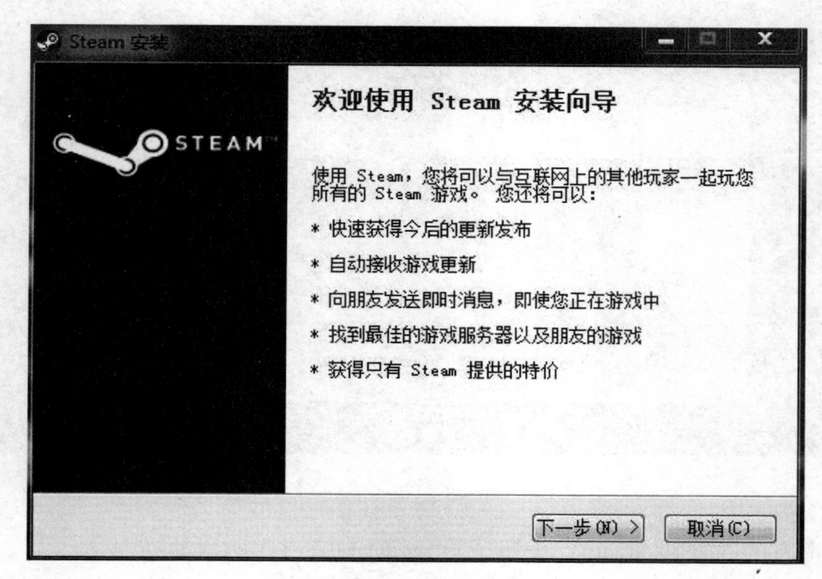

图 1.5 “Steam 安装”窗口

单击“下一步”按钮，进入“语言”界面，如图 1.6 所示。

图 1.6 “语言”界面

选中“简体中文”单选按钮，然后单击“下一步”按钮，进入“选定安装位置”界面，如图 1.7 所示。

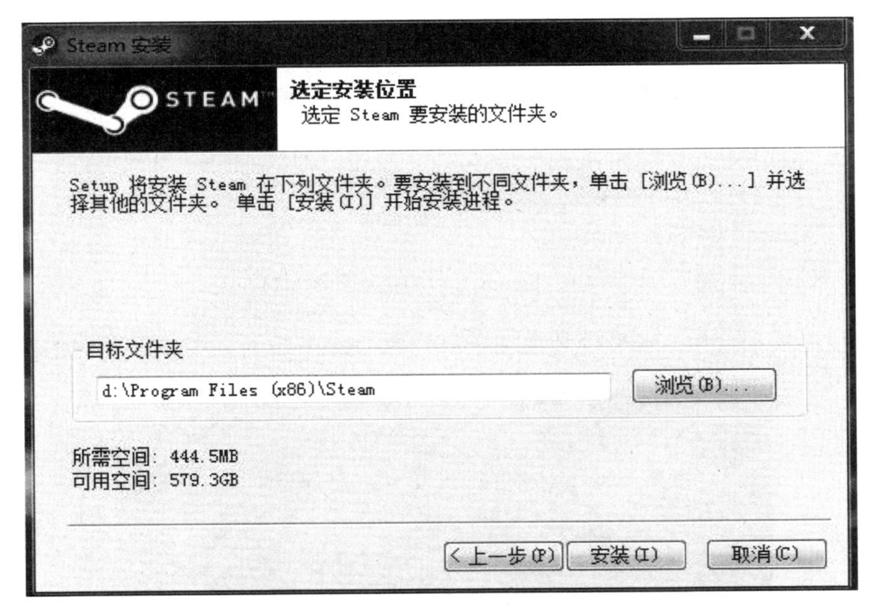

图 1.7 “选定安装位置”界面

选择好安装 Steam 平台的目标文件夹，然后单击“安装”按钮。

系统自动进行安装，经过一段时间后，将会弹出如图 1.8 所示的界面。

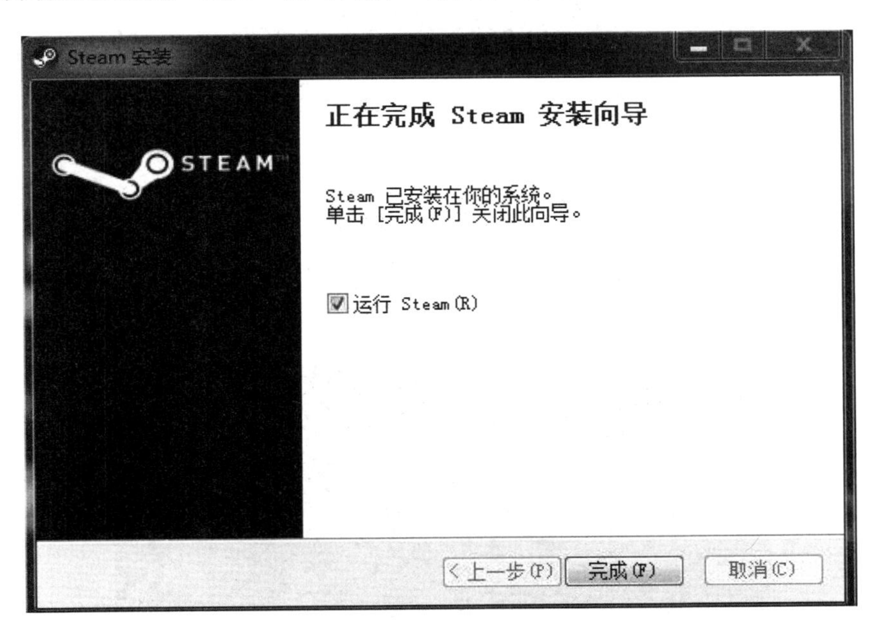

图 1.8　Steam 平台安装完成

单击“完成”按钮，会弹出一个自动升级窗口，如图 1.9 所示。

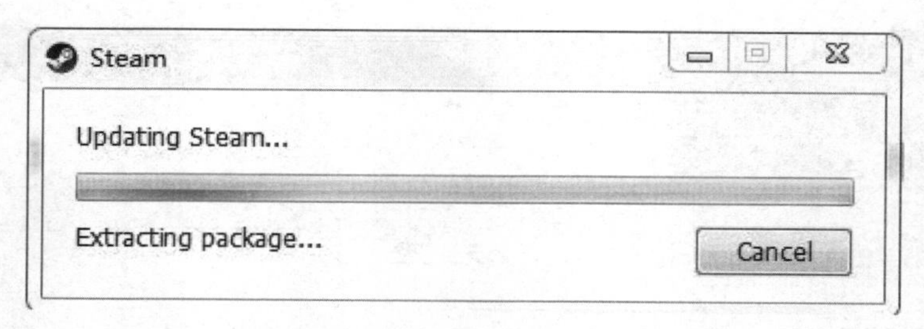

图 1.9　Steam 平台的自动升级窗口

经过一段时间后，Steam 平台升级完毕，弹出如图 1.10 所示[①]的登录界面。

图 1.10　Steam 平台登录界面

1.2.2　创建 Steam 账户

如果用户没有 Steam 账户，则单击图 1.10 中的“创建一个新的账户”按钮，进入如图 1.11 所示的“创建账户”界面（未截取全部界面）。

图 1.11　“创建账户”界面

① 图 1.10 中“帐户名称”的正确写法应为“账户名称”。

按照要求填写相关信息，并在该界面的底部勾选“我同意并且已年满 13 周岁”复选框，然后单击“继续”按钮，如图 1.12 所示。

图 1.12　勾选“我同意并且已年满 13 周岁”复选框

之后，Steam 平台会向用户注册时使用的电子邮箱发送一封电子邮件，电子邮件中包含一条链接验证信息，用户登录到电子邮箱并单击该链接，就顺利完成了 Steam 平台的注册。

通过如图 1.10 所示的 Steam 平台登录界面，使用注册好的账户名称和密码，登录 Steam 平台，如图 1.13 所示。

图 1.13　登录 Steam 平台

在右上角的搜索框中输入 SteamVR，在弹出的下拉列表中，选择 SteamVR 选项，如图 1.14 所示。

图 1.14　在 Steam 平台搜索 SteamVR

进入如图 1.15 所示的界面，然后单击“马上开玩”按钮。

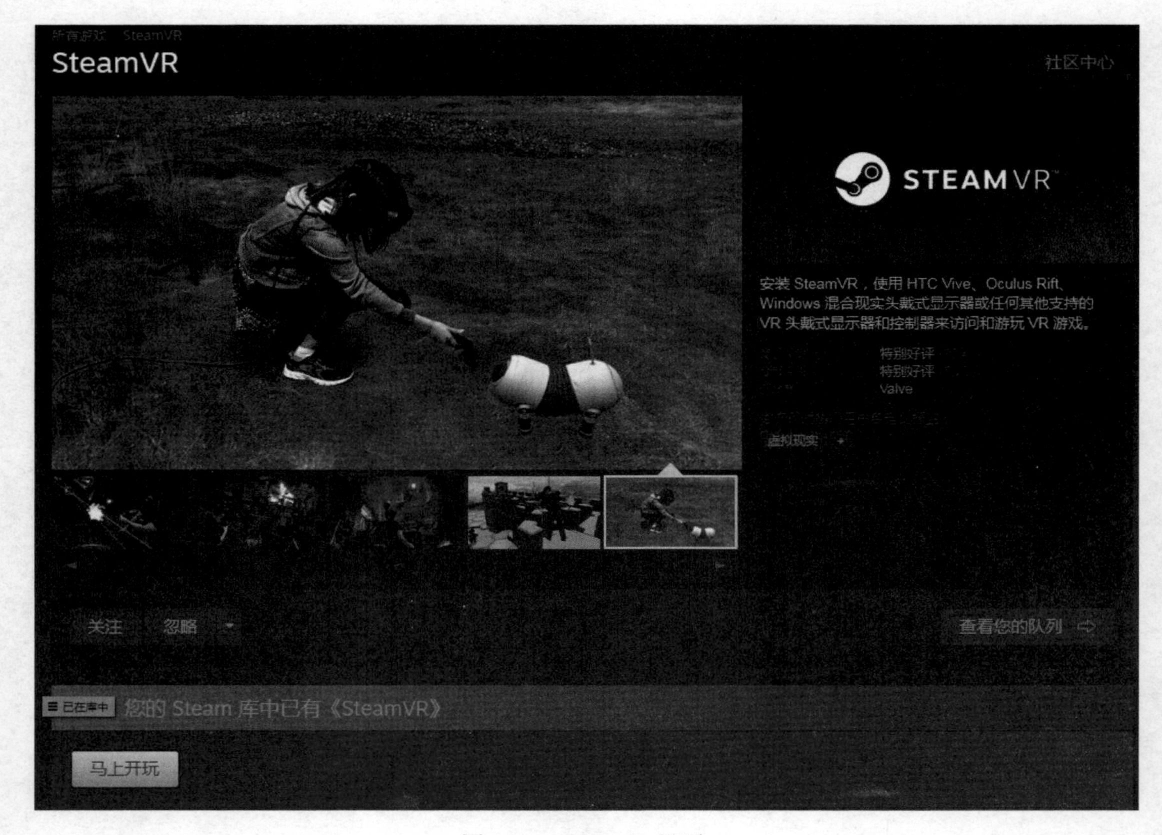

图 1.15　SteamVR 界面

SteamVR 的功能强大，支持目前主流的虚拟现实设备，包括 Valve Index、HTC Vive、Oculus Rift 及 Windows Mixed Reality，同时支持上述设备所配备的手柄，支持的游玩范围包括就座、站立和房间规模，如图 1.16 所示。

图 1.16　SteamVR 支持的虚拟现实设备和游玩范围

1.3 Unity

如果已准备好 HTC Vive 虚拟现实硬件设备，以及驱动该设备正常运行的 SteamVR 软件，就可以设计和制作虚拟现实内容了。

设计和制作虚拟现实内容还需要使用合适的开发工具。目前较流行、便捷的开发工具是 Unity。

Unity 是一款由 Unity Technologies 研发的跨平台的 2D/3D 游戏引擎。Unity 具有交互的图形化开发环境，编译器可在 Windows 和 macOS 下运行，创作者可以使用 Unity 实现包括游戏开发、美术、建筑、汽车设计、影视制作在内的众多项目内容。Unity 为创作者提供了一整套的软件解决方案，支持的平台包括手机、平板电脑、PC、游戏主机、增强现实和虚拟现实设备。

近年来，Unity3D 发展迅速，呈现出的效果令人惊叹。2019 年，使用 Unity3D 制作的游戏已在全球范围内覆盖近 30 亿台设备，并且其在 2019 年的安装量已超过 370 亿次。据统计，国内有 80%以上的开发团队使用 Unity3D 研发各种游戏项目。所以，本书选用 Unity3D 作为虚拟现实开发的编辑器。

1.3.1 Unity 的下载和安装

Unity 版本的更新速度很快，编写此书时最新的稳定版本是 Unity 2019.4.1f1（LTS），其中 LTS 表示长期支持版本。

用户可以通过登录 Unity 官方网站，下载最新版本的 Unity，其首页如图 1.17 所示。

图 1.17　Unity 首页

用户需要使用 Unity ID 登录到 Unity 官方网站后才能下载 Unity 的安装文件，如果没有 Unity ID，则可以通过如图 1.18 所示的界面免费创建一个 Unity ID。

图 1.18　创建 Unity ID

创建好 Unity ID 之后，再次登录 Unity 官方网站，单击“下载 Unity”按钮，进入如图 1.19 所示的下载界面。

图 1.19　Unity 下载界面

选择所要下载的 Unity 版本并进行下载，下载完毕后按照安装向导，一步步地将 Unity 安装到自己的计算机中。

1.3.2　Visual Studio 的下载和安装

使用 Unity 开发虚拟现实项目需要编写 C#代码，而编写 C#代码的集成开发环境（IDE）是 Visual Studio。本书使用的是 Visual Studio 2019 Community 版本，这是一个完全免费的编辑器，能够满足大多数开发者的开发需求。

进入 Microsoft 官方网站，选择“所有 Microsoft→Visual Studio”选项，如图 1.20 所示，进入 Visual Studio 下载界面。

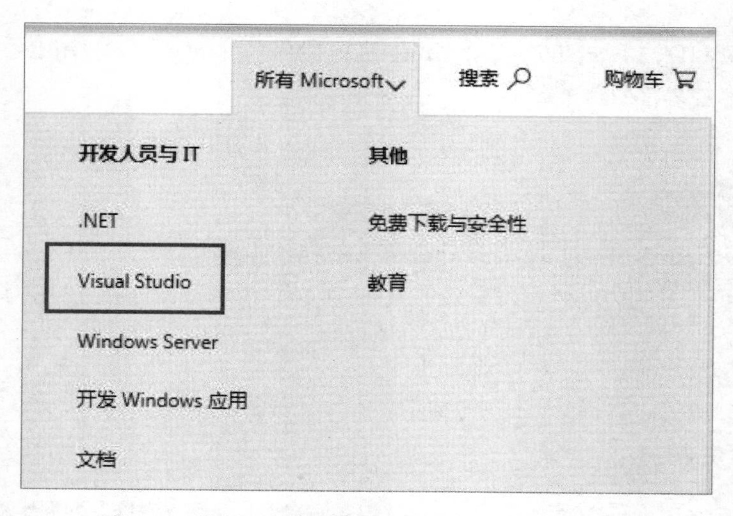

图 1.20　选择“所有 Microsoft→Visual Studio”选项

在“下载 Visual Studio”下拉列表中选择 Community 2019 选项，如图 1.21 所示。

图 1.21　选择 Community 2019 选项

在弹出的“新建下载任务”界面中，下载 Visual Studio Community 2019 的安装文件，如图 1.22 所示。

图 1.22　下载 Visual Studio Community 2019 的安装文件

下载完毕后，运行该安装文件，按照安装向导一步步地将 Visual Studio Community 2019 安装到计算机中。

1.3.3　通过 Unity 配置 Visual Studio

运行 Unity 2019，选择 Edit→Preferences 命令，如图 1.23 所示。

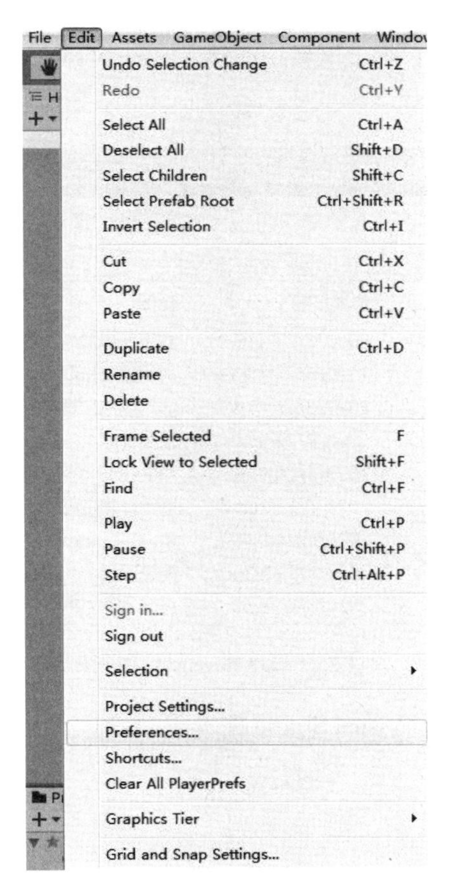

图 1.23　选择 Edit→Preferences 命令

在弹出的 Preferences 窗口中，选择 External Tools（外部工具设置）选项，在右侧的 External Script Editor 下拉列表中选择 Open by file extension 选项，如图 1.24 所示。

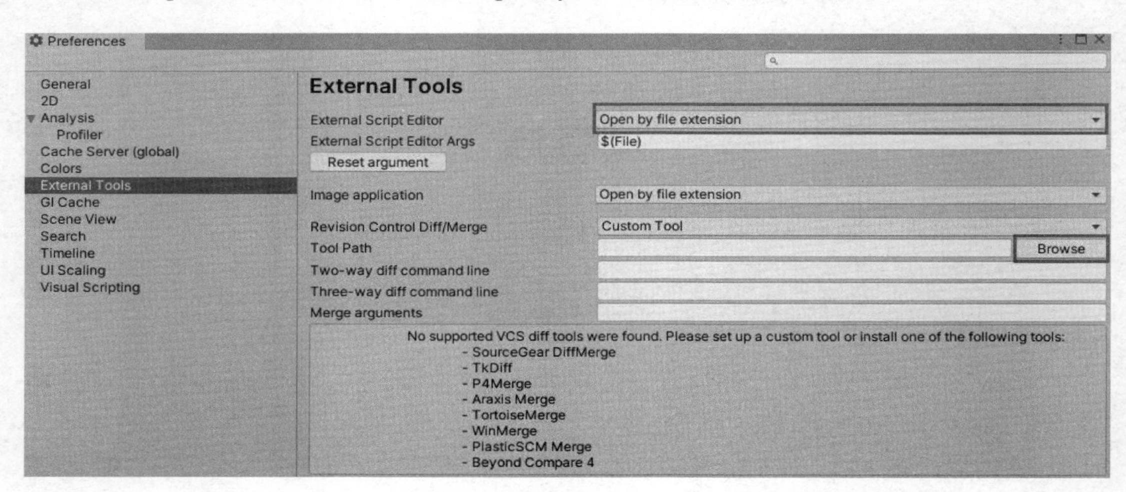

图 1.24　Preferences 窗口

单击如图 1.24 所示的 Browse 按钮，选择 Visual Studio 安装路径下的 devenv 应用程序，如图 1.25 所示。

本地磁盘 (C:) ▸ Program Files (x86) ▸ Microsoft Visual Studio ▸ 2019 ▸ Community ▸ Common7 ▸ IDE ▸

工具(T)　帮助(H)

录　新建文件夹

名称	修改日期	类型	大小
DbgComposition.dll	2020/6/27 15:59	应用程序扩展	235 KB
dbgcore.dll	2020/6/27 15:59	应用程序扩展	131 KB
dbghelp.dll	2020/6/27 15:59	应用程序扩展	1,172 KB
DDConfigCA	2020/6/24 9:40	应用程序	146 KB
devenv	2020/6/24 9:40	MS-DOS 应用程序	8 KB
devenv	2020/7/13 10:58	应用程序	735 KB
devenv.exe.config	2020/6/24 9:40	XML Configurati...	91 KB
devenv.isolation	2020/7/13 10:59	配置设置	3 KB
devenv	2020/6/24 9:40	PICS 规则文件	26 KB

图 1.25　选择 devenv 应用程序

最终结果如图 1.26 所示，Visual Studio 配置成功。

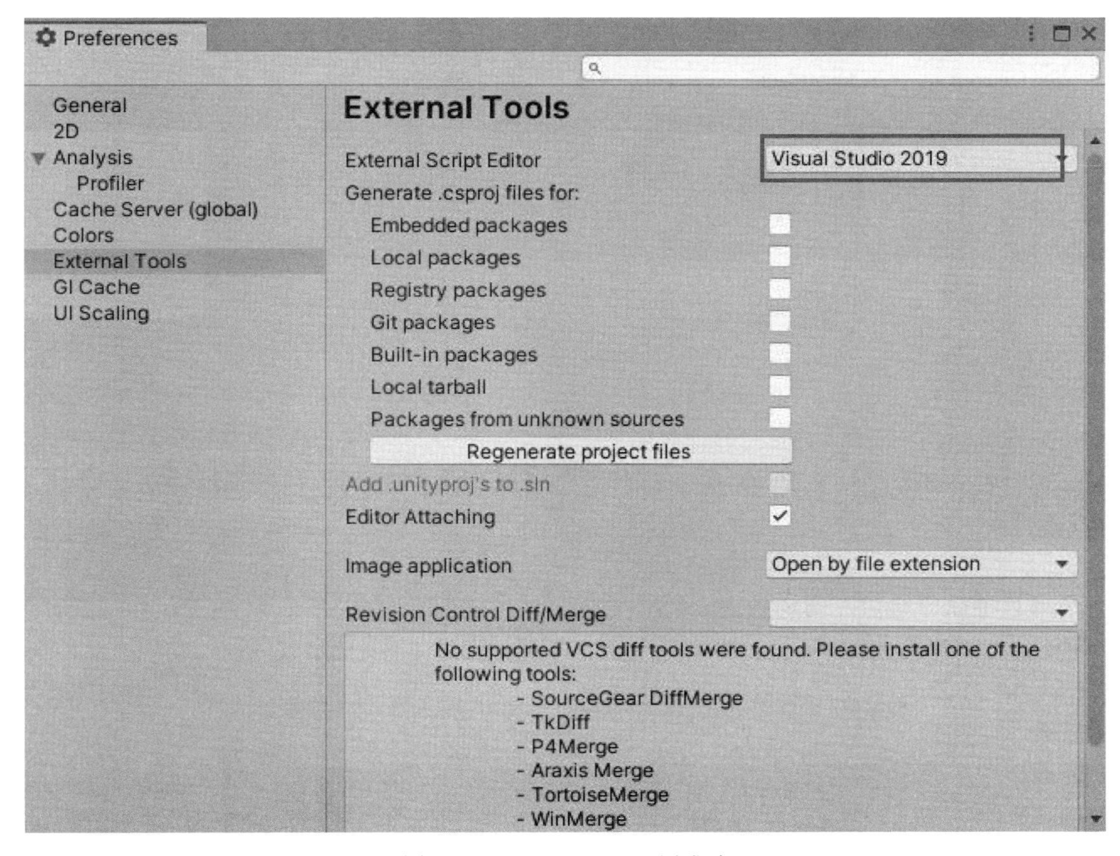

图 1.26　Visual Studio 配置成功

经过上面的配置工作，我们在 Unity 中创建 C#文件时，就可以使用 Visual Studio 提供的强大辅助功能了。

1.4　SteamVR Plugin

为了帮助开发者更加高效、便捷地使用 Unity3D 为 HTC Vive 设备开发虚拟现实应用，Valve 公司专门提供了一款名为 SteamVR Plugin 的 Unity3D 插件。该插件为开发者提供了驱动 HTC Vive 硬件设备的 API。同时，该插件为开发人员提供了三大功能：为 VR 控制器加载 3D 模型、处理来自 VR 控制器的输入、评估用户的手在使用这些控制器时的外观。

运行 Unity，创建一个 3D 项目，如图 1.27 所示。

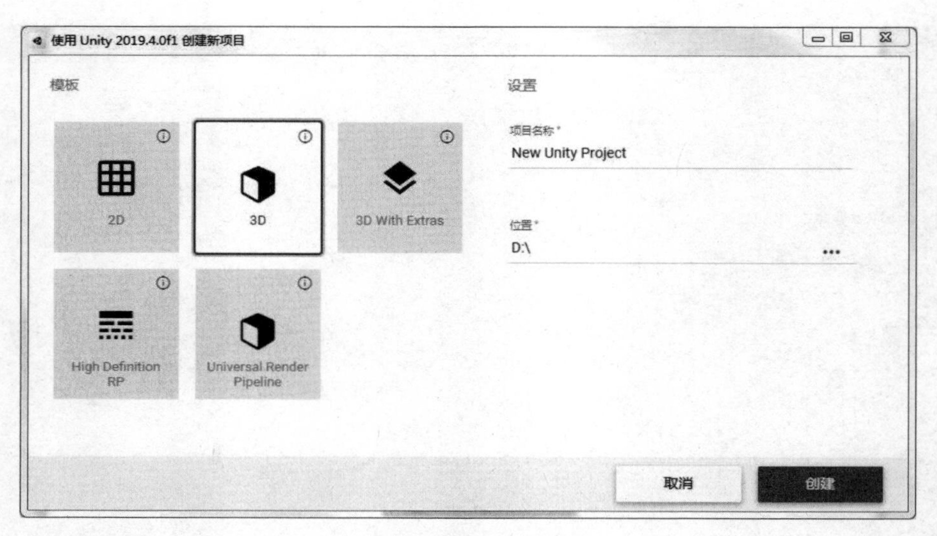

图 1.27　创建 3D 项目

项目创建完毕后，切换到 Asset Store 窗口，在搜索栏中输入 SteamVR Plugin，然后在下面找到并单击 SteamVR Plugin 资源包进行下载，如图 1.28 所示。

图 1.28　下载 SteamVR Plugin 资源包

下载完成后，将弹出如图 1.29 所示的 Import Unity Package（导入资源包）界面，单击 Import 按钮，完成资源包的导入工作。

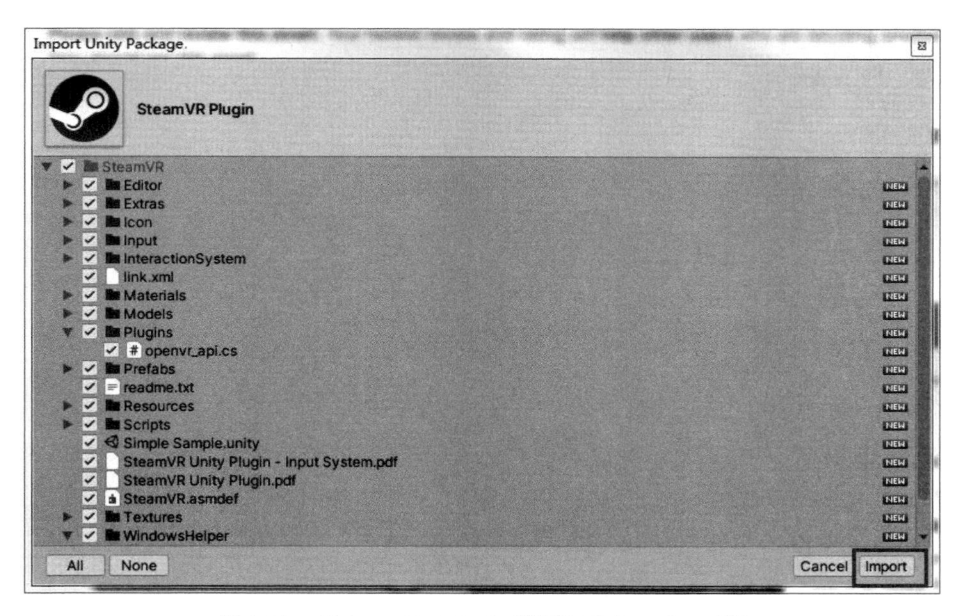

图 1.29　将 SteamVR Plugin 资源包导入 Unity 工程

当将 SteamVR Plugin 资源包全部导入 Unity 工程后，会弹出如图 1.30 所示的 Valve.VR.SteamVR_UnitySettingsWindow 界面，然后单击 Accept All 按钮。

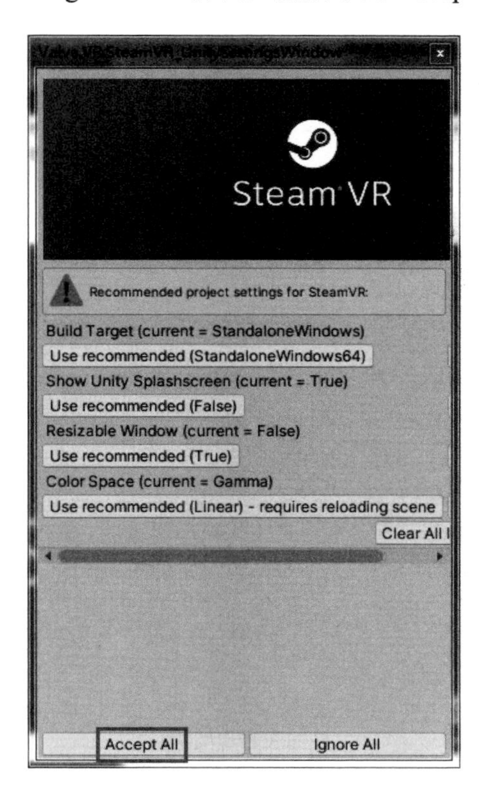

图 1.30　Valve.VR.SteamVR_UnitySettingsWindow 界面

弹出如图 1.31 所示的 Accept All 界面，说明设置已经完成。

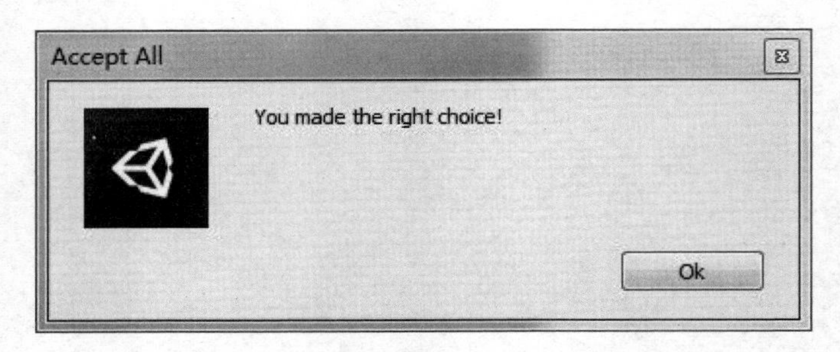

图 1.31　SteamVR Plugin 资源包设置完成

经过上面的操作，我们就完成了开发虚拟现实应用的全部准备工作。下一章开始学习 SteamVR Plugin 资源包中提供的内容。

第 2 章 SteamVR 官方案例

本章将介绍 SteamVR Plugin 资源包中提供的内容，从而帮助读者理解和掌握开发基于 HTC Vive 硬件设备的虚拟现实应用的关键方法。

在 SteamVR Plugin 资源包中，Valve 公司为开发者提供了十分丰富的资源内容，包括方便开发者使用的各种预制体（Prefab）、许多编写好的文件等。借助这些内容，开发者可以非常快速地搭建出一个虚拟现实场景，完成使用手柄在虚拟场景中移动、使用手柄与虚拟物体交互、使用手柄与 UI 对象交互等操作。通过学习这些内容，读者将会掌握 SteamVR 的核心开发方法，从而能够举一反三地开发出更多、更有趣的内容。

2.1 SteamVR Plugin 内容预览

2.1.1 SteamVR Plugin 资源管理

上一章已经创建好了一个 Unity3D 工程，并且将 SteamVR Plugin 资源包导入了工程中。在 Project 面板中可以看到工程目录结构，如图 2.1 所示。

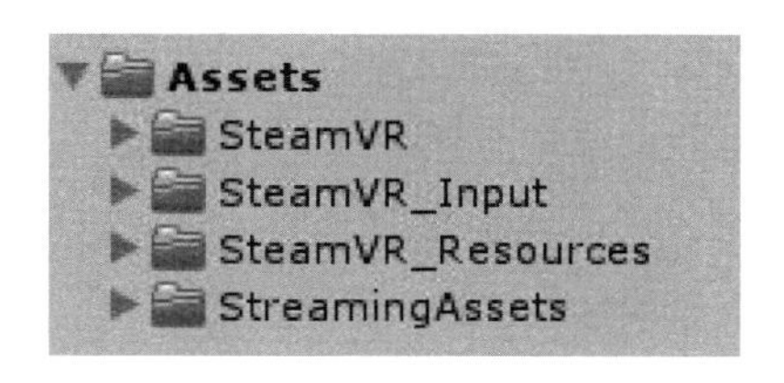

图 2.1　SteamVR Plugin 资源包导入工程后的目录结构

核心内容主要集中在 SteamVR 文件夹中，包括输入、图标、模型、交互系统、预制体、文件、材质和纹理等内容，如图 2.2 所示。

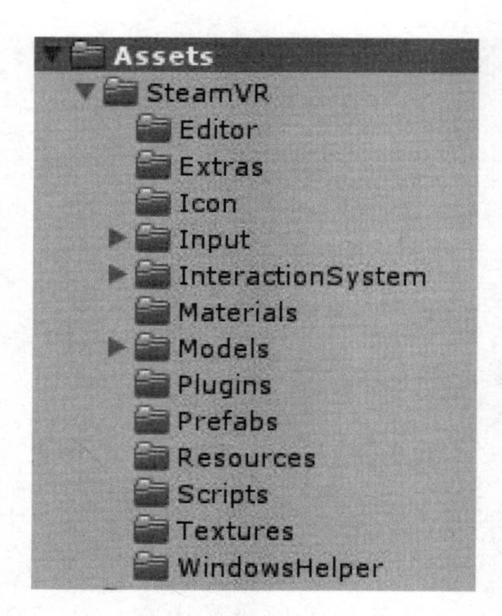

图 2.2　SteamVR 文件夹中的内容

2.1.2　官方案例场景

在 Project 面板下定位到 Assets>SteamVR>InteractionSystem>Samples 文件夹，找到 Interactions_Example 文件，如图 2.3 所示。

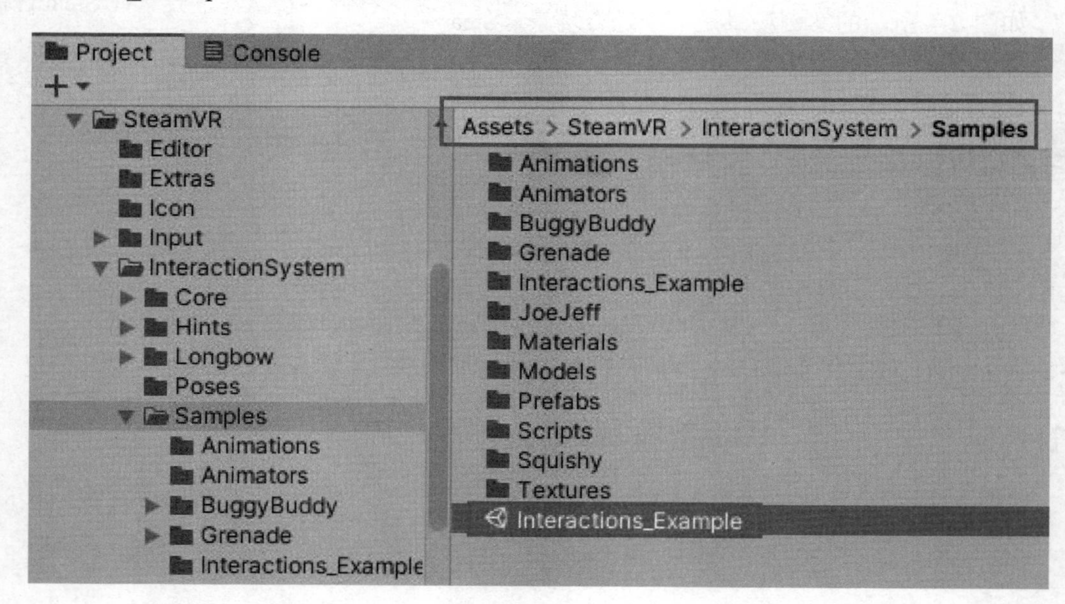

图 2.3　SteamVR Plugin 中的场景文件

打开 Interactions_Example 文件后，戴上 HTC Vive 头显并拿起手柄，运行该场景文件，得到如图 2.4 所示的场景。

图 2.4　SteamVR Plugin 中的案例场景

如图 2.4 所示的案例场景是一个综合场景，SteamVR Plugin 的精华内容全部浓缩到了这一个场景中。读者只要掌握了该场景中的全部内容，就具备了使用 SteamVR Plugin 开发更加生动、复杂的虚拟现实应用的能力。

在 Hierarchy 面板下，可以看到 Interactions_Example 案例场景中包含的全部内容，如图 2.5 所示。

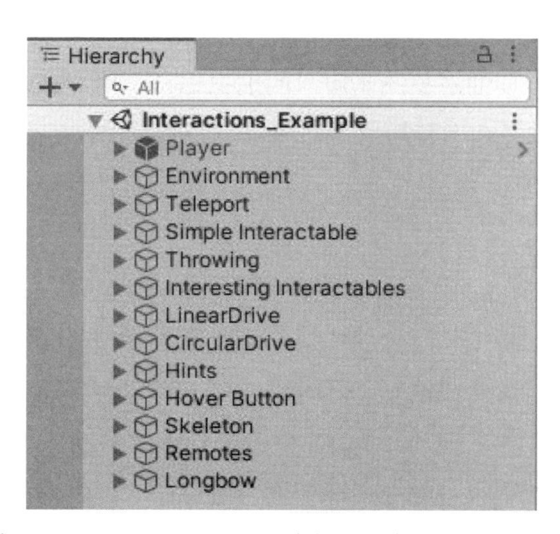

图 2.5　Interactions_Example 案例场景中包含的全部内容

Interactions_Example 案例场景中的内容非常丰富，为开发者提供了在虚拟现实场景中绝大部分可能出现的交互操作的解决方案。为了方便读者学习，作者将该案例场景中的内容按照功能分成几个部分，如表 2.1 所示。

表 2.1　Interactions_Example 案例场景中的内容按照功能划分

案例内容	功能描述
Player Environment Teleport	玩家化身和移动
Simple Interactable Throwing Interesting Interactables	普通交互对象
LinearDrive CircularDrive	复杂交互对象
Hints Hover Button Skeleton	UI 交互对象
Remotes Longbow	特殊交互对象

2.2 玩家化身和移动

虚拟现实场景中最重要的对象就是用户的虚拟化身。用户处在虚拟化身的位置上，通过 VR 头显来观看虚拟世界，同时通过手柄等设备与虚拟世界中的对象进行交互。

2.2.1 Player

Hierarchy 面板中的 Player 对象就是用户的虚拟化身。若 Player 对象显示为蓝色字体，则说明它是一个预制体，该对象是 SteamVR 预制好的对象，保存在 Assets/SteamVR/InteractionSystem/Core/ Prefabs/文件夹中。有了这个 Player 预制体，当用户新建一个场景创建 VR 内容时，将 Player 预制体直接拖动到场景中即可。用户也可以使用 Ctrl+C 快捷键复制 Player 预制体，然后在新场景中使用 Ctrl+V 快捷键粘贴该 Player 预制体。

Player 作为根对象，本身是一个空对象，上面挂了一个 Player 组件，其内容如图 2.6 所示。它的作用是为 VR 头显和手柄指定接口。

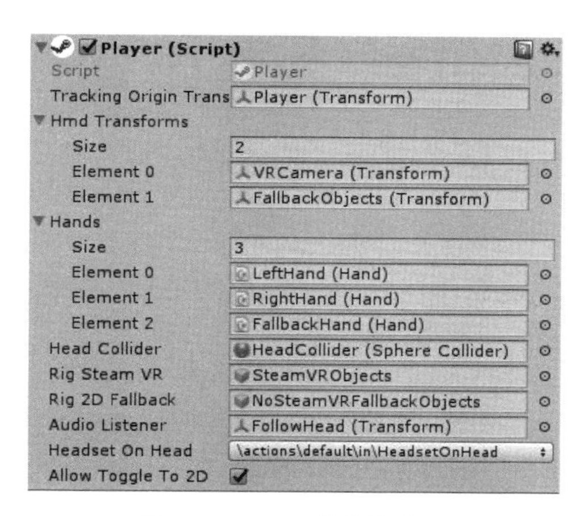

图 2.6　Player 组件的内容

Player 组件内容的功能如下。

（1）Tracking Origin Transform①：后面指定的值是 Player（Transform），指当 VR 设备连好并运行时，头显在虚拟现实场景中所处的位置，即 Player 对象在虚拟现实空间中所处的位置。

（2）Hmd Transforms：用来保存位置信息的数组，其中包含 2 个元素，第一个元素保存的是 VRCamera 的位置，也就是 VR 设备接入时摄像机所在的位置；第二个元素保存的是 FallbackObjects 对象的位置，其作用是如果没有实际的 VR 设备接入，场景默认使用该位置作为摄像机出现的位置。

（3）Hands：用来保存“手”的数组，其中包含 3 个元素，分别是左手、右手和备选手。其中，左手和右手分别对应的是 VR 设备的左手柄和右手柄；在没有 VR 手柄设备时默认使用备选手。

（4）Head Collider：头部的碰撞体，是一个球形碰撞体，是 Player 子对象 FollowHead 下的子对象。该碰撞体的作用是检测场景中其他可碰撞对象是否与头部发生碰撞。

（5）Rig Steam VR：该变量指定的值是 SteamVRObjects。如果程序在运行时，有可用的 VR 设备连上，则设备对应的就是场景中的 SteamVRObjects 对象；如果没有可用的 VR 设备连上，则不启用 SteamVRObjects 对象。

（6）Rig 2D Fallback：如果程序在运行时，没有可用的 VR 设备连上，则使用 NoSteamVRFallbackObjects 对象来模拟 VR 设备。该对象与 SteamVRObjects 对象同级，在默认情况下处于非激活状态。

（7）Audio Listener：在虚拟现实场景中，模拟人的耳朵在虚拟 3D 空间中所处的位置，所以它是 Transform 类型的变量，其值为 FollowHead 对象的位置。而 FollowHead 是一个空

① 由于软件显示区域问题，图中的部分单词没有显示完整。

对象，上面挂了一个 Audio Listener 组件，可以使用户听见场景中的 3D 声音，并且有近大远小的听觉效果。

（8）Headset On Head：指定一个默认的输入动作，表示头戴式耳机已戴好。

（9）Allow Toggle To 2D：允许切换至 2D 模式。

在 Player 对象中，除 Player 组件外，起重要作用的是 Hand 组件。此处以右手（RightHand）为例，其内容如图 2.7 所示。

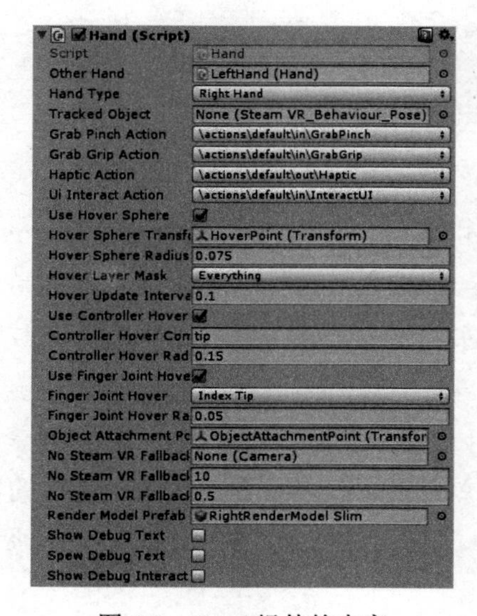

图 2.7　Hand 组件的内容

Hand 组件内容的功能如下。

（1）Other Hand：另外一只手。由于此处以右手为例，因此其值显示的是 LeftHand（左手）。

（2）Hand Type：当前手的类型，由于此处以右手为例，因此显示的是 Right Hand（右手）。

（3）Tracked Object：VR 设备在运行时，会自动将 SteamVR_ Behaviour_Pose 组件挂在这里。

（4）Grab Pinch Action：指定为\actions\default\in\GrabPinch。输入类型，指定 HTC Vive 手柄上的 Grab 键的 Pinch（捏，单按键操作）操作。

（5）Grab Grip Action：指定为\actions\default\in\GrabGrip。输入类型，指定 HTC Vive 手柄上的 Grab 键的 Grip（握紧，双按键操作）操作。

（6）Haptic Action：指定为\actions\default\out\Haptic。输出类型，指定 HTC 手柄的震动操作。

（7）Ui Interact Action：指定为\actions\default\in\InteractUI。输入类型，指定与 UI 对象

交互的操作。

（8）Use Hover Sphere：使用悬停球体，默认为激活状态。

（9）Hover Sphere Transform：悬停球的位置。

（10）Hover Sphere Radius：悬停球的半径，默认值为 0.075。

（11）Hover Layer Mask：遮罩层，默认值为 Everything（所有）。

（12）Hover Update Interval：悬停更新的时间间隔。

（13）Use Controller Hover：使用控制器悬停组件，默认为使用。

（14）Controller Hover Component：控制器悬停组件的名字，默认值为 tip。

（15）Controller Hover Radius：控制器悬停组件的半径，默认值为 0.15。

（16）Use Finger Joint Hover：使用手指关节悬停，默认为激活状态。

（17）Finger Joint Hover：手指关节悬停方式，默认值为 Index Tip。

（18）Finger Joint Hover Radius：手指关节悬停半径，默认值为 0.05。

（19）Object Attachment Point：对象附着点。Transform 类型，指定的值是 RightHand 对象下的子对象 ObjectAttachmentPoint。在运行时，如果有某对象被拿在手中，则该对象的中心点就是这个对象的附着点。

（20）No Steam VR Fallback Camera：当没有 SteamVR 设备时，返回的摄像机。

（21）No Steam VR Fallback Max Distance No Item：当没有 SteamVR 设备时，无物品的最大距离，默认值为 10。

（22）No SteamVR Fallback Interactor Distance:：当没有 SteamVR 设备时，可交互的距离，默认值为 0.5。

（23）Render Model Prefab：渲染模型预制体，默认指定为 RightRenderModel Slim。该预制体保存在 Assets/SteamVR/InteractionSystem/Core/Prefabs/文件夹下。其他手的预制体也保存在该文件夹下，如左/右手柄的预制体、左/右手的预制体、左/右手的外星人手的预制体等。

（24）Show Debug Text：在手旁边显示 Debug 文本，默认为未激活状态。

（25）Spew Debug Text：在 Console 中显示 Debug 文本，默认为未激活状态。

（26）Show Debug Interact：显示可交互的对象名称，默认为未激活状态。

2.2.2 Environment

Environment 对象是一个空对象，它包含了一些与场景环境相关的子对象，如 DirectionalLight、Floor 和 Reflection Probe 等。

（1）DirectionalLight 对象用于为场景提供光照（平行光），可以理解为太阳光。

（2）Floor 对象是场景中的地面，确保场景中的物体不会掉落下去。

（3）Reflection Probe 对象用于为场景提供反射效果，使得效果更加逼真。

技巧点：在场景中使用 Environment 父对象，将所有与场景环境相关的对象作为其子对象的好处是可按功能进行分类，方便开发者进行项目管理。

2.2.3 Teleport

在虚拟现实场景中，用户如何移动是非常重要的。由于用户戴上 VR 头显后，无法看到身体周围的真实空间环境，因此考虑到用户的安全因素，通常用户都是坐在固定的座位上，或者在相对较小并且没有障碍物的空间范围内移动。所以在 VR 场景中用户的移动通常采用传送的方式进行。

下面我们通过 Teleport 对象来学习用户如何在虚拟现实场景中移动。Teleport 对象为用户提供了 2 种移动方式：一种方式是在虚拟现实场景中预先放置好若干个传送点（TeleportPoint），用户通过手柄的按键操作在传送点之间移动；另一种方式是用户在一个可移动的平面上移动。

1．Teleporting

Teleporting 是一个预制体，保存在 Assets/SteamVR/InteractionSystem/Teleport/Prefabs/文件夹中。该预制体是一个空对象，身上挂了 Teleport 组件，该组件的代码保存在 Assets/SteamVR/InteractionSystem/Teleport /Scripts/文件夹中。Teleporting 对象的作用是使虚拟角色可以在场景中采用抛物线跳跃瞬移的方式进行移动。用户在移动时还需要场景中挂有 TeleportPoint 组件的地面模型，移动也只能在这种模型上进行。

2．TeleportArea（Locked）

TeleportArea 是一个简单的 Plane 对象，上面挂了一个 Teleport Area 组件，该组件的代码保存在 Assets/SteamVR/InteractionSystem/Teleport/Scripts/文件夹中。其内容如下。

（1）Locked：布尔类型变量，该变量定义在 TeleportMarkBase.cs 文件中，该文件保存在 Scripts 文件夹中。该变量的作用是限制移动。如果该变量的值为 true，则用户不能移动到该位置；如果值为 false，则可以移动。

（2）Marker Active：标记点激活，默认值是 true，表示在场景中不可见，用户按 HTC Vive 手柄上的圆盘键后，这些做好的移动区域才会显示出来。如果想要这些区域一直在场景中可见，可以将其值设为 false，即不勾选 Marker Active 复选框。

3．TeleportPoint（Unlocked）

TeleportPoint（Unlocked）本身是一个空对象，上面挂了一个 Animation 类型的组件和一个 TeleportPoint 组件。其内容如下。

（1）Locked：功能同上面的 TeleportArea 的 Locked。

（2）Marker Active：功能同上面的 TeleportArea 的 Marker Active。

（3）TeleportType：枚举类型，只有两个选项，即 MoveToLocation 和 SwitchToNewScene。SwitchToNewScene 表示用户移动到该传送点后可以跳转到新场景。新场景的名字可以直接写在下面的 Switch To Scene 变量右边的空白输入栏中。

（4）Title：文字提示内容，这里是 Unlocked。

（5）Switch To Scene：要跳转的场景名字。

（6）Title Visible Color：可移动点显示的颜色，默认为浅蓝色。

（7）Title Highlighted Color：该传送点被角色选中时高亮显示的颜色，默认为浅绿色。

（8）Title Locked Color：锁定传送点的颜色，默认为深黄色。

（9）Player Spawn Point：玩家出生点，默认为未激活状态。

4．TeleportPoint（Locked）

TeleportPoint（Locked）是处于锁定状态的传送点，任何对象都不能直接移动到该点。在虚拟现实场景中，如果想要让某些传送点在完成一定的任务之后（如拿到某个道具等），就可以令对象移动到该点，那么可以放置这种类型的传送点。这种类型的传送点在完成任务之前处于锁定状态，在完成任务之后可以被解锁，使对象移动到该点。

运行程序，戴上头显，拿起手柄，当按手柄上的圆盘键时，将会看到可移动点显示出来。手柄将发出一条抛物线，将抛物线的落点移动到 TeleportPoint 位置后，抛物线显示为绿色，此时松开手柄上的圆盘键，用户的虚拟化身将瞬移到 TeleportPoint 位置，操作过程中的某个画面如图 2.8 所示。

图 2.8　在虚拟现实场景中的移动画面

2.3 普通交互对象

2.3.1 Simple Interactable 演示区

虚拟现实场景中的 Simple Interactable 对象代表了一个演示区域，这个区域主要演示的内容是能够与手柄进行简单交互的球体对象，如图 2.9 所示。

图 2.9 Simple Interactable 演示区的内容

Simple Interactable 演示区的介绍如下。

（1）Pedestal：不渲染（不显示）的 Box 对象，作用是让上面的球体保持悬浮状态。不过该球体上面并没有挂 Rigidbody 组件。

（2）TitleCanvas：Text 类型的 UGUI 对象，Canvas 的 RenderMode 是 World Space，作用就是显示 Simple Interactable 文字。

（3）TeleportPoint：传送点（预制体），其他对象传到这里后才能和这个演示区的小球进行交互操作。

（4）Table_Round：桌子的模型。

（5）Interactable：可交互对象，该演示区的核心功能在这里。该对象是一个空对象，有三个子对象：Sphere、AttachedText 和 HoveringText。Sphere 是场景中的小球对象，可以触摸到；其余两个对象是旁边用来显示文字的 TextMesh 类型的对象。Interactable 对象上挂了两个很重要的组件：Interactable 和 InteractableExample。

1. Interactable 组件

Interactable.cs 文件保存在 Assets/SteamVR/InteractionSystem/Core/Scripts/文件夹中。它

是核心交互代码，提供交互功能。在虚拟现实场景中，所有计划与手柄触碰后进行交互的对象，都要挂载该文件作为其组件。Interactable 组件的内容如图 2.10 所示。

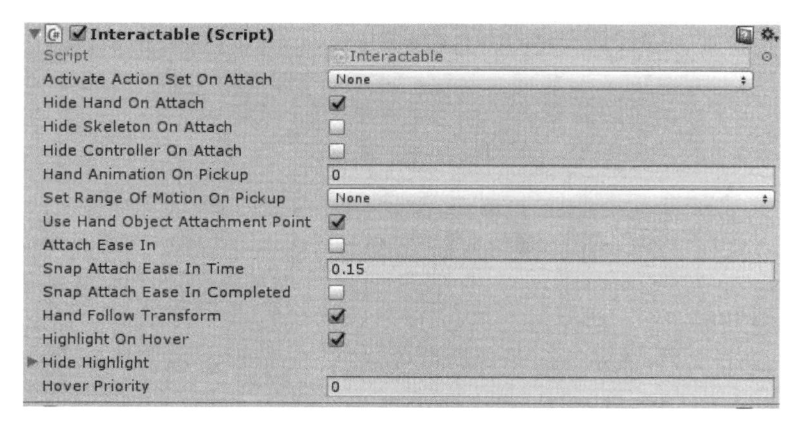

图 2.10　Interactable 组件的内容

（1）Activate Action Set On Attach：使用的 Action 命令集，默认值为 None，就是不使用。

（2）Hide Hand On Attach：在附着物体时，隐藏手模型和手柄模型，分离后再显示，默认为激活状态。

（3）Hide Skeleton On Attach：在附着物体时，隐藏手模型，不隐藏手柄模型，分离后再显示手模型，默认为未激活状态。

（4）Hide Controller On Attach：在附着物体时，隐藏手柄模型，不隐藏手模型，分离后再显示手柄模型，默认为未激活状态。

（5）Hand Animation On Pickup：在捡东西时，播放的手在 Animator 中对应的整数值，0 表示没有动画。

（6）Set Range Of Motion On Pickup：在捡起东西时，在骨骼上设置运动变化，None 表示没有变化。

（7）Use Hand Object Attachment Point：是否使用手的附着物体的位置点。其中，左手 Attachment Point 的位置是 Player/SteamVRObjects/LeftHand/ObjectAttachmentPoint 对象所在的位置。右手 Attachment Point 的位置在对应右手对象所在的位置下。

（8）Attach Ease In：物体附着到手上是否经过了一段时间，默认为未激活状态。

（9）Snap Attach Ease In Time：如果上面的选项被激活，则该选项有效，默认值为 0.15。

（10）Snap Attach Ease In Completed：一个布尔变量，用来判断物体是否已经附着在手上。

（11）Hand Follow Transform：如果想要手附着在某个对象上并跟随其移动，就将该选项激活。

（12）Highlight On Hover：可交互物体在被手触碰时，是否高亮显示。在 Interactable.cs 文件中，第 101～105 行代码如图 2.11 所示。

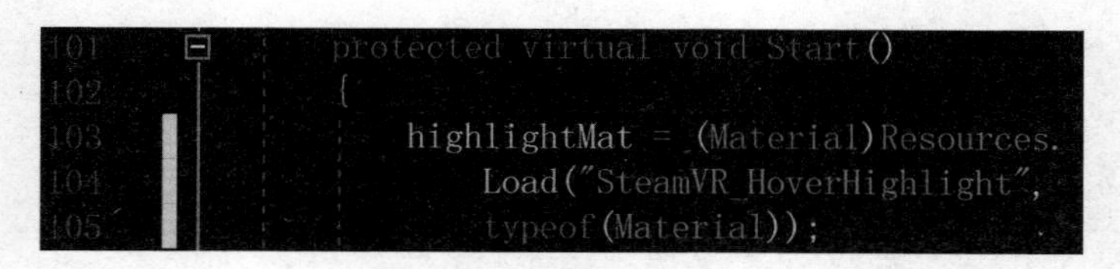

图 2.11　手碰到物体后边缘显示高亮颜色的代码

图 2.11 中的语句加载的材质文件是在 Assets/SteamVR/Resources/文件夹下的 SteamVR_HoverHighlight.mat 文件，这是一个黄色的材质。如果想改变颜色，则可以直接修改其 Outline Color 属性。

（13）Hide Highlight：如果被抓取的对象还有子对象，而这些子对象并不需要高亮显示，如透明物体、VFX 特效等，就在 Interactable 对象的 Size 属性框中输入不需要高亮显示的子对象的数量，然后将不需要高亮显示的子对象拖动到后面生成的对象栏中。

（14）Hover Priority：悬停优先级，数字越大优先级越高。

2．Interactable Example 组件

InteractableExample.cs 文件保存在 Assets/SteamVR/InteractionSystem/Samples/Scripts/文件夹中，是 SteamVR 为用户提供的参考案例。用户可以参考它编写自己需要的交互内容代码。先看一下代码中关于手柄与对象触碰的内容，从第 44 行开始，如图 2.12 所示。

```
44  private void OnHandHoverBegin( Hand hand )
45  {
46      generalText.text = "Hovering hand: " + hand.name;
47  }
48
49
50  //-------------------------------------------------
51  // Called when a Hand stops hovering over this object
52  //-------------------------------------------------
    0 个引用
53  private void OnHandHoverEnd( Hand hand )
54  {
55      generalText.text = "No Hand Hovering";
56  }
```

图 2.12　InteractableExample.cs 文件中的相关代码

其中，OnHandHoverBegin()方法在手柄触碰到挂了该组件的对象时执行。OnHandHoverEnd()方法在手柄离开该对象时执行。这两个方法的名字不是随便写的，而是

在 Hand.cs 文件中定义的。Hand.cs 文件中对应的代码（第 174 行和第 179 行）如图 2.13 所示。

```
_hoveringInteractable.SendMessage("OnHandHoverEnd", this,
    SendMessageOptions.DontRequireReceiver);
```

（a）第 174 行

```
_hoveringInteractable.SendMessage("OnHandHoverBegin", this,
    SendMessageOptions.DontRequireReceiver);
```

（b）第 179 行

图 2.13　Hand.cs 文件中对应的代码

从上述代码中可以看出，SendMessage()方法用于向指定的函数名字发送信息，所以，如果用户要写自己的内容，就要用相同的名字来写。

2.3.2　Throwing 演示区

虚拟现实场景中的 Throwing 对象代表着一个演示区域，这个区域主要演示的内容是能够被手柄拾起来并投掷出去的物体。Throwing 演示区的内容如图 2.14 所示。

图 2.14　Throwing 演示区的内容

其中，Target 对象是场景中的一个圆形的靶子模型，如图 2.15 所示。

图 2.15　场景中的 Target 对象

其他的对象，如 Velocity Movement、Parent to Hand、Estimated Velocity 及 On ground 代表的是不同类型投掷物的抽象集合。每种类型下都有若干个可投掷的对象，下面以 Velocity Movement 下的一个立方体对象为例进行介绍。

在 Hierarchy 面板中选中一个 Throwable(Newton)对象，在 Inspector 面板中可以看到该对象的组件列表，如图 2.16 所示。

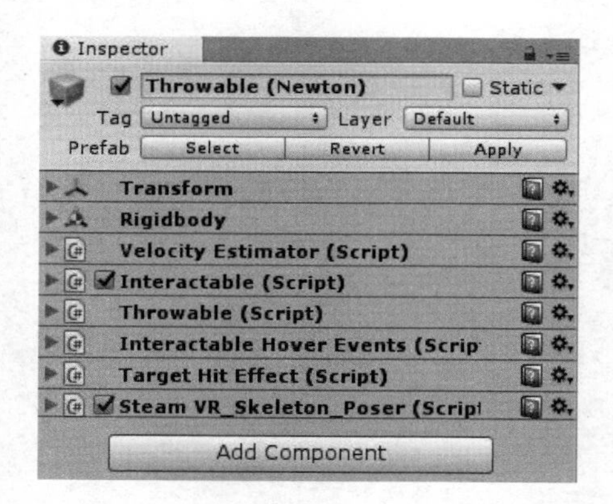

图 2.16　Throwable(Newton)对象的组件列表

其中，Transform、Rigidbody、Velocity Estimator 是常见的组件，Interactable 组件在上一节已经介绍过，下面介绍其余的组件。

1．Throwable

Throwable.cs 保存在 Assets/SteamVR/InteractionSystem/Core/Scripts/文件夹中，是负责投掷的代码文件，在其代码开始的注释说明中写道“Purpose:Basic throwable object”，也就

是“基本投掷物”，用来处理可投掷对象。下面看一下其内容。

（1）Attachment Flags：用来抓取一些状态，例如，当一只手抓住某物体时，另一只手是否可以抢走该物体（DetachFromOtherHand）。Attachment Flags 的选项如图 2.17 所示。

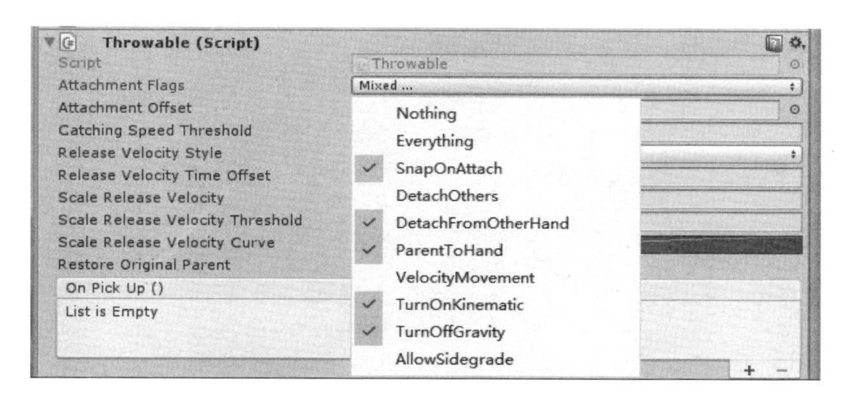

图 2.17　Attachment Flags 的选项

（2）Attachment Offset：Transform 类型的变量，当对象被抓取时，用于对齐位置和旋转偏移量的局部点，默认值为 None。

（3）Catching Speed Threshold：对象保持被手柄抓持状态的移动速度阈值。默认值为-1，表示不可用。

（4）Release Velocity Style：在释放被抓住的对象时，对象移动速度获取的方式，一共有 4 个选项来确定速度，默认选项是 GetFromHand。

- NoChange：无改变，对象的惯性速度。
- GetFromHand：来自手的速度。
- ShortEstimation：根据之前的移动帧来估算速度。
- AdvancedEstimation：高级预估。

（5）Release Velocity Time Offset：当选择 GetFromHand 选项时，出手的时间偏移量。

（6）Scale Release Velocity：在释放被抓住的对象时，释放速度的缩放值。

（7）Scale Release Velocity Threshold：在释放被抓住的对象时，释放速度的阈值，默认值为-1，表示不激活。

（8）Scale Release Velocity Curve：在释放被抓住的对象时，释放速度的曲线。

（9）Restore Original Parent：在释放被抓住的对象时，是否回到初始位置，默认为未激活状态，即不回到初始位置。

知识点： 配合 Interactable.cs 文件，将场景中的对象同时挂上 Throwable 组件，该对象就可以被手柄拾取并投掷了，通常使用默认参数。

2. Interactable Hover Events

Interactable Hover Events 组件主要用于处理手柄触碰到虚拟对象时的事件。以当前选中的立方体对象为例，在 Inspector 面板下可以看到 Interactable Hover Events 组件的内容，如图 2.18 所示。

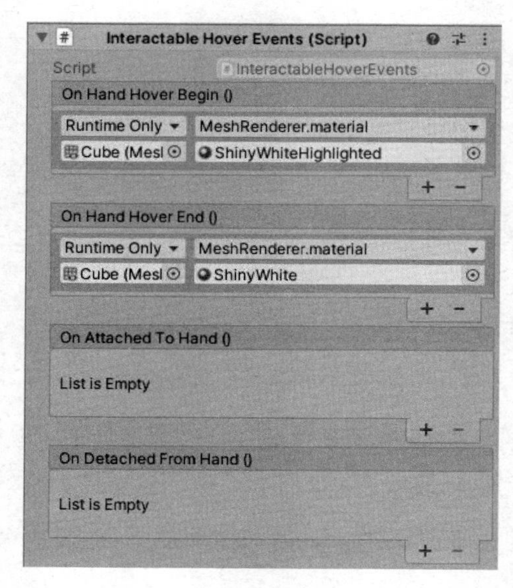

图 2.18　Interactable Hover Events 组件的内容

Interactable Hover Events 组件声明了 4 个 Unity Event 类型的事件，分别是 On Hand Hover Begin（手柄触碰到对象）、On Hand Hover End（手柄离开对象）、On Attached To Hand（手柄拿起对象）和 On Detached From Hand（手柄释放对象）。

其中，On Hand Hover Begin 和 On Hand Hover End 事件添加了具体事件内容，在手柄触碰到对象时，修改对象的材质为 ShinyWhiteHighlighted。在手柄离开对象时，修改对象的材质为 ShinyWhite。其余两个事件无具体事件内容。

3. Target Hit Effect

Target Hit Effect 组件用来处理当可投掷对象被投掷出去，碰到 Target 对象时产生的效果。该组件的代码保存在 Assets/SteamVR/InteractionSystem/Samples/Scripts/文件夹中，该组件的内容如图 2.19 所示。

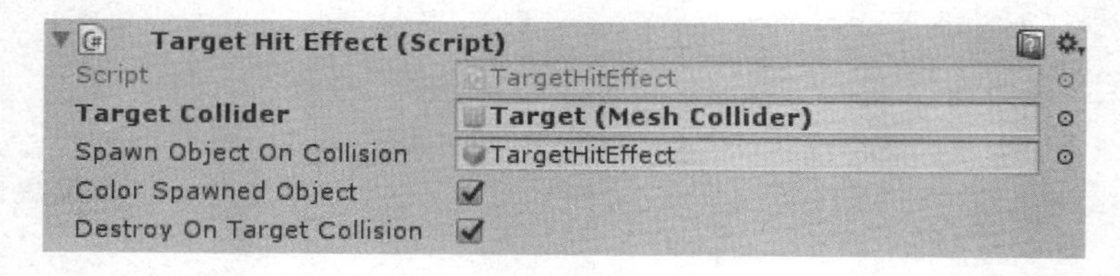

图 2.19　Target Hit Effect 组件的内容

（1）Target Collider：Collider 类型，目标对象的碰撞体，这里面指定的值是 Target 对象的碰撞体。

（2）Spawn Object On Collision：GameObject 类型，碰撞后生成新的对象，这里指定为 TargetHitEffect 对象。该对象是一个预制体，保存在 Assets/SteamVR/InteractionSystem/Samples/Prefabs/文件夹中。

（3）Color Spawned Object：bool 类型，是否为碰撞后生成的对象填充随机的颜色，这里的值为 true。

（4）Destroy On Target Collision：bool 类型，是否在碰到 Target 对象后销毁该对象，这里的值为 true。

4．Steam VR_Skeleton_Poser

Steam VR_Skeleton_Poser 组件的代码保存在 Assets/SteamVR/Input/文件夹中。它用来描述和显示虚拟现实场景中看到的“手”的姿势，能够在场景中显示出玩家的手掌和手指的大概姿势。该组件下面有两个编辑界面：Pose Editor 界面和 Blending Editor 界面。

1）Pose Editor 界面

Pose Editor 界面用来编辑虚拟现实场景中用户的“手”在拾取物体时的姿势。在本例中，Current Pose 指定的是 CubePose 姿势，如图 2.20 所示，该姿势文件保存在 Assets/SteamVR/InteractionSystem/Poses/文件夹中。

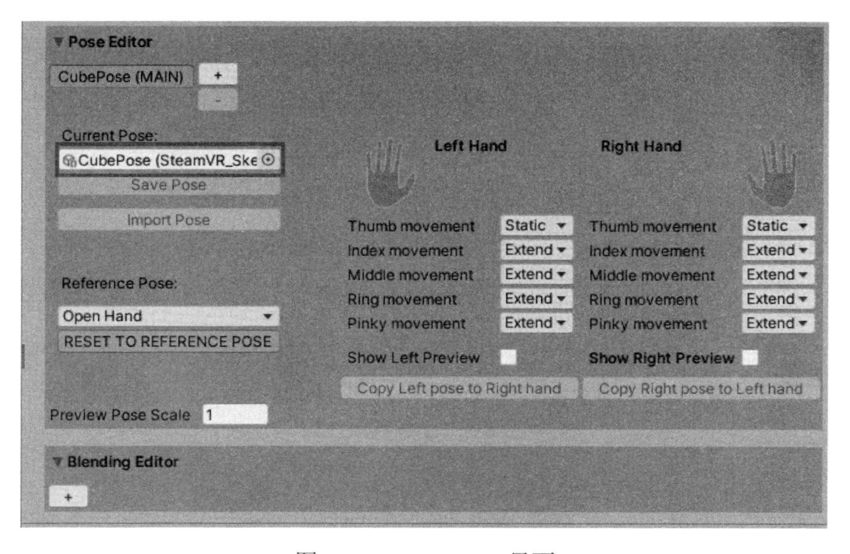

图 2.20　Pose Editor 界面

单击 Pose Editor 界面中的右手图标，或者勾选 Show Right Preview 复选框，如图 2.21 所示。

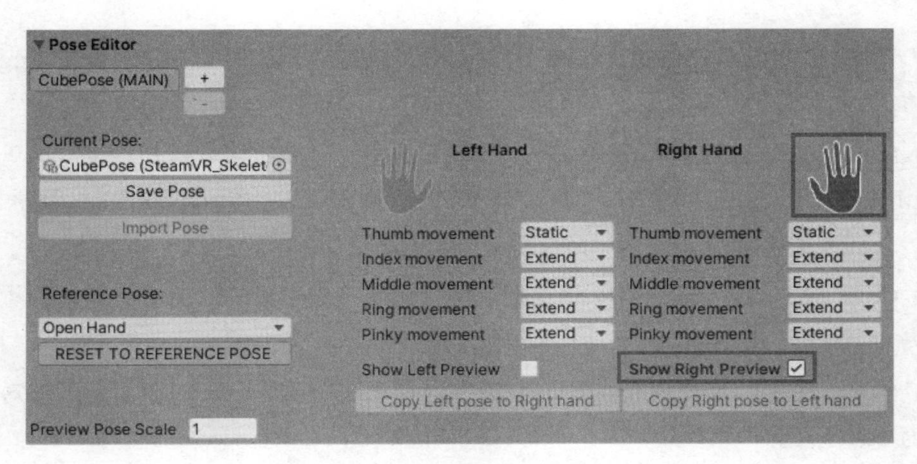

图 2.21 选择“手”模型是否在场景中显示

这样，就可以在 Scene 窗口中预览到右手抓住立方体对象的姿势，如图 2.22 所示。

图 2.22 右手抓住立方体对象的姿势

2）Blending Editor

Blending Editor 界面用来编辑不同手势之间的过渡效果。上述立方体对象上没有过渡手势，所以内容为空。

2.3.3 Interesting Interactables 演示区

Interesting Interactables 演示区提供了 3 个类型更加复杂和有趣的交互对象，分别是柔软的球（Squishy）、手雷（ModalThrowable）和硬质小球（Happy），如图 2.23 所示。

图 2.23　Interesting Interactables 演示区的内容

1．Squishy

Squishy 是一个可与手柄交互的柔软的球体对象，如图 2.24 所示。

图 2.24　Squishy 对象

Squishy 对象的预制体文件保存在 Assets/SteamVR/InteractionSystem/Samples/Squishy/文件夹中，该对象的组件列表如图 2.25 所示。

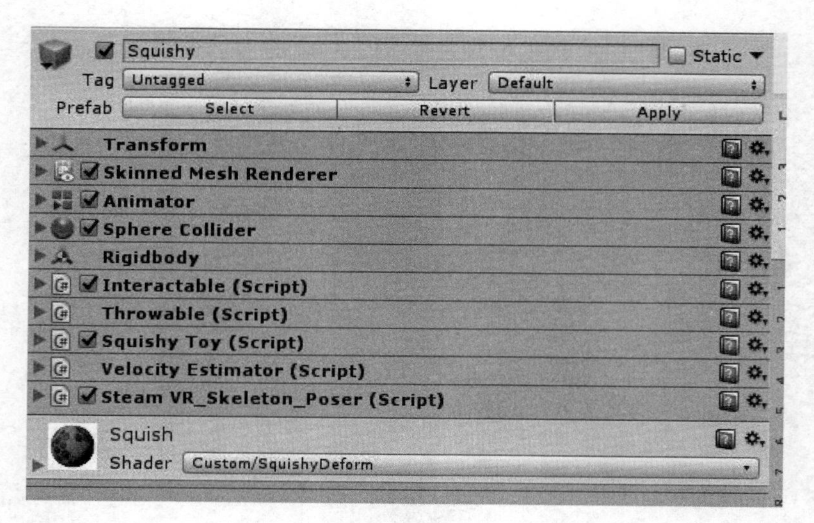

图 2.25 Squishy 对象的组件列表

其中，Transform、Animator、Sphere Collider 和 Rigidbody 是很常用的组件，Interactable 和 Throwable 组件在 2.3.1 和 2.3.2 节中已经介绍过。下面介绍其余组件的功能。

1）Skinned Mesh Renderer

展开 Skinned Mesh Renderer 组件，会出现一个 BlendShapes 属性，它下面包含两个参数，即 GD_mesh 和 Key 2，如图 2.26 所示。

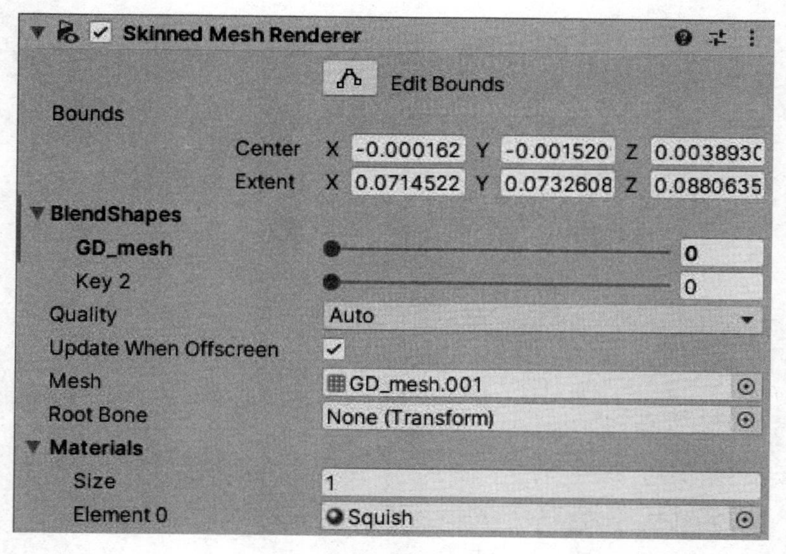

图 2.26 Skinned Mesh Renderer 组件的内容

我们分别为 GD_mesh 和 Key 2 参数赋值，即 GD_mesh = 50，Key 2 = 50，可以看到，Scene 窗口中的小球发生了形变，如图 2.27 所示。

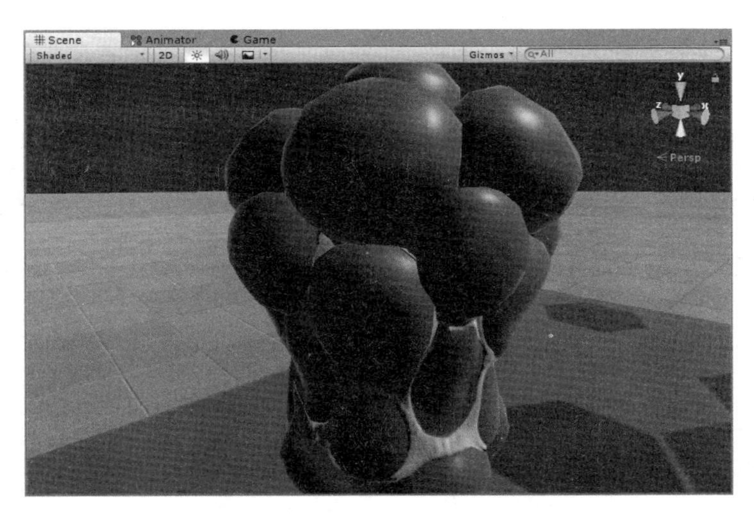

图 2.27　参数变化后的 Squishy 对象

因此，GD_mesh 和 Key 2 参数是用来影响小球的形变的。在 VR 场景中，当这个小球被抓起时，会受到手的挤压，而产生形变。

GD_mesh 和 Key 2 参数是从哪里来的呢？它们是在建模时，由 3ds Max 创建的。要想实现小球形变的功能，用户需要在 3ds Max 中为小球模型添加类型为“变形器”的修改器。

在 Assets/SteamVR/InteractionSystem/Samples/Squishy/文件夹下，找到 Squishy.fbx 文件，使用 3ds Max 将其打开，可以看到小球模型的名字为 GD_mesh.001，它身上添加了“变形器”修改器，如图 2.28 所示。

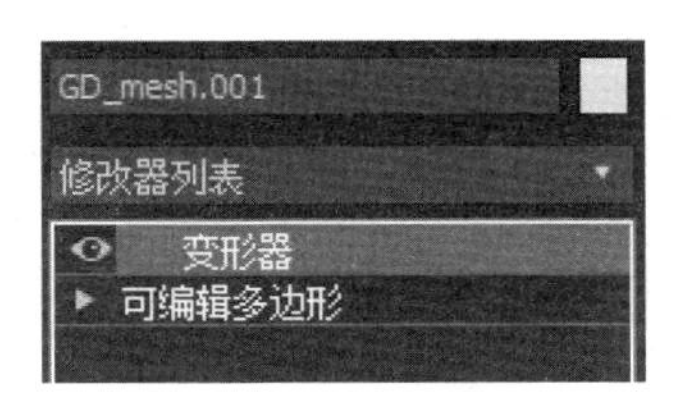

图 2.28　3ds Max 中的“变形器”修改器

同时在“修改器列表”下方的“通道列表”中，可以看到 GD_mesh 和 Key 2 两个参数，这两个参数就是 Unity 中 BlendShapes 属性下对应的两个参数，如图 2.29 所示。

图 2.29　“通道列表”中的参数

现在，手动修改 3ds Max 中的 GD_mesh 和 Key 2 参数值，即 GD_mesh = 50，Key 2 = 50，可以看到，小球发生了形变，如图 2.30 所示。

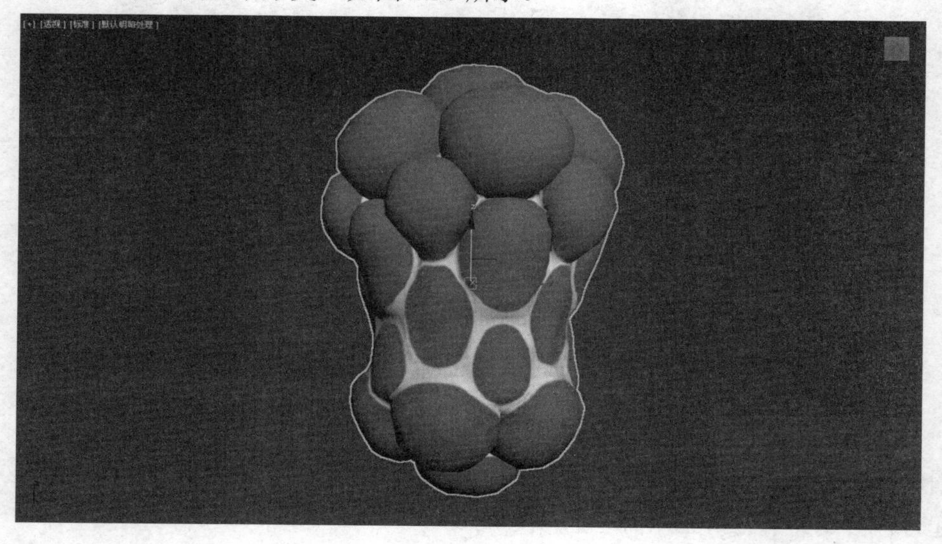

图 2.30　在 3ds Max 中手动修改 GD_mesh 和 Key 2 参数值的结果

而实际在 VR 场景中，虚拟手施加给模型的力量是通过程序代码中的数学公式计算出来的，得到的形状与图 2.30 有一定的差别，如图 2.31 所示。

图 2.31　VR 场景中受力后的 Squishy 对象

进行这个计算的代码保存在小球对象下面的 SquishyToy.cs 文件中。

2）Squishy Toy

Squishy Toy 组件的代码保存在 Assets/SteamVR/InteractionSystem/Samples/Squishy/文件夹中，该组件的内容如图 2.32 所示。

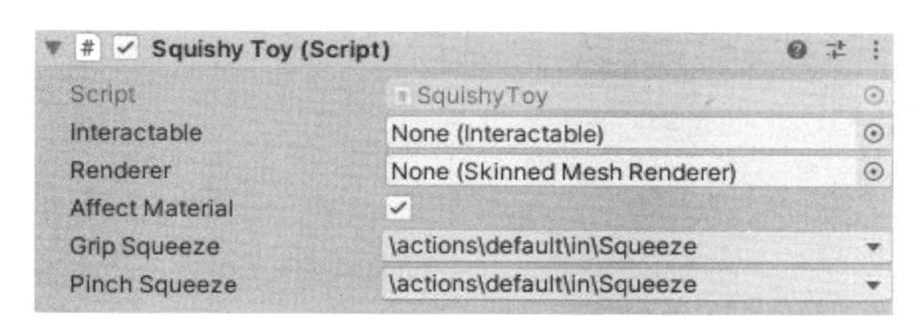

图 2.32　Squishy Toy 组件的内容

（1）Interactable：Interactable 类型的实例，通过代码赋值为该对象上的 Interactable 组件。

（2）Renderer：通过代码赋值为该对象上的 Skinned Mesh Renderer 组件，这样才能处理小球的形变。

（3）Affect Material：是否对材质产生影响，默认为激活状态，在本例中当小球受到捏压时，从原来的蓝色渐渐变成橙色。

（4）Grip Squeeze：手柄握紧操作（Button 键），指定的动作集是\actions\default\in\Squeeze。

（5）Pinch Squeeze：手柄捏操作（Button 键），指定的动作集是\actions\default\in\Squeeze。

Grip Squeeze 表示同时按手柄两侧的 Button 键，Pinch Squeeze 表示按手柄两侧的任意一个 Button 键。

上面提到的形变代码，其具体实现的语句从 SquishyToy.cs 文件中的第 46 行开始，如图 2.33 所示。

```
renderer.SetBlendShapeWeight(0,
    Mathf.Lerp(renderer.GetBlendShapeWeight(0),
    grip * 100, Time.deltaTime * 10));

if (renderer.sharedMesh.blendShapeCount > 1)
    renderer.SetBlendShapeWeight(1,
        Mathf.Lerp(renderer.GetBlendShapeWeight(1),
        pinch * 100, Time.deltaTime * 10));
```

图 2.33　形变代码具体实现的语句

其中，起到形变作用的是 SetBlendShapeWeight()函数，函数中的第一个参数是 BlendShapes 属性中的参数，0 代表 GD_mesh，1 代表 Key 2。第二个参数是数值，通过 Mathf.Lerp()方法计算得到。

3）Velocity Estimator

Velocity Estimator 组件的代码保存在 Assets/SteamVR/InteractionSystem/Core/Scripts/文件夹中。该组件的作用是投掷，可以给物体一个初速度。其组件的内容如图 2.34 所示。

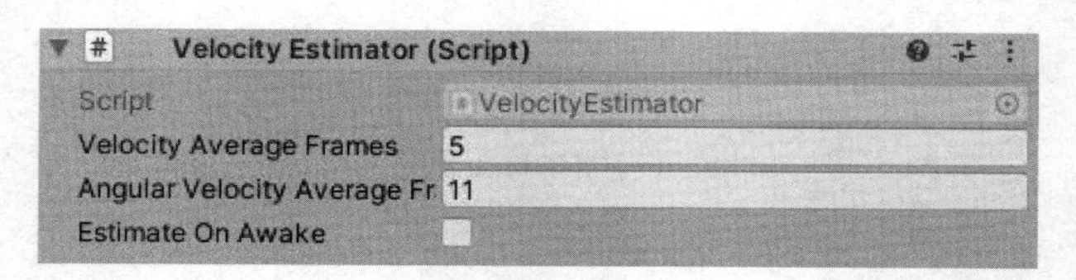

图 2.34　Velocity Estimator 组件的内容

（1）Velocity Average Frames：int 类型，计算速度的帧数值，默认值是 5，即根据多少帧来计算出平均速度。

（2）Angular Velocity Average Frames：int 类型，计算角速度的帧数值，默认值是 11，即根据多少帧来计算出平均角速度。

（3）Estimate On Awake：bool 类型，是否在程序开始运行时就进行速度计算，默认值是 false。

4）Steam VR_Skeleton_Poser

Steam VR_Skeleton_Poser 组件在 2.3.2 节中已经介绍过部分内容，下面介绍它的其余内容。

（1）Pose Editor。Pose Editor 界面如图 2.35 所示。

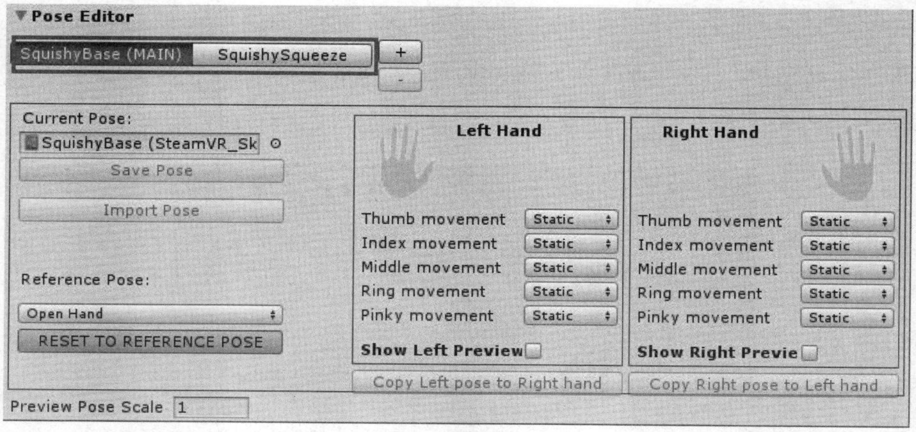

图 2.35　Pose Editor 界面

Pose Editor 界面中包含了 2 个手部姿势，一个名为 SquishyBase(MAIN)，另一个名为 SquishySqueeze。

SquishyBase(MAIN)是把球拿在手中时，显示出来的姿势。从操作来说，就是用手柄触碰到球，然后按住 Button 键拿在手里。

Current Pose 是当前姿势，下面的 SquishyBase 是当前姿势的文件，保存在 Assets/SteamVR/InteractionSystem/Poses/文件夹中，文件后缀名是.asset。SquishyBase 的姿势如图 2.36 所示。

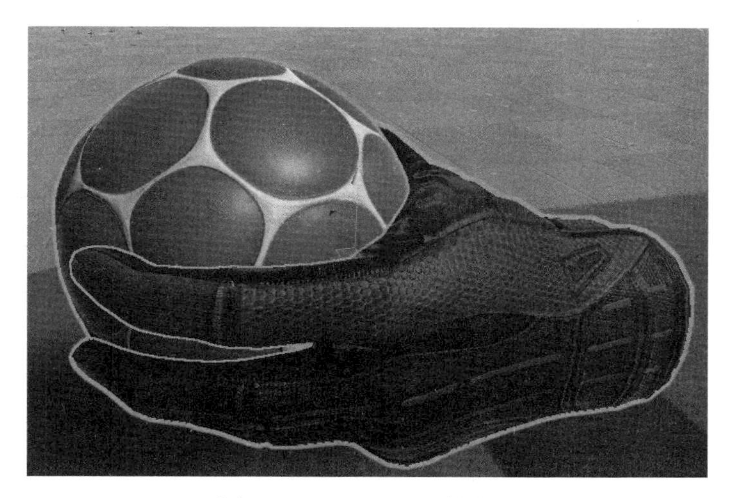

图 2.36　SquishyBase 的姿势

SquishySqueeze 是握紧小球的姿势，从操作上来说，就是按住 Button 键将小球拿在手中之后，按 Trigger 键时手的姿势，如图 2.37 所示。

图 2.37　SquishySqueeze 的姿势

（2）Blending Editor。Blending Editor 是混合编辑器，如图 2.38 所示。

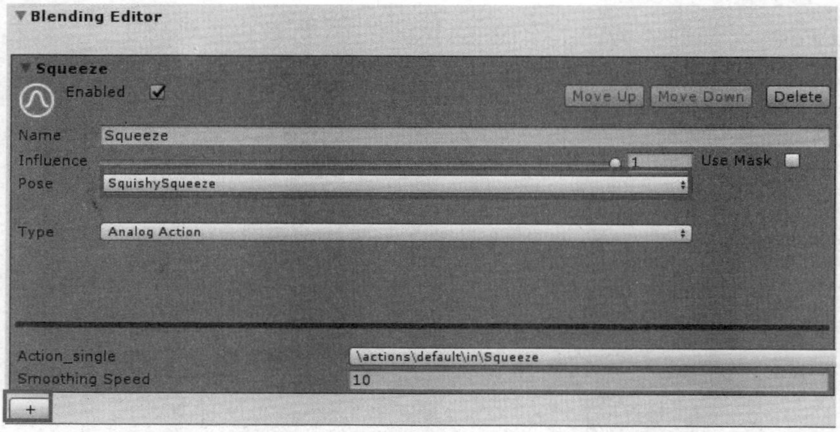

图 2.38　Blending Editor 界面

通过 Blending Editor 界面可以编辑不同手部姿势之间的过渡效果。单击底部的“+”图标，可以创建如图 2.38 所示的内容，该内容是为例子中的柔性小球创建的，名为 Squeeze。

Influence 表示影响因子，数值是 1，说明经过过渡后最终显示的是完全的 SquishySqueeze 的姿势。

Pose 表示过渡的姿势，指定为 SquishySqueeze。

运行程序后，对 Squishy 对象进行操作，结果如图 2.39 所示。

图 2.39　被捏变形的 Squishy 对象

2. ModalThrowable

ModalThrowable 是手雷对象，在场景中的效果如图 2.40 所示。

图 2.40　ModalThrowable 对象在场景中的效果

ModalThrowable 对象的预制体文件保存在 Assets/SteamVR/InteractionSystem/Samples/Grenade/文件夹中。该对象可以被用户拾起并拿在手中，也可以被轻轻放下，还可以被投掷出去。投掷出去后会发生爆炸。该对象的组件列表如图 2.41 所示。

Inspector　Services　Navigation
ModalThrowable　Static
Tag Untagged　Layer Default
Prefab Select　Revert　Apply
Transform
Grenade (Mesh Filter)
Mesh Renderer
Interactable (Script)
Rigidbody
Modal Throwable (Script)
Velocity Estimator (Script)
Grenade (Script)
Steam VR_Skeleton_Poser (Script)
Grenade
Shader Standard
Add Component

图 2.41　ModalThrowable 对象的组件列表

其中，大部分组件的内容已介绍，新出现的组件是 Modal Throwable 和 Grenade。

1）Modal Throwable

Modal Throwable 组件的代码保存在 Assets/SteamVR/InteractionSystem/Core/Scripts/文

件夹中，其组件的内容如图 2.42 所示。

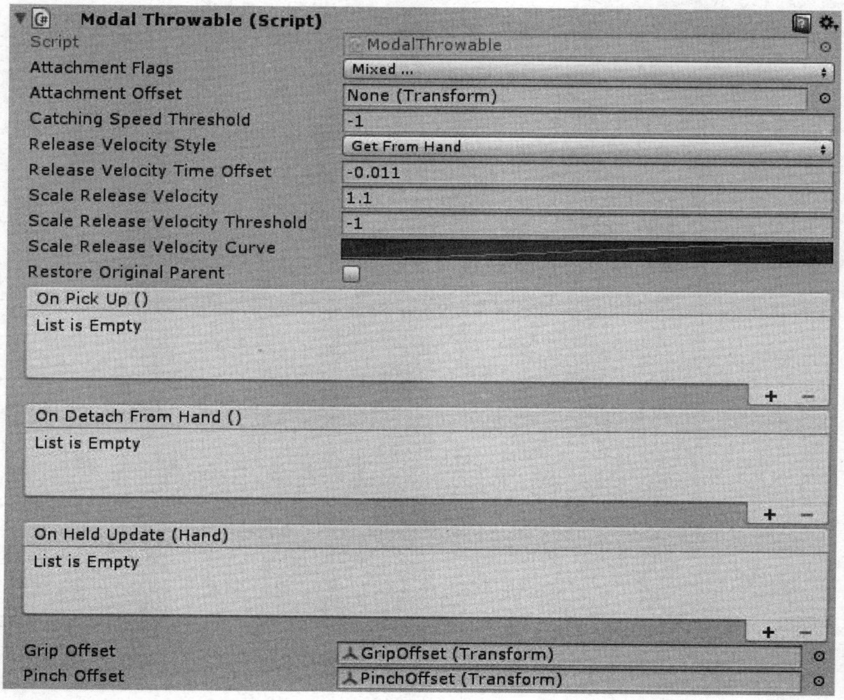

图 2.42　Modal Throwable 组件的内容

Modal Throwable 组件中的内容与前面介绍过的 Throwable 组件的内容几乎一模一样。打开 ModalThrowables.cs 文件，在第 13 行，可以看到如下代码。

```
public class ModalThrowable : Throwable
```

从类的创建方法可以看出，ModalThrowable 类是 Throwable 的子类，所以继承了 Throwable 类的大部分内容。同时，ModalThrowable 类新增了两个属性。

GripOffset：Transform 类型，按 Grip 键后的参考偏移点。

PinchOffset：Transform 类型，按 Pinch 键后的参考偏移点。

第 21 行代码使用了重构标识符。

```
protected override void HandHoverUpdate(Hand hand)。
```

第 43 行代码如下。

```
protected override void HandAttachedUpdate(Hand hand)
```

ModalThrowable 类对 Throwable 类的 HandHoverUpdate()和 HandAttachedUpdate()方法进行了重构。如果用户要写自己的可投掷物体的代码，可参考上述代码，写一个自定义的子类，并重构里面的方法。

2）Grenade

Grenade 是定义手雷对象的组件，该组件的代码保存在 Assets/ SteamVR/InteractionSystem/Samples/Grenade/文件夹中。Grenade 组件的内容如图 2.43 所示。

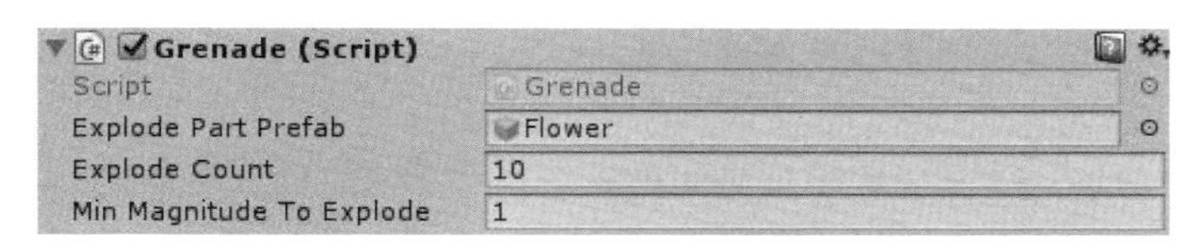

图 2.43　Grenade 组件的内容

（1）Explode Part Prefab：GameObject 类型，手雷爆炸后崩出的对象的预制体，这里指定为 Flower 预制体（一朵小花）。

（2）Explode Count：int 类型，手雷爆炸后崩出的对象数量，这里设为 10。

（3）Min Magnitude To Explode：float 类型，手雷被扔出去后碰到其他对象发生爆炸的最小撞击强度，默认值为 1，即如果手雷被拿起后，再被轻轻放回去，则不会发生爆炸。当然，手雷被拿在手里也不会发生爆炸。

3. Happy

Happy 是一个可与手柄进行交互的硬质小球对象，如图 2.44 所示。

图 2.44　Happy 对象

Happy 对象没有预制体，是由 4 个 Sphere 对象组合在一起形成的。该对象的组件列表如图 2.45 所示。

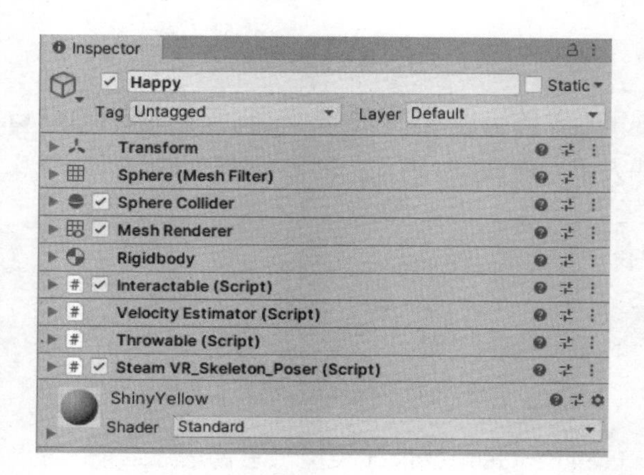

图 2.45　Happy 对象的组件列表

2.4　复杂交互对象

2.4.1　LinearDrive 演示区

LinearDrive 演示区提供了一个可以在一定区域内线性移动的滑动杆，该滑动杆可以控制一个小球的位置变化，如图 2.46 所示。

图 2.46　LinearDrive 演示区的内容

其中，可以与手柄交互的是 Handle 对象，使用者握住 Handle 对象可以在 Start 和 End 两个位置之间左右移动，并可以驱动中间绿色的小球上升或下降。

1. Handle 对象

Handle 对象是整个滑动杆对象的父级对象，是一个空对象。其层级结构如图 2.47 所示。

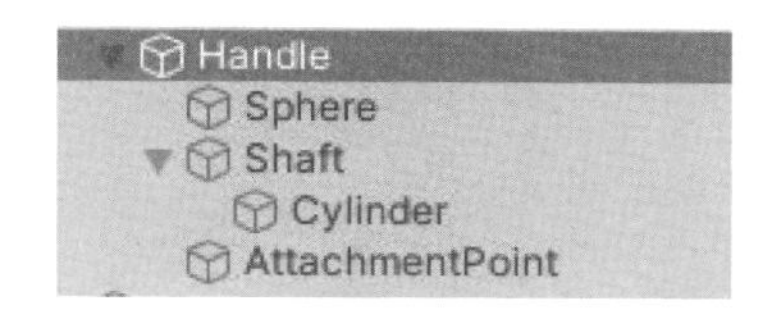

图 2.47　Handle 对象的层级结构

其中，Sphere 是一个小圆球，Shaft 的子对象 Cylinder 是一个小圆柱体。Sphere、Shaft、Cylinder 对象组合在一起，显示为滑动杆。AttachmentPoint 是一个空对象，该对象的作用是当手握住滑动杆时，手的位置绑定在该点的位置上。

Handle 对象的组件列表如图 2.48 所示。

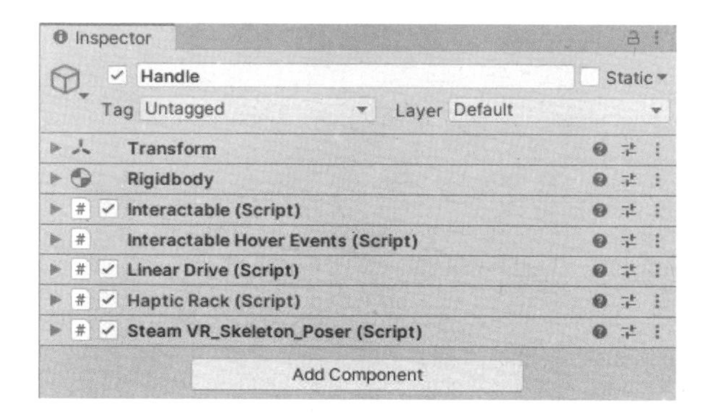

图 2.48　Handle 对象的组件列表

1）Interactable Hover Events

Interactable Hover Events 组件的作用是处理手柄触碰时的事件，内容如图 2.49 所示。

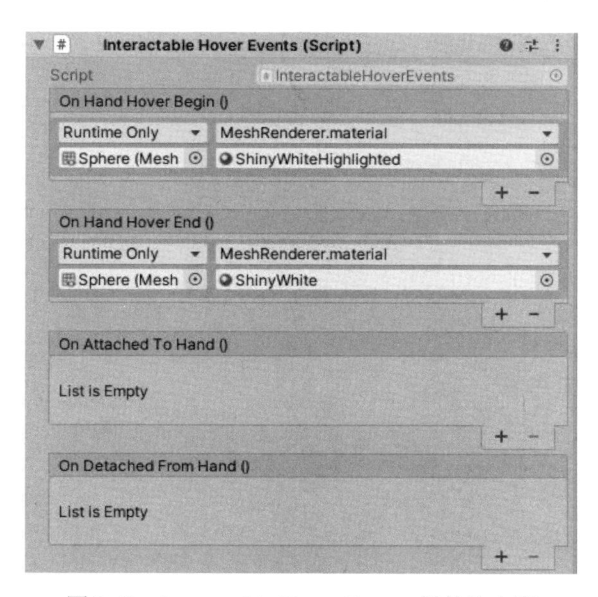

图 2.49　Interactable Hover Events 组件的内容

打开 InteractableHoverEvents.cs 文件，其代码如下。

```
public class InteractableHoverEvents : MonoBehaviour
    {
        public UnityEvent onHandHoverBegin;
        public UnityEvent onHandHoverEnd;
        public UnityEvent onAttachedToHand;
        public UnityEvent onDetachedFromHand;
        //-------------------------------------------------
        private void OnHandHoverBegin()
        {
            onHandHoverBegin.Invoke();
        }
        //-------------------------------------------------
        private void OnHandHoverEnd()
        {
            onHandHoverEnd.Invoke();
        }
        //-------------------------------------------------
        private void OnAttachedToHand( Hand hand )
        {
            onAttachedToHand.Invoke();
        }
        //-------------------------------------------------
        private void OnDetachedFromHand( Hand hand )
        {
            onDetachedFromHand.Invoke();
        }
    }
```

使用 public 修饰符可以在 Inspector 面板下看到代码中声明的事件。其中，OnHandHoverBegin()和 OnHandHoverEnd()方法分别添加了处理材质的事件。当手柄触碰到滑动杆上的圆球时，滑动杆上的圆球用 ShinyWhiteHighlighted 材质渲染；当手柄离开滑动杆时，滑动杆上的圆球用 ShinyWhite 材质渲染。手柄触碰到圆球的效果如图 2.50 所示。

图 2.50　手柄触碰到圆球的效果

2）Linear Drive

Linear Drive 组件的作用是驱动滑动杆运动，应用该组件时，可设置可移动的起始位置和终止位置，并在滑动杆移动时，改变 Linear Mapping 中 Value 的值。该组件的内容如图 2.51 所示。

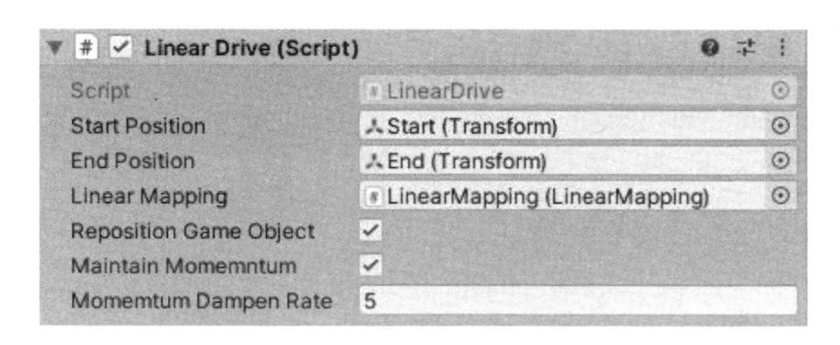

图 2.51　Linear Drive 组件的内容

（1）Start Position：Transform 类型，已经手动指定为 Start 对象的位置。

（2）End Position：Transform 类型，已经手动指定为 End 对象的位置。

（3）Linear Mapping：LinearMapping 类型，已经手动指定为 LinearMapping 对象。

（4）Reposition Game Object：bool 类型，是否重置滑动杆，默认值为 true。

（5）Maintain Momemntum：bool 类型，是否保持动量，默认值为 true。

（6）Momemtum Dampen Rate：float 类型，动量阻尼率，默认值为 5。

3）Haptic Rack

Haptic Rack 组件的作用是让手柄产生振动，振动频率基于 Linear Mapping 中 Value 的值。该组件的内容如图 2.52 所示。

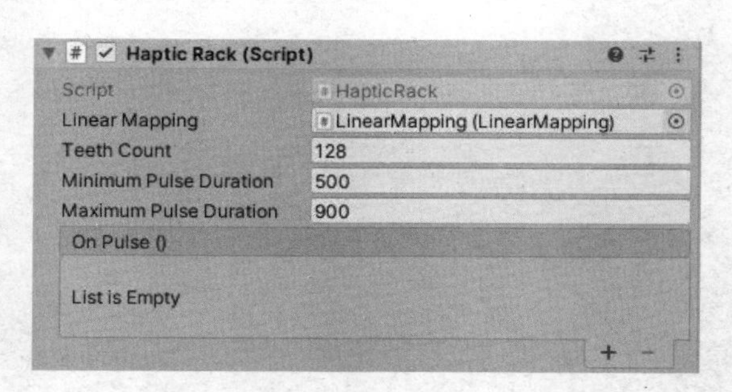

图 2.52　Haptic Rack 组件的内容

（1）Linear Mapping：LinearMapping 类型，已经手动指定为 LinearMapping 对象，手柄的振动频率基于它。

（2）Teeth Count：int 类型，脉冲振动的频率，这里被赋值为 128。

（3）Minimum Pulse Duration：int 类型，手柄脉冲振动的最短持续时间，单位为毫秒，这里被赋值为 500 毫秒。

（4）Maximum Pulse Duration：int 类型，手柄脉冲振动的最长持续时间，单位为毫秒，这里被赋值为 900 毫秒。

（5）On Pulse()：振动事件。这里没有指定事件。

2．Animation 对象

Animation 是一个空对象，包含一个子对象 Sphere。该对象上有两个关键组件，如图 2.53 所示。

图 2.53　Animation 对象的组件

1）Animator

Animator 组件下主要起作用的是 BallAnimationController（动画控制器）。

BallAnimationController 中有一个名为 BallAnimation 的状态机，该状态机使用名为 BallAnimation 的动画文件，如图2.54 所示。该动画文件保存在 Assets/SteamVR/InteractionSystem/Samples/Animations/文件夹中。选择 Windows→Animation 选项可以查看该动画文件，内容如图 2.55 所示。

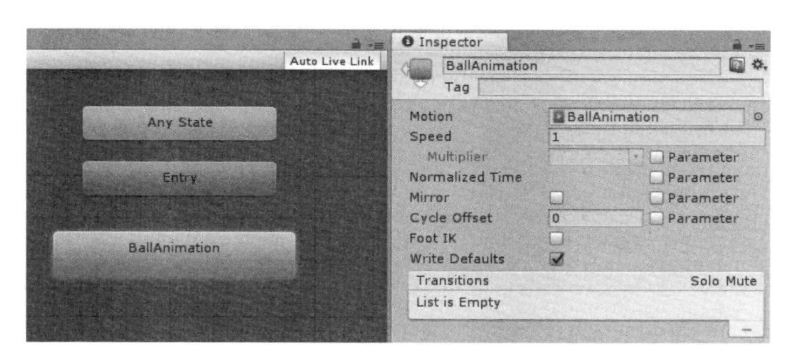

图 2.54　BallAnimation 状态机

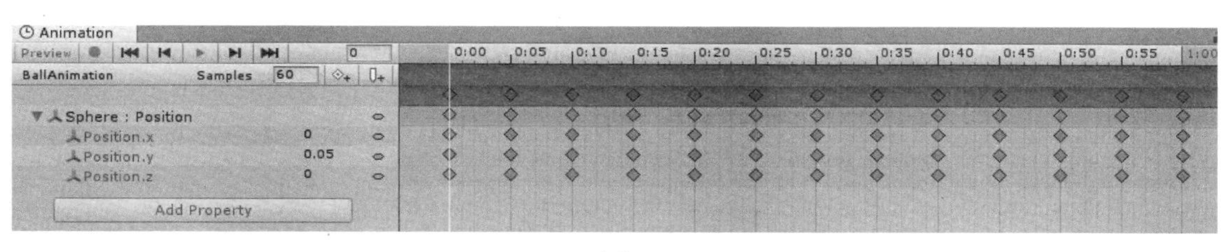

（a）

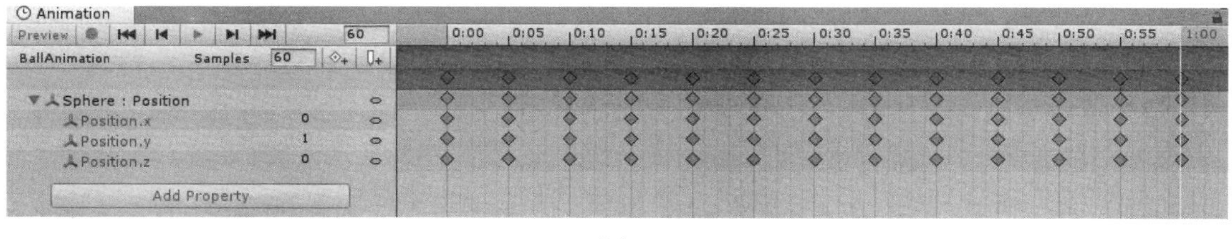

（b）

图 2.55　BallAnimation 动画文件的内容

拖动白色的时间线，可以看到坐标值（x,y,z）都在不断变化，初始值为（0,0.05,0），最终值为（0,1,0），说明这是一个螺旋上升的动画。

2）Linear Animator

Linear Animator 组件的内容如图 2.56 所示。

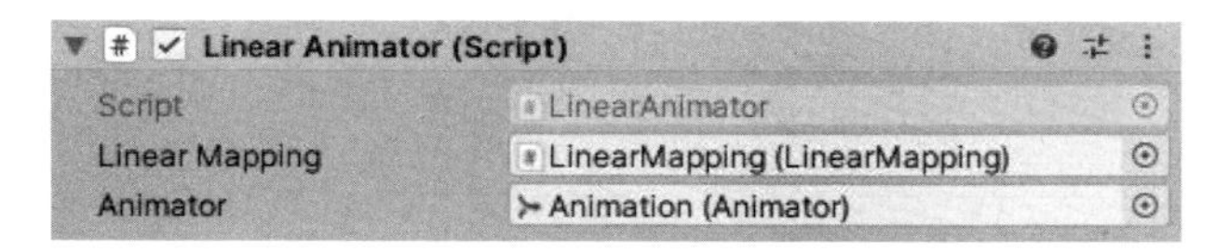

图 2.56　Linear Animator 组件的内容

（1）Linear Mapping：LinearMapping 类型，线性映射，指定为 LinearMapping 对象，如图 2.57 所示。

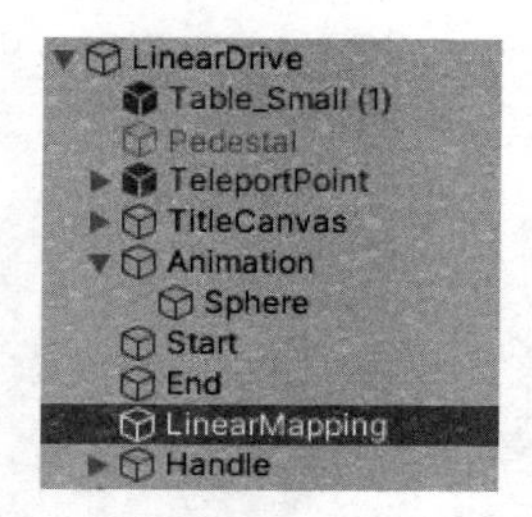

图 2.57　Linear Mapping 指定的对象

而 LinearMapping 对象本身是一个空对象，其上挂了 Linear Mapping 组件，其内容如图 2.58 所示。

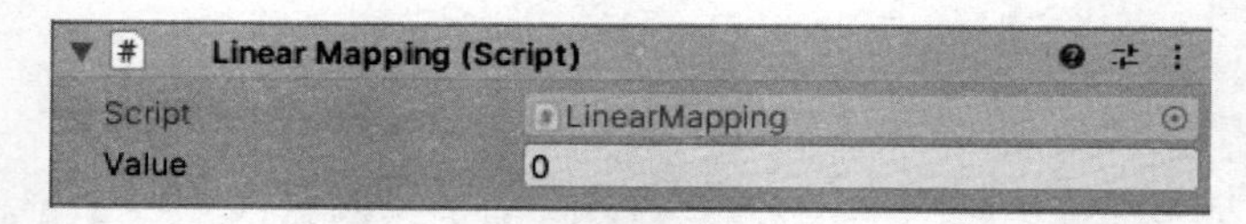

图 2.58　Linear Mapping 组件的内容

Linear Mapping 组件的 Value 值非常重要，该值是由 Handle 对象在 Start 和 End 两点之间的位置映射过来的，同时，Animation 对象通过读入该值来控制动画播放的长度，从而控制小球移动的位置。

（2）Animator：Animator 类型，指定的值是本对象的 Animator 组件。

2.4.2　CircularDrive 演示区

CircularDrive 演示区提供了一个可以转动的圆盘对象，该演示区的内容如图 2.59 所示。

图 2.59　CircularDrive 演示区的内容

CircularDrive 演示区与手柄交互的是一个 Cylinder（圆盘）对象。该对象在 Hierarchy 面板中的层级结构如图 2.60 所示。

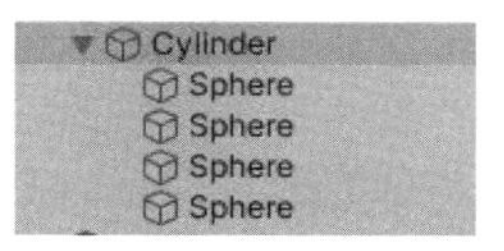

图 2.60　Cylinder 对象在 Hierarchy 面板中的层级结构

由图 2.60 可知，Cylinder 对象有 4 个 Sphere 子对象，分别代表圆盘上面的 4 个圆点。Cylinder 对象的组件列表如图 2.61 所示。

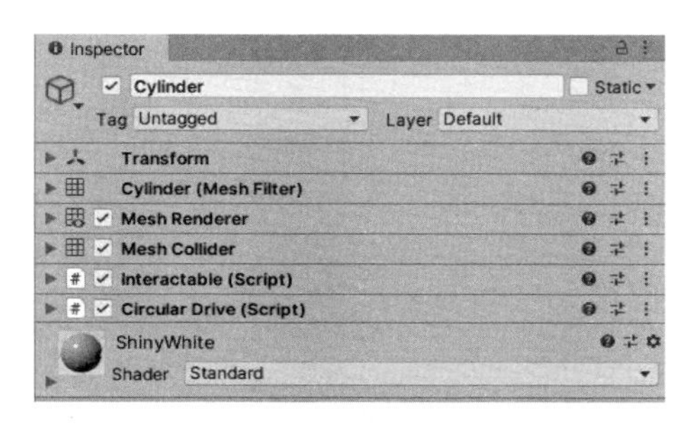

图 2.61　Cylinder 对象的组件列表

其中，只有 Circular Drive 是新增加的组件，该组件的主要作用是驱动进行圆周运动的可交互对象。该组件的代码保存在 Assets/SteamVR/InteractionSystem/Core/Scripts/文件夹中。

2.5　UI 交互对象

2.5.1　Hints 演示区

Hints 演示区提供了 Unity3D 中 UI 的 Button 按钮和 HTC Vive 手柄的交互方法，该演示区的内容如图 2.62 所示。

图 2.62　Hints 演示区的内容

Hints 演示区的内容比较简单，主要包含三个按钮（Button），分别是 Button_ButtonHints、Button_TextHints 和 Button_DisableHints。此外还包含一个 ControllerHintsExample 对象，该对象上挂了一个名为 ControllerHintsExample 的组件，该组件中包含了与上面三个按钮相对应的操作函数。

1. Button_ButtonHints 按钮

Button_ButtonHints 按钮在 Hierarchy 面板中的层级结构如图 2.63 所示。

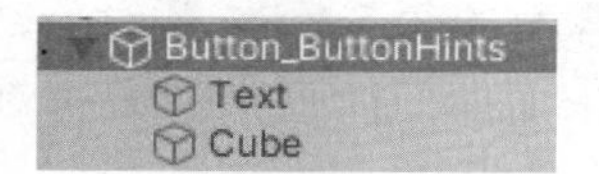

图 2.63　Button_ButtonHints 按钮在 Hierarchy 面板中的层级结构

Button_ButtonHints 是 Unity 中 Button 类型的 UI 对象，其中一个子对象 Text 的主要作用是显示按钮上的文字 Button Hints；另一个子对象 Cube 的主要作用是与手柄进行碰撞检测，同时该对象的 Mesh Renderer 组件处于未激活状态，所以在场景中看不到该对象。在编辑模式下，可以看到 Cube 对象的碰撞体，如图 2.64 所示。

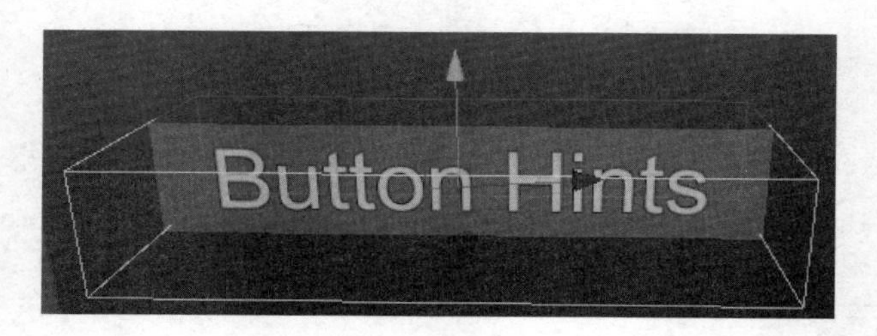

图 2.64　Cube 对象的碰撞体

Button_ButtonHints 对象的组件列表如图 2.65 所示。

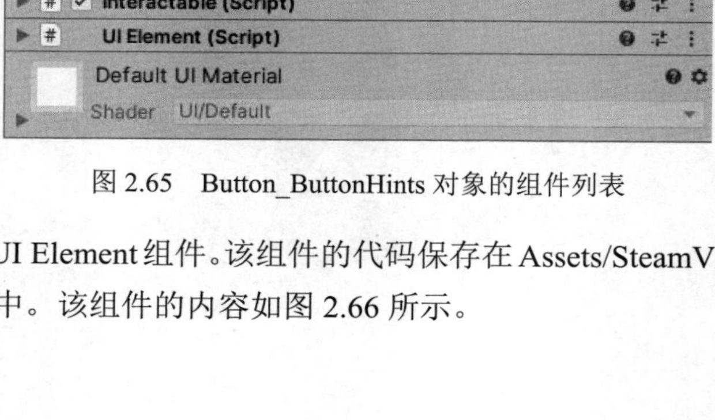

图 2.65　Button_ButtonHints 对象的组件列表

下面介绍一下 UI Element 组件。该组件的代码保存在 Assets/SteamVR/InteractionSystem/Core/Scripts/文件夹中。该组件的内容如图 2.66 所示。

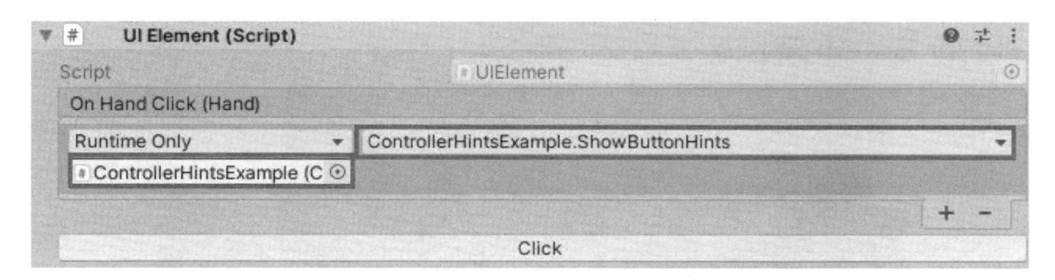

图 2.66　UI Element 组件的内容

由图 2.66 可知，UI Element 组件关联了 ControllerHintsExample 对象上 ControllerHintsExample 组件中的 ShowButtonHints()函数。

2．Button_TextHints 按钮

Button_TextHints 按钮的内容基本上同 Button_ButtonHints 按钮的内容一样，不同的是，在 On Hand Click 响应事件中，Button_TextHints 按钮调用的函数变成了 ShowTextHints()，如图 2.67 所示。

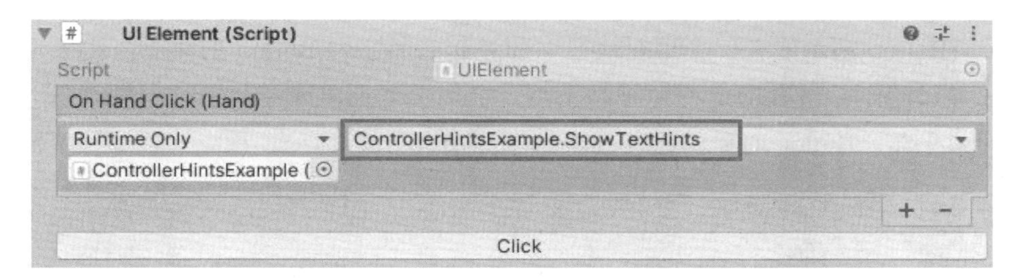

图 2.67　Button_TextHints 按钮调用的 ShowTextHints()函数

3．Button_DisableHints 按钮

Button_DisableHints 按钮的内容基本上同 Button_ ButtonHints 按钮的内容一样，不同的是，在 On Hand Click 响应事件中，Button_DisableHints 按钮调用的函数变成了 DisableHints()，如图 2.68 所示。

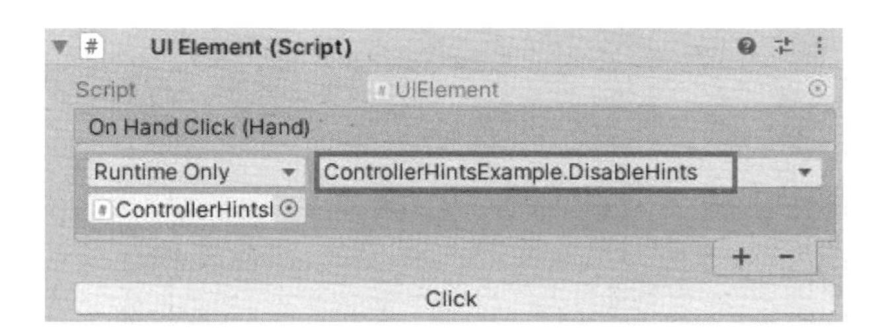

图 2.68　Button_DisableHints 按钮调用的 DisableHints()函数

2.5.2 Hover Button 演示区

Hover Button 演示区演示了一个手柄可以进行按下操作的模型按钮，如图 2.69 所示。

图 2.69 Hover Button 演示区的内容

Hover Button 演示区有一个可以被按下和弹起的名字为 Button 的对象，用来模拟按钮的按下和弹起动作。当 Button 对象被按下后，会在桌子上出现一朵小花，每次被按下，都会出现一朵小花。Button 对象的组件列表如图 2.70 所示。

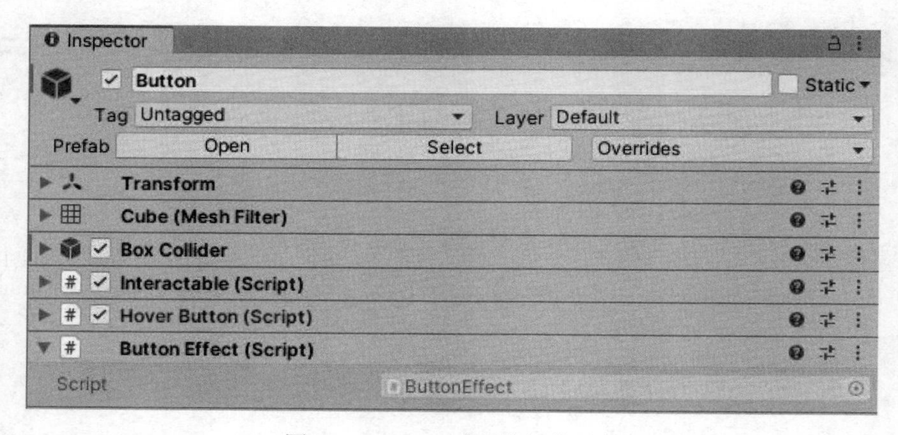

图 2.70 Button 对象的组件列表

下面分别介绍 Hover Button 和 Button Effect 两个组件。

1. Hover Button

Hover Button 组件的功能是在两个给定的位置之间进行切换移动。该组件的代码保存在 Assets/SteamVR/InteractionSystem/Core/Scripts/文件夹中。该组件的内容如图 2.71 所示。

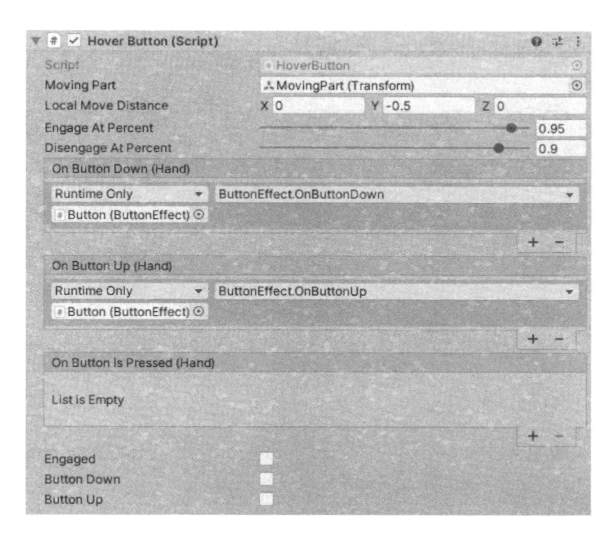

图 2.71　Hover Button 组件的内容

（1）Moving Part：Transform 类型，这里指定的值是 MovingPart 对象的 Transform。

（2）Local Move Distance：Vector3 类型，初始值为（0,-0.5,0）。

（3）Engage At Percent：float 类型，范围为(0,1)，当按钮移动的距离占总距离的百分比超过该值时，判定为按钮被成功按下，这里的值为 0.95。

（4）Disengage At Percent：float 类型，范围为(0,1)，当按钮移动的距离占总距离的百分比低于该值时，判定为按钮成功弹起，这里的值为 0.9。

（5）On Button Down(Hand)：HandEvent 类型，指定为 Button 对象，调用 ButtonEffect. OnButtonDown()函数。

（6）On Button Up(Hand)：HandEvent 类型，指定为 Button 对象，调用 ButtonEffect. OnButtonUp()函数。

（7）On Button is Pressed(Hand)：HandEvent 类型，无指定对象。

（8）Engaged：bool 类型，按钮是否被按下，这里的值为 false。当按钮移动的距离占总距离的百分比大于 0.95 时，Engaged = true。当按钮处于按下状态，按钮抬起时的移动距离占总距离的百分比超过 0.9 时，Engaged = false。

（9）Button Down：bool 类型，当前状态是弹起状态，当 Engaged= true 时，Button Down = true。

（10）Button Up：bool 类型，当前状态是按下状态，当 Engaged = false 时，Button Up = false。

2．Button Effect

Button Effect 组件定义了一个 ColorSelf()函数，其作用是随机生成颜色，核心代码如

图 2.72 所示。

```
private void ColorSelf(Color newColor)
{
    Renderer[] renderers = this.GetComponentsInChildren<Renderer>();
    for (int rendererIndex = 0; rendererIndex < renderers.Length; rendererIndex++)
    {
        renderers[rendererIndex].material.color = newColor;
    }
}
```

图 2.72　ColorSelf()函数的核心代码

3．Button Example 组件

当使用手柄触碰并按 Button 模型按钮后，会在桌面上 FlowerPoint 的位置出现一朵小花，这是由 FlowerPoint 对象上的 Button Example 组件实现的，其内容如图 2.73 所示。

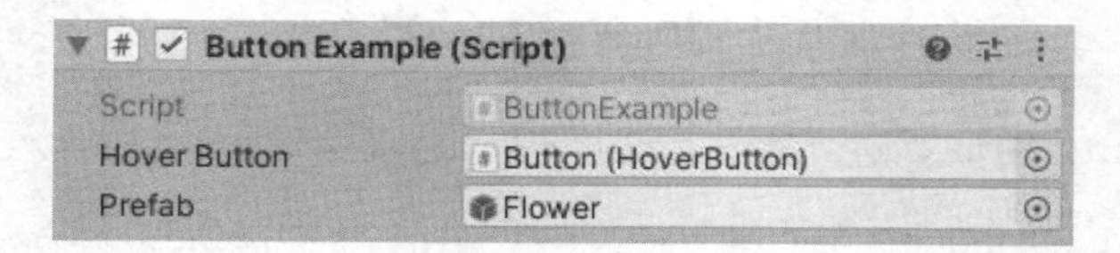

图 2.73　Button Example 组件的内容

（1）Hover Button 指定的值是 Hierarchy 面板下的 Button 对象。

（2）Prefab 指定的值是 Flower 预制体，该预制体是一朵小花，保存在 Assets/SteamVR/InteractionSystem/Samples/Prefabs/文件夹中。

2.5.3　Skeleton 演示区

Skeleton 演示区的内容如图 2.74 所示。

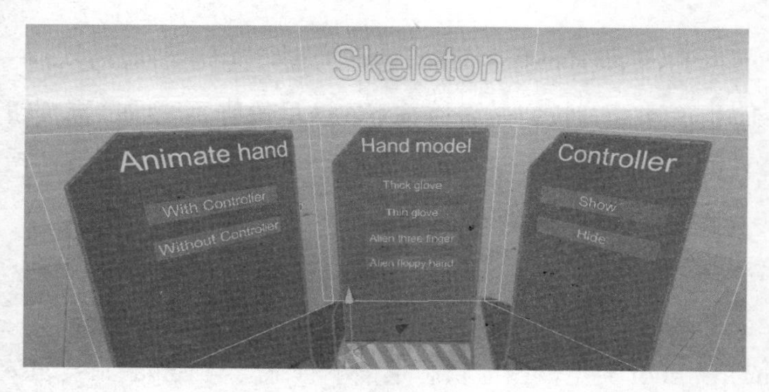

图 2.74　Skeleton 演示区的内容

Skeleton 演示区包括三个子区域，分别是 Animate hand、Hand model 和 Controller。

1. Animate hand

Animate hand 演示区主要演示了使用手柄或者不使用手柄时手的不同姿势的动画，具体操作如下。

（1）With Controller：单击该按钮，手的姿势表现为“握住手柄”。

（2）Without Controller：单击该按钮，手的姿势表现为“张开手掌”。

2. Hand model

Hand model 演示区主要演示了 SteamVR Plug 为开发者提供的 4 种不同类型的手部模型。通过使用手柄与对应的按钮进行交互，完成手部模型的切换，具体操作如下。

（1）Thick glove：单击该按钮，显示粗大的手部模型。

（2）Thin glove：单击该按钮，显示纤细的手部模型。

（3）Alien three finger：单击该按钮，显示三指外星人手部模型。

（4）Alien floppy hand：单击该按钮，显示松软的外星人手部模型。

3. Controller

Controller 演示区主要演示了通过使用手柄与 Show 或 Hide 按钮进行交互操作后的手柄模型，具体操作如下。

（1）Show：单击该按钮，显示手柄模型。

（2）Hide：单击该按钮，隐藏手柄模型。

2.6 特殊交互对象

2.6.1 Remotes 演示区

Remotes 演示区主要演示了使用手柄拿起和操纵遥控器对象，并控制远端被遥控的对象的场景。其中遥控器对象有两个，分别是 Buggy Controller 和 JoeJeffController，如图 2.75 所示。

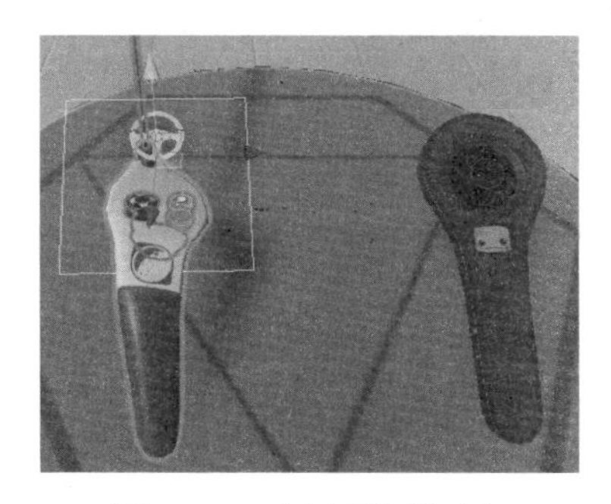

图 2.75　两个遥控器对象

Buggy Controller 遥控的对象是 Buggy，是一辆玩具车，如图 2.76 所示。

图 2.76　Buggy 对象

JoeJeffController 遥控的对象是 JoeJeff，是一个小机器人，如图 2.77 所示。

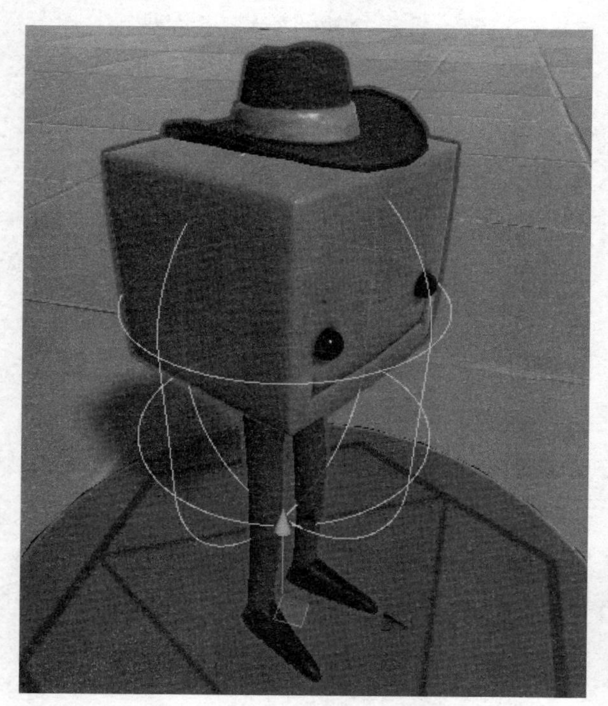

图 2.77　JoeJeff 对象

接下来对 Remotes 演示区的遥控器对象和被遥控的对象进行介绍。

1．Buggy Controller

Buggy Controller 对象的组件列表如图 2.78 所示。

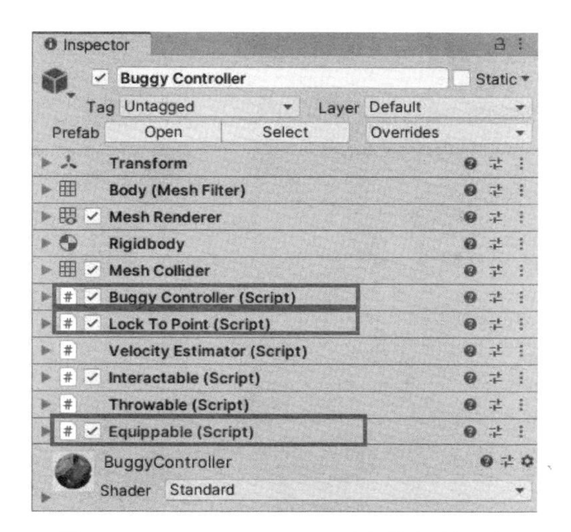

图 2.78　Buggy Controller 对象的组件列表

列表中的大部分组件都已经介绍过，下面介绍 3 个新的组件：Buggy Controller、Lock To Point 和 Equippable。

1）Buggy Controller

Buggy Controller 组件的作用是控制 Buggy 对象的运动，其内容如图 2.79 所示。

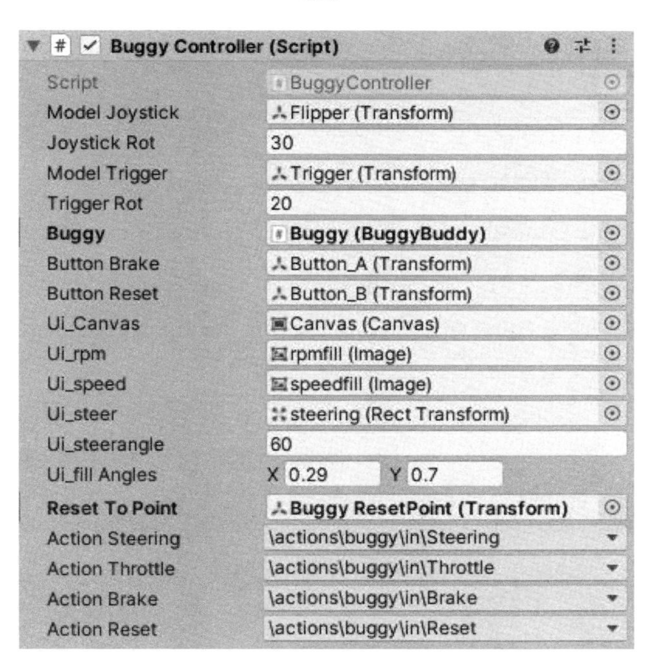

图 2.79　Buggy Controller 组件的内容

（1）Model Joystick：Transform 类型，指定的值为 Flipper 对象的 Transform，该对象是遥控器模型上的 Joystick（摇杆）。

（2）Joystick Rot：float 类型，默认值为 30。

（3）Model Trigger：Transform 类型，指定的值为 Trigger 对象的 Transform，该对象是遥控器模型上的 Trigger（扳机）对象。

（4）Trigger Rot：float 类型，默认值为 20。

（5）Buggy：BuggyBuddy 类型，指定的值为 Buggy 对象。

（6）Button Brake：Transform 类型，指定的值为 Button_A 对象的 Transform，该对象是遥控器上的 Button_A 对象。

（7）Button Reset：Transform 类型，指定的值为 Button_B 对象的 Transform，该对象是遥控器上的 Button_B 对象。

（8）Ui_Canvas：Canvas 类型，指定的值为 Canvas 对象，该对象是遥控器上的 Canvas 对象，是 UiHolder 的子对象。

（9）Ui_rpm：Image 类型，转数表，指定的值为 rpmfill 对象，该对象是 Canvas 对象的子对象。

（10）Ui_speed：Image 类型，速度表，指定的值为 speedfill 对象，该对象是 Canvas 对象的子对象。

（11）Ui_steer：Rect Transform 类型，方向盘，指定的值为 steering 对象，该对象是 Canvas 对象的子对象。

（12）Ui_steerangle：float 类型，默认值为 60，方向盘旋转的角度。

（13）Ui_fill Angles：Vector2 类型。

（14）Reset To Point：Transform 类型，指定的值为 Buggy ResetPoint 对象的 Transform，表示 Buggy 对象重置位置。

（15）Action Steering：SteamVR_Action_Vector2 类型，指定的值为\actions\buggy\in\Steering。

（16）Action Throttle：SteamVR_Action_Single 类型，指定的值为\actions\buggy\in\Throttle。

（17）Action Brake：SteamVR_Action_Boolean 类型，指定的值为\actions\buggy\in\Brake。

（18）Action Reset：SteamVR_Action_Boolean 类型，指定的值为\actions\buggy\in\Reset。

2）Lock To Point

Lock To Point 组件的作用是当手柄松开遥控器之后，使遥控器回到初始位置，内容如图 2.80 所示。

图 2.80　Lock To Point 组件的内容

（1）Snap To：Transform 类型，指定的值为 buggyControllerSnapLocation 对象的 Transform。

（2）Snap Time：float 类型，回到原始位置的时间，指定的值为 2。

3）Equippable

Equippable 组件的作用是当手柄拿起遥控器后，正确处理遥控器和手柄的位置关系，避免出现如拿反了之类的情况，内容如图 2.81 所示。

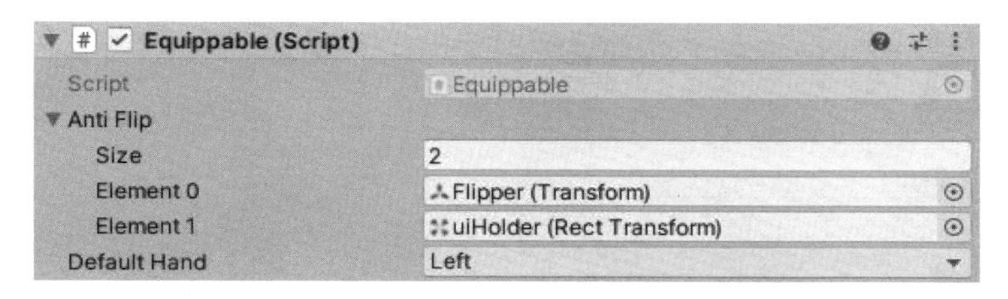

图 2.81　Equippable 组件的内容

（1）Size：Transform 类型的数组，这里被赋值为 2，数组的第一个元素被指定为 Flipper 对象的 Transform，数组的第二个元素被指定为 uiHolder 对象。

（2）Default Hand：WhichHand 类型，这里被赋值为 Left（左手）。

2. Buggy

Buggy 对象是受 Buggy Controller 对象控制的玩具车，该对象的组件列表如图 2.82 所示。

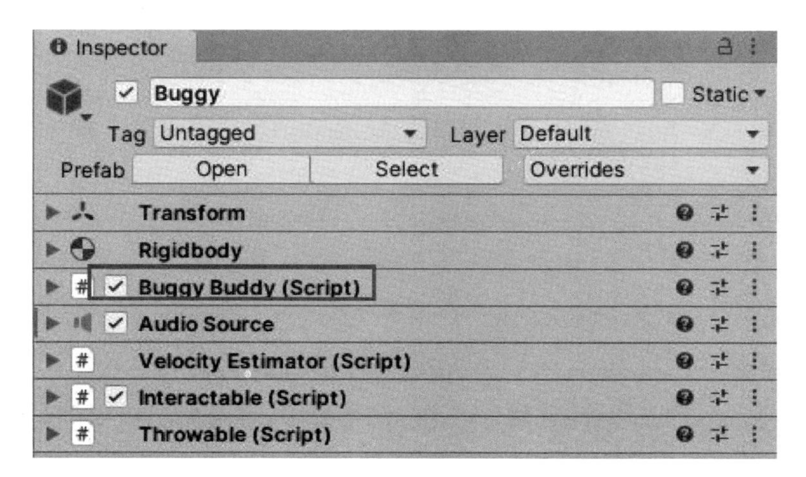

图 2.82　Buggy 对象的组件列表

Buggy 是一个可以与手柄进行交互的对象，能够被拾起和放下。同时，其自身的运动内容写在了 Buggy Buddy 组件中。Buggy Buddy 组件的内容如图 2.83 所示。

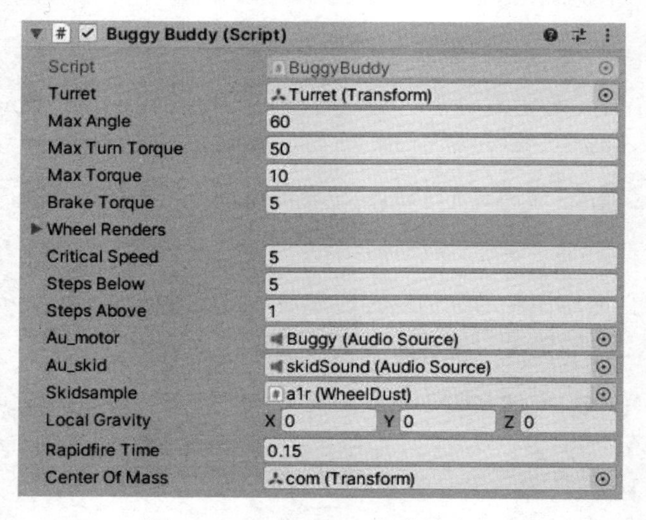

图 2.83　BuggyBuddy 组件的内容

（1）Turret：Transform 类型，指定的值为 Turret 对象的 Transform，Turret 是被遥控的玩具车的炮塔。

（2）Max Angle：float 类型，指定的值为 60，玩具车前轮的最大转角。

（3）Max Turn Torque：float 类型，指定的值为 50，玩具车的最大转动扭力。

（4）Max Torque：float 类型，指定的值为 10，施加在推进轮上的最大扭矩。

（5）Brake Torque：float 类型，指定的值为 5，施加在推进轮上的最大制动（刹车）扭矩。

（6）Wheel Renders：GameObject 类型的数组，数组的长度是 4，4 个元素分别被指定为 Wheel_FL、Wheel_FR、Wheel_BL、Wheel_BR。Wheel Renders 是玩具车车轮对象。

（7）Critical Speed：float 类型，指定的值为 5，代表子步算法的速度阈值。

（8）Steps Below：float 类型，指定的值为 5，代表当汽车的速度在速度阈值之下时，子步的模拟数。

（9）Steps Above：float 类型，指定的值为 1，代表当汽车的速度在速度阈值之上时，子步的模拟数。

（10）Au_motor：Audio Source 类型，指定的值为 Buggy 对象。

（11）Au_skid：Audio Source 类型，指定的值为 skidSoun 对象。

（12）Skidsample：WheelDust 类型，指定的值为 a1r 对象，车轮产生的粒子效果。

（13）Local Gravity：Vector3 类型，指定的值为（0,0,0）。

（14）Rapidfire Time：float 类型，指定的值为 0.15。

（15）Center Of Mass：Transform 类型，指定的值为 com 对象的 Transform，质量中心点位置。

3．JoeJeffController

JoeJeffController 对象的组件列表如图 2.84 所示。

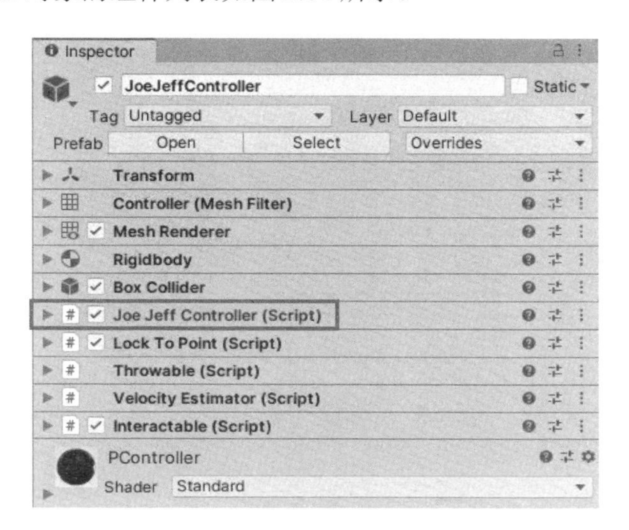

图 2.84　JoeJeffController 对象的组件列表

其中，Joe Jeff Controller 是遥控 JoeJeff 对象的组件，内容如图 2.85 所示。

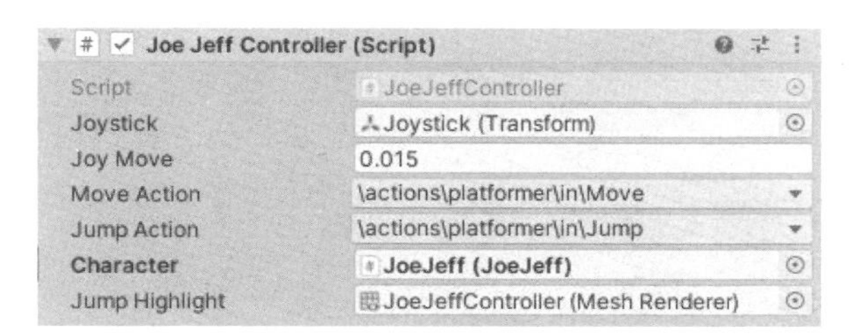

图 2.85　Joe Jeff Controller 组件的内容

（1）Joystick：Transform 类型，指定的值为 Joystick 对象的 Transform，是遥控器上摇杆的位置。

（2）Joy Move：float 类型，摇杆的移动量。

（3）Move Action：SteamVR_Action_Vector2 类型，指定的值为\actions\platformer\in\Move。

（4）Jump Action：SteamVR_Action_Boolean 类型，指定的值为\actions\platformer\in\Jump。

（5）Character：JoeJeff 类型，指定的值为 JoeJeff 对象。

（6）Jump Highlight：Mesh Renderer 类型，指定的值为 JoeJeffController 对象。

4. JoeJeff

JoeJeff 是受 JoeJeffController 对象控制的小机器人，该对象的组件列表如图 2.86 所示。

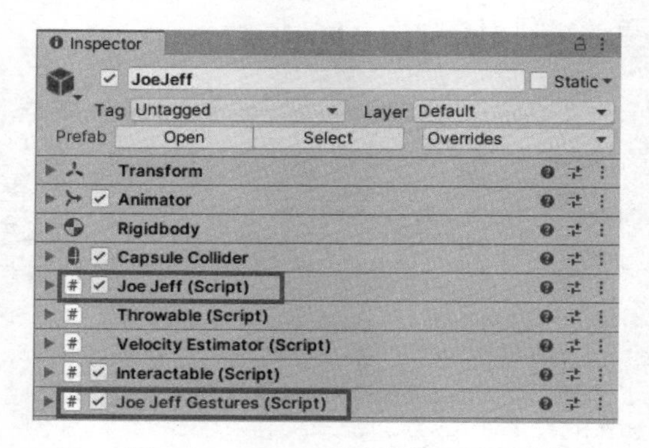

图 2.86　JoeJeff 对象的组件列表

从组件列表中可以知道，JoeJeff 是一个可以与手柄进行交互的对象，能够被拾起和放下。

1）Joe Jeff

Joe Jeff 组件的内容如图 2.87 所示。

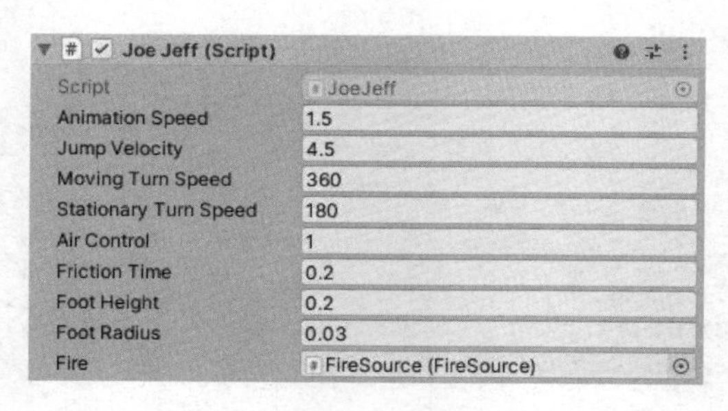

图 2.87　Joe Jeff 组件的内容

（1）Animation Speed：float 类型，动画播放速度，指定的值为 1.5。

（2）Jump Velocity：float 类型，小机器人起跳的初速度，指定的值为 4.5。

（3）Moving Turn Speed：float 类型，移动转弯速度，作用是帮助小机器人加快转弯速度，指定的值为 360。

（4）Stationary Turn Speed：float 类型，表示固定的转弯速度，指定的值为 180。

（5）Air Control：float 类型，代表空气流控制系数，影响小机器人的速度，指定的值为 1。

（6）Friction Time：float 类型，小机器人跳跃并落地后的缓冲时间。

（7）Foot Height：float 类型，小机器人脚的高度，在判断小机器人是否在地面上时使用，指定的值为 0.2。

（8）Foot Radius：float 类型，小机器人脚（圆形）的半径，在判断小机器人是否在地面上时使用，指定的值为 0.03。

（9）Fire：FireSource 类型，指定的值为 FireSource 对象。

2）Joe Jeff Gestures

Joe Jeff Gestures 组件用于控制 JoeJeff 对象行走时的姿势。

2.6.2　Longbow 演示区

Longbow 演示区演示了与弓箭射击相关的内容，该演示区主要包含三个子区域，分别是 BowPickup、Torch 和 ArcheryWeeble。

1．BowPickup

BowPickup 演示区的主要对象是一把长弓，如图 2.88 所示。

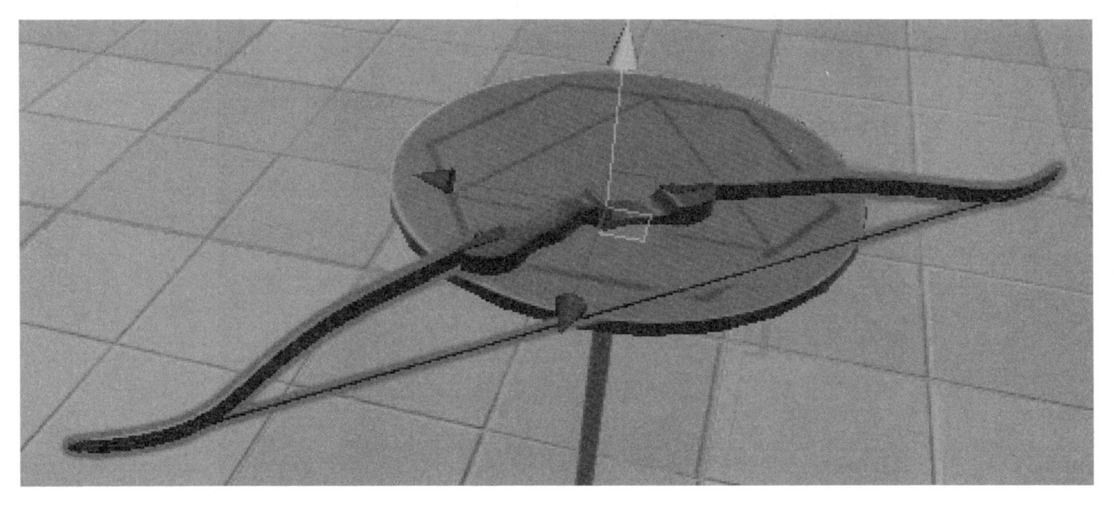

图 2.88　BowPickup 演示区的对象

BowPickup 演示区主要演示的是对长弓的拾取和放下操作，以及手柄握住长弓时的射箭操作。BowPickup 对象的组件列表如图 2.89 所示。

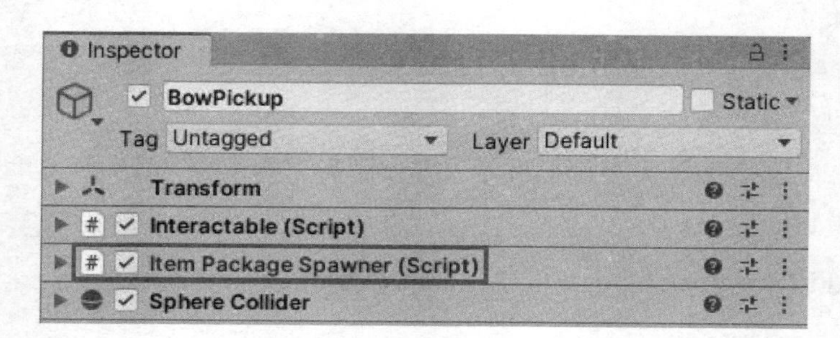

图 2.89　BowPickup 对象的组件列表

其中，Interactable 组件已经介绍过，下面来介绍 Item Package Spawner 组件。

Item Package Spawner 组件的代码保存在 Assets/SteamVR/InteractionSystem/Core/Scripts/文件夹中。该组件的内容如图 2.90 所示。

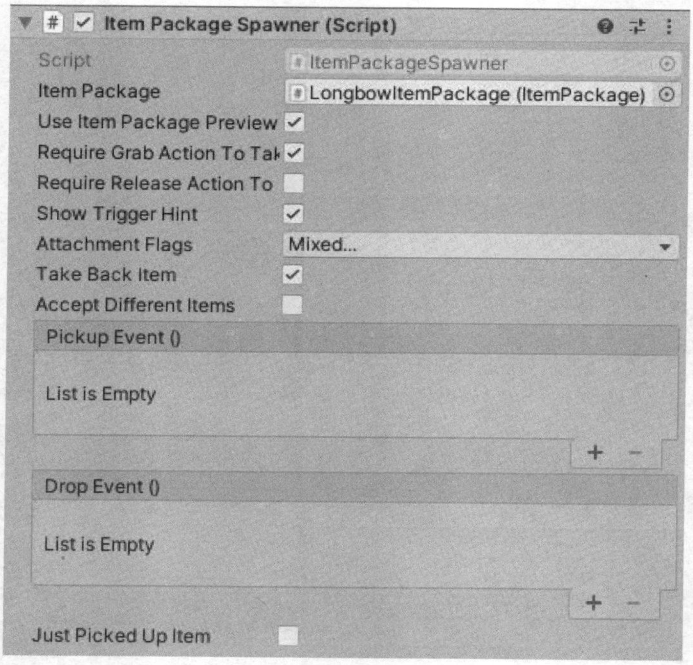

图 2.90　Item Package Spawner 组件的内容

（1）Item Package：ItemPackage 类型，该类型的对象可以与手进行交互，并且可以归还到原位置。该类型的组件的代码保存在 Assets/SteamVR/InteractionSystem/Core/Scripts/文件夹中。

Item Package 在这里指定的值为 LongbowItemPackage 预制体。该预制体保存在 Assets/SteamVR/InteractionSystem/Longbow/Prefabs/文件夹中。

（2）Use Item Package Preview：bool 类型，是否使用对象的预览功能，默认值为 true。

（3）Require Grab Action To Take：bool 类型，是否需要执行 Grab 操作才能拿起来，默

认值为 true。

（4）Require Release Action To Return：bool 类型，是否需要执行释放操作才能放回原位，默认值为 false。

（5）Show Trigger Hint：bool 类型，是否显示 Trigger 提示，默认值为 true。

（6）Attachment Flags：附加对象的标志。

（7）Take Back Item：bool 类型，是否可以取回，默认值为 true。

（8）Accept Different Items：bool 类型，是否可以接受不同的对象，默认值为 false。

2. Torch

Torch 演示区的主要对象是一根火把，如图 2.91 所示。

图 2.91　Torch 演示区的对象

Torch 演示区主要演示的是一根燃烧的火把，可以将箭的头部点燃变成火箭。Torch 对象有两个子对象，如图 2.92 所示。

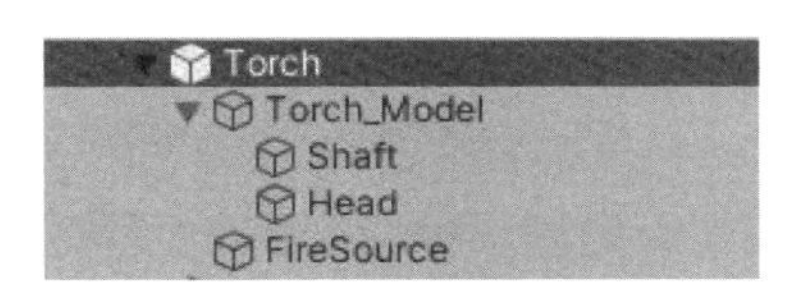

图 2.92　Torch 对象的层级结构

1）Torch_Model

Torch_Model 是父级对象，其子对象 Shaft 和 Head 合在一起组成火把的模型。

2）FireSource

FireSource 对象的作用是在其位置处产生火焰（粒子），并可以将接触其上的“可被点燃的对象”点燃。该对象的组件列表如图 2.93 所示。

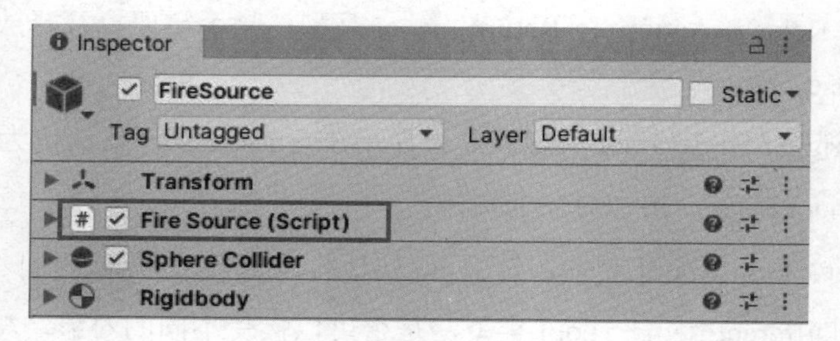

图 2.93 FireSource 对象的组件列表

下面我们来学习一下 Fire Source 组件，其内容如图 2.94 所示。

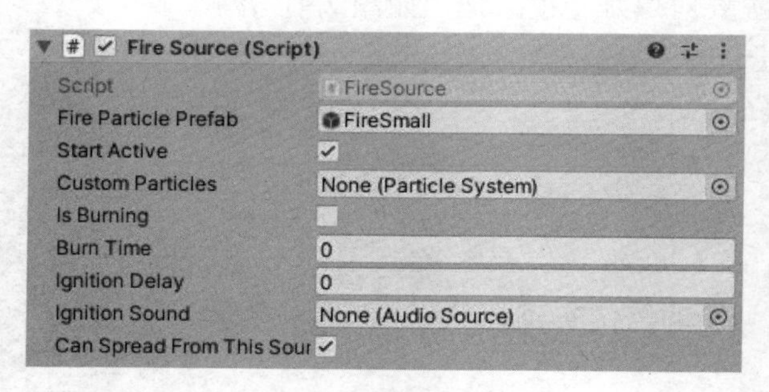

图 2.94 Fire Source 组件的内容（1）

（1）Fire Particle Prefab：GameObject 类型，这里指定的值为 FireSmall 预制体，该预制体保存在 Assets/SteamVR/InteractionSystem/Longbow/Prefabs/文件夹中。该预制体是一个粒子对象，代表一个火源，场景开始时只有一个火源在火把上，当其他可点燃对象被火把点燃后，也成为火源。

（2）Start Active：bool 类型，默认值为 true，表示程序开始运行时就激活 Fire Source 组件。

（3）Custom Particles：Particle System 类型，自定义的粒子效果。例如，某个可点燃对象在被点燃时可能会崩出像烟花一样的粒子，默认值是 None，即没有其他自定义的粒子特效。

（4）Is Burning：bool 类型，是否正在燃烧，默认值为 false。

（5）Burn Time：float 类型，火源持续燃烧的时间，单位为秒，默认值为 0，表示一直燃烧。

（6）Ignition Delay：float 类型，点火延迟，默认值为 0，表示可点燃对象碰到它马上就被点燃。

（7）Ignition Sound：Audio Source 类型，表示点火的音频。

（8）Can Spread From This Source：bool 类型，是否可以从该源向外传播，即是否可以点燃其他可点燃的对象，默认值为 true。

注意： Burn Time 是火源持续燃烧的时间。对于场景中火把对象上的火源，Burn Time=0，表示火把的火源处于持续燃烧的状态，不会熄灭，而箭头上火源的设置如图 2.95 所示。

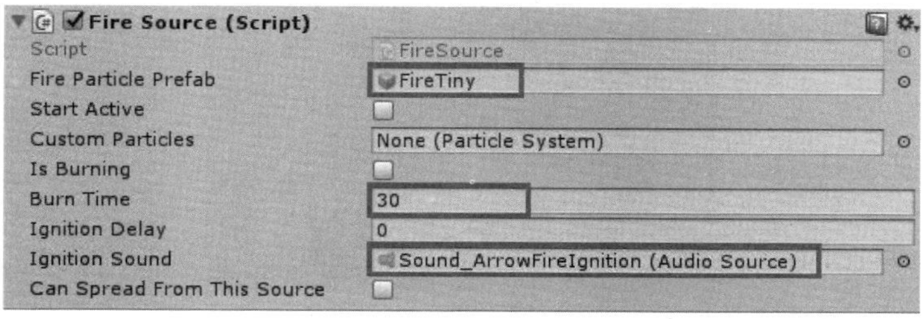

图 2.95　Fire Source 组件的内容（2）

其中，与火把上火源的设置不一样的地方如下。

（1）Fire Particle Prefab，这里指定的值为 FireTiny 预制体。

（2）Burn Time，这里指定的值为 30。

（3）Ignition Sound，火源点燃的声音，这里指定的值为 Sound_ArrowFireIgnition 对象，该对象上挂了名为 ArrowIgnite01 的音频文件，该文件保存在 Assets/SteamVR/InteractionSystem/Longbow/Sounds/文件夹中。

注意： 上文中的 Burn Time = 30，表示该火源持续燃烧 30 秒后熄灭，实现的代码在 FireSource.cs 文件中，写在了 Update()方法中，从第 44 行开始，具体内容如下。

```
    void Update()
        {
            if ( ( burnTime != 0 ) && ( Time.time > ( ignitionTime +
burnTime ) ) && isBurning )
            {
                isBurning = false;
                if ( customParticles != null )
                {
                    customParticles.Stop();
                }
                else
                {
                    Destroy( fireObject );
                }
            }
        }
```

3. ArcheryWeeble

ArcheryWeeble 演示区的主要对象是一个箭靶子，如图 2.96 所示。

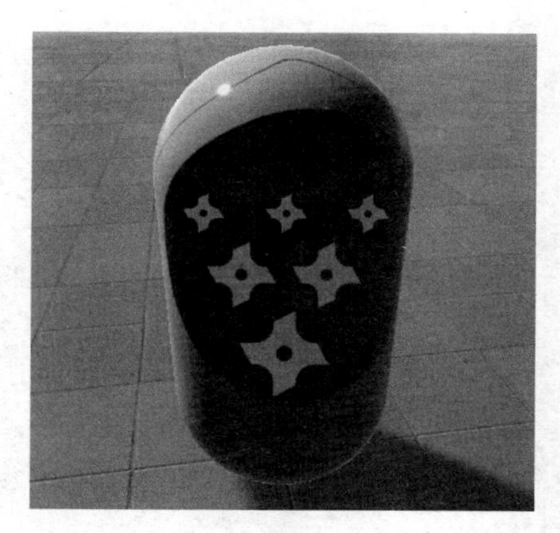

图 2.96　ArcheryWeeble 演示区的对象

当普通箭或者火箭射到箭靶子身上时，它会倒下，或者燃烧，然后重置。ArcheryWeeble 对象上挂了一个 Archery Target 组件，该组件的代码保存在 Assets/SteamVR/InteractionSystem/Longbow/Scripts/文件夹中。该组件的内容如图 2.97 所示。

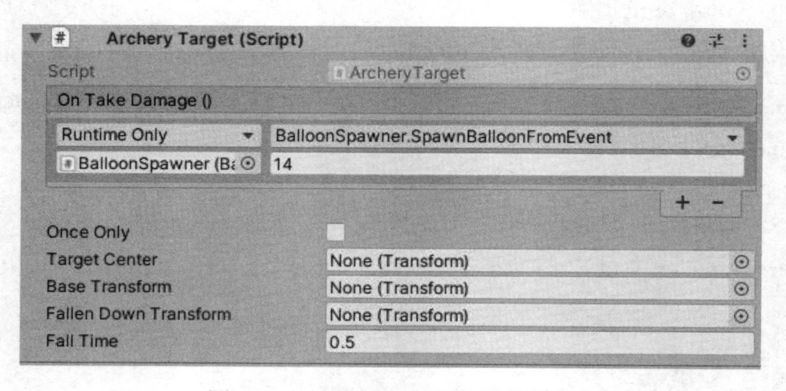

图 2.97　Archery Target 组件的内容

（1）On Take Damage()：UnityEvent 类型，OnDamageTaken 事件在箭靶子被射倒或燃烧爆炸时运行，将执行 BalloonSpawner.cs 文件中的 SpawnBalloonFromEvent()函数，并传递参数值 14。这个 14 代表枚举类型的变量 BalloonColor 定义的 id=15 的元素 Random。该枚举类型的变量是在 Balloon.cs 文件中定义的，也就是说，箭靶子被毁坏后，将随机使用一种颜色重生。

（2）Once Only：bool 类型，只使用一次。

（3）Target Center：Transform 类型，目标对象的中心点。

（4）Base Transform：Transform 类型，目标对象的基础位置。

（5）Fallen Down Transform：Transform 类型，目标对象倒下的位置。

（6）Fall Time：目标对象倒下的时间，单位为秒，当前值为 0.5。

第3章 初级：实例实战

从本章开始，我们将由浅入深地学习如何使用 SteamVR Plugin 提供的文件和预制体等内容来创建自己的 VR 应用，融会贯通地完成一些由简单到复杂的交互操作。

为了方便后续内容的学习，我们先做好项目文件夹的架构，在工程项目中创建属于自己的文件夹，具体操作步骤如下。

（1）选中 Project 面板下的 Assets 文件夹，单击鼠标右键，在弹出的快捷菜单中选择 Create→Folder 选项，创建一个新的文件夹，将文件夹重命名为 Learning，结果如图 3.1 所示。

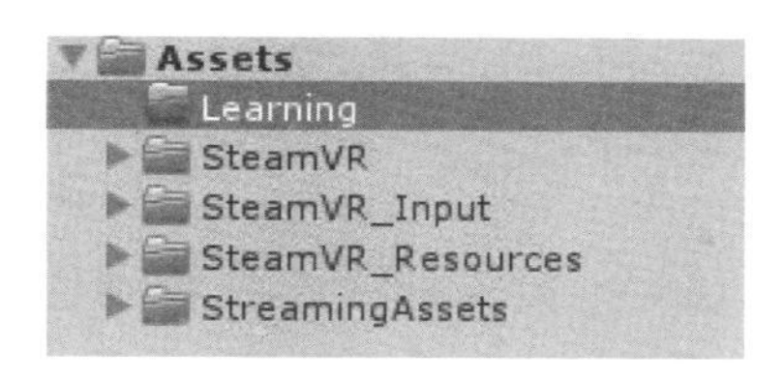

图 3.1 在 Assets 文件夹中创建 Learning 文件夹

（2）选中 Project 面板下的 Learning 文件夹，单击鼠标右键，在弹出的快捷菜单中选择 Create→Folder 选项，连续创建出 5 个新文件夹，分别将它们重命名为 Materials、Models、Prefabs、Scenes 和 Scripts，结果如图 3.2 所示。

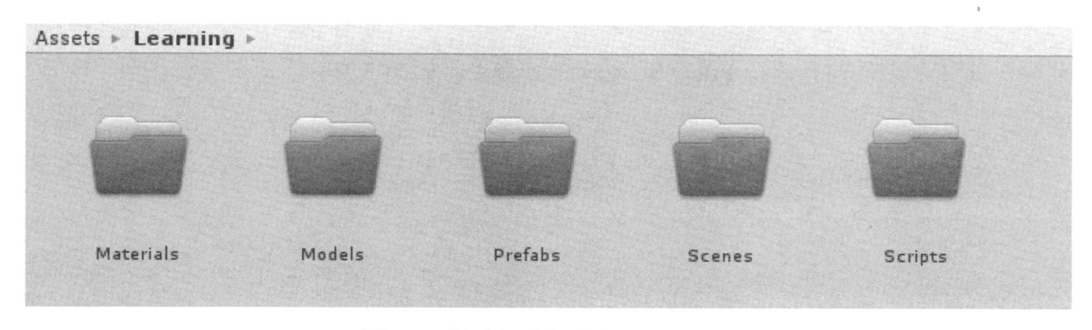

图 3.2 创建各种类型资源的文件夹

其中：

Materials 文件夹用来放置用户自己创建的材质文件。

Models 文件夹用来放置用户自己创建的模型文件。

Prefabs 文件夹用来放置用户自己创建的预制体。

Scenes 文件夹用来放置用户自己创建的场景文件。

Scripts 文件夹用来放置用户自己编写的 C#文件。

做好准备工作之后，我们开始学习使用 SteamVR Plugin 完成基本操作的实例。

3.1 实例 1：移动

3.1.1 实例目标

使用 HTC Vive 手柄上的圆盘键在虚拟现实场景中进行传送式移动。

3.1.2 实例方案

SteamVR Plugin 为开发者提供了 Teleporting 和 TeleportPoint 两个预制体，以及 Teleporting.cs、TeleportPoint.cs 和 TeleportArea.cs 文件。用户只需在自己的虚拟现实场景中放置一个 Teleporting 预制体，然后在想要移动的位置上放置若干个 TeleportPoint 预制体即可实现移动。如果计划在一个平面区域内随意移动，则需要创建一个平面对象，然后在这个平面对象上挂载 Teleport Area 组件即可。

3.1.3 实战操作

下面我们来进行实战操作，实现在虚拟现实场景中的移动功能。

1. 放置 Player

（1）新建一个场景，选择 File→Save Scenes 命令，如图 3.3 所示，将当前场景名保存为 Moving。

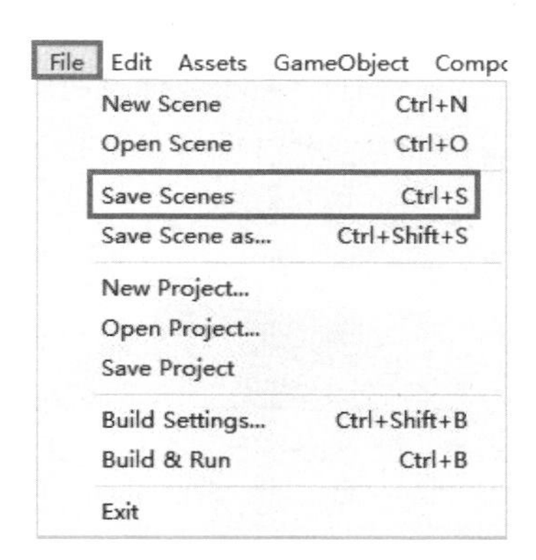

图 3.3　保存场景的命令

（2）在 Assets/SteamVR/InteractionSystem/Core/Prefabs/文件夹下找到 Player 预制体，直接将其拖入 Hierarchy 面板中，操作方法如图 3.4 所示。

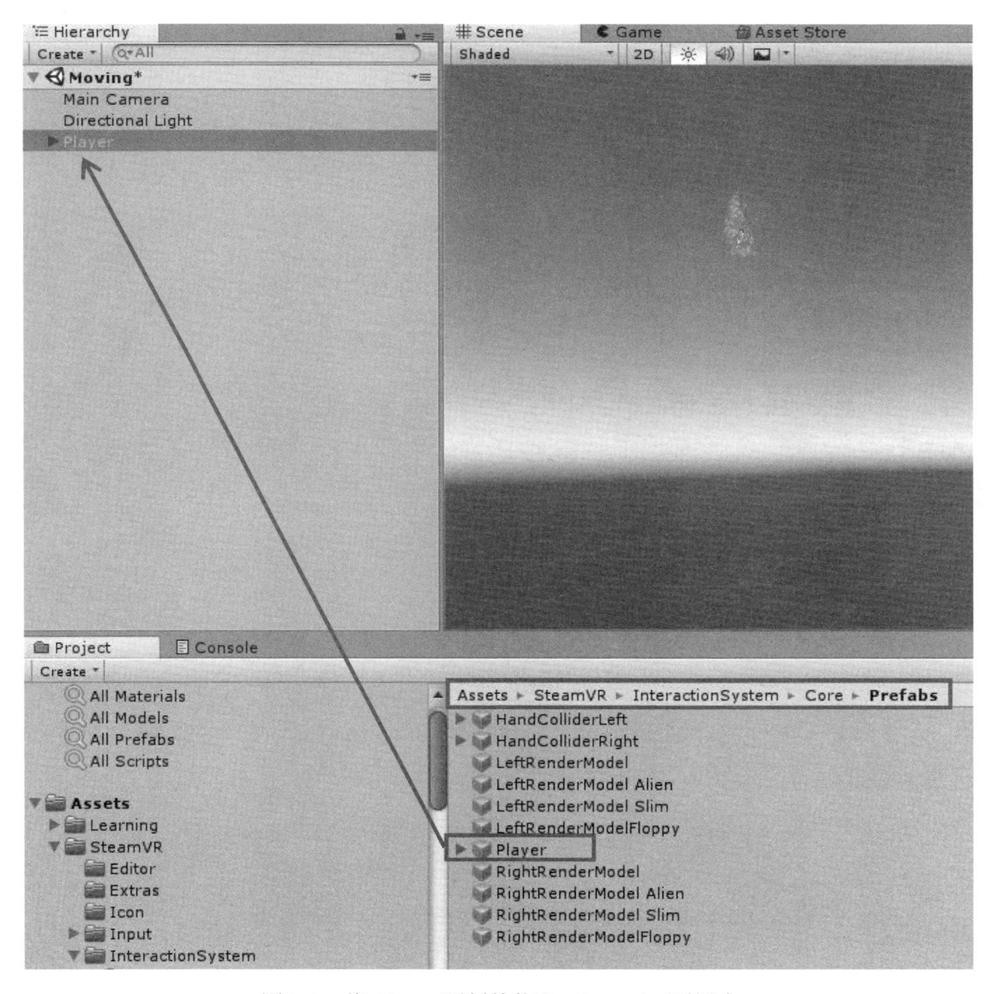

图 3.4　将 Player 预制体拖入 Hierarchy 面板中

（3）将场景中的 Main Camera 对象删除（或者使其处于非激活状态）。接好 HTC Vive 设备，打开手柄，戴上头显，运行场景，观察效果。可以看到两只戴着手套的手，没有手柄。按 Trigger 键，手指握紧；按 Button 键，除食指外，其他手指握紧；触碰圆盘键，可以看到大拇指随着手指姿态的变化而变化。

2. 放置传送点

（1）在 Assets/SteamVR/InteractionSystem/Teleport/Prefabs/文件夹下找到 Teleporting 预制体，将其拖入 Hierarchy 面板中，操作方法如图 3.5 所示。

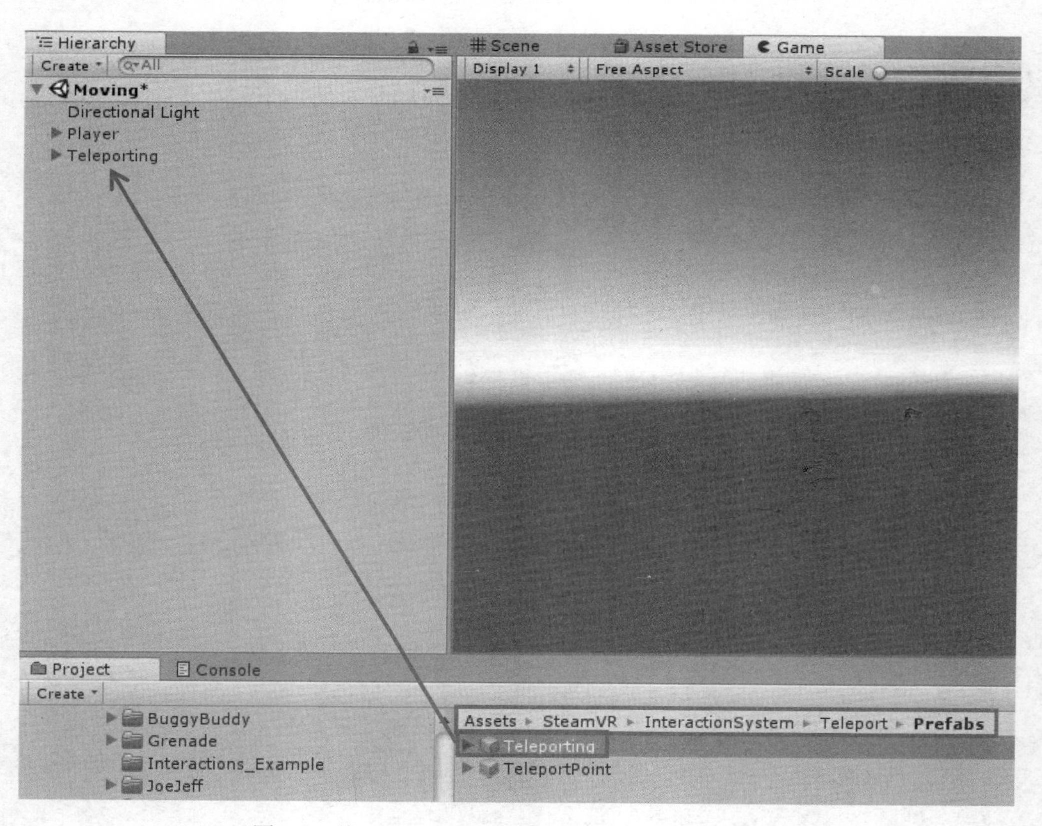

图 3.5 将 Teleporting 预制体拖入 Hierarchy 面板中

注意：查看 Teleporting 对象在 Inspector 面板中的 Teleport 组件，其中控制移动的是 Teleport Action 属性，该属性指定的映射是\actions\default\in\Teleport，如图 3.6 所示。

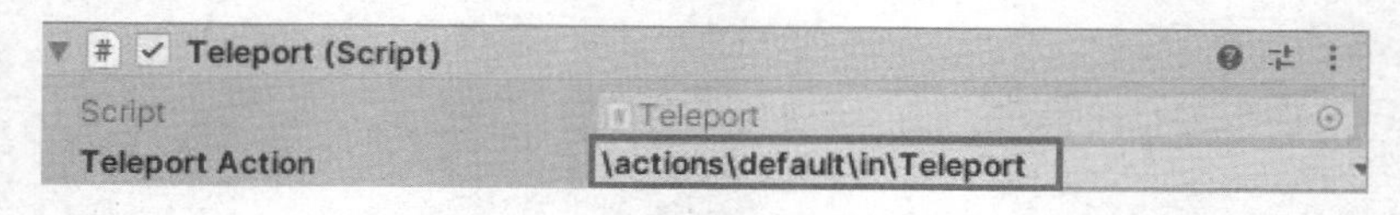

图 3.6 Teleport Action 属性

（2）将图 3.5 中的 TeleportPoint 预制体拖入 Hierarchy 面板中，并在 Scene 窗口中放置好其位置。

（3）通过拖动的方式（或者通过复制/粘贴的方式）在 Scene 窗口中放置多个 TeleportPoint 预制体。选中其中的某一个 TeleportPoint 预制体，在 Inspector 面板下，勾选 Teleport Point 组件中的 Locked 复选框，如图 3.7 所示。

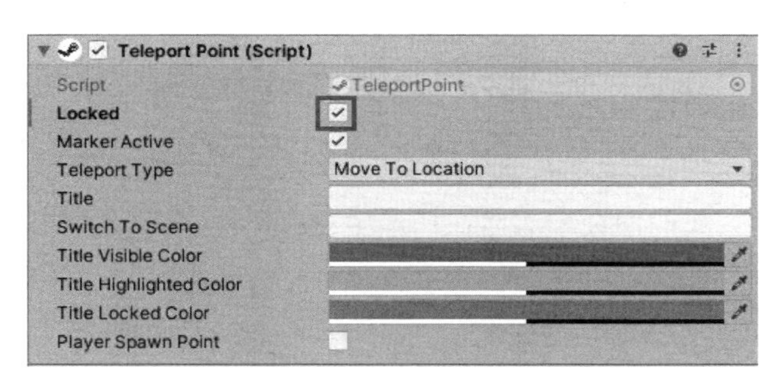

图 3.7　勾选 Locked 复选框

（4）运行程序。用户戴好头显进入虚拟现实场景后，看不到任何移动点。此时，按住 HTV Vive 手柄上的圆盘键，这些放置好的传送点就会显示出来，控制抛物线的落点到传送点上，松开圆盘键，则用户可以移动到传送点处。

3．放置传送平面

（1）创建一个 Plane 对象，修改其 Transform 属性的参数值，如图 3.8 所示。

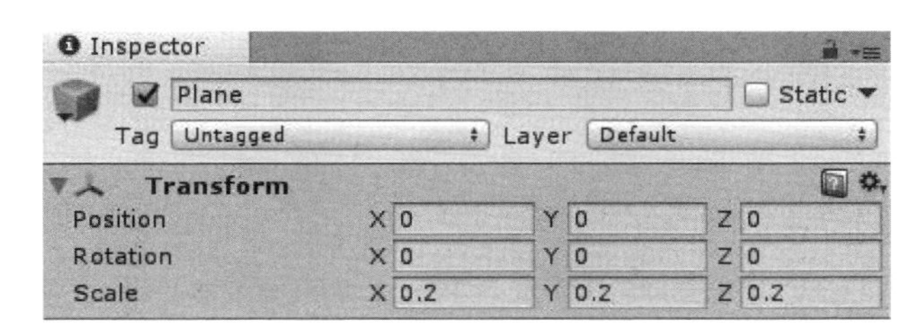

图 3.8　修改 Plane 对象的 Transform 属性的参数值

（2）在 Inspector 面板下，单击 Add Component 按钮，在弹出的搜索框中，输入 TeleportArea，在搜索结果列表中选择 Teleport Area 组件，为 Plane 对象添加 Teleport Area 组件，操作方法如图 3.9 所示。

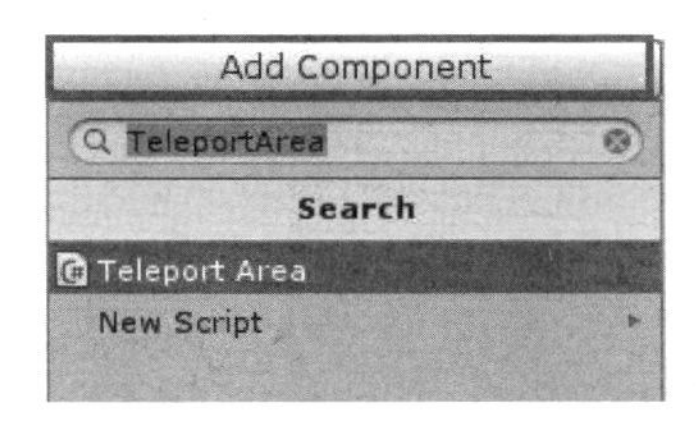

图 3.9　为 Plane 对象添加 Teleport Area 组件

（3）选中 Plane 对象，按 Ctrl + C 快捷键进行复制操作，然后按 Ctrl + V 快捷键粘贴出另一个平面，移动其位置，最后勾选 Locked 复选框，如图 3.10 所示。

图 3.10　设置 Teleport Area 组件的 Locked 属性

（4）运行程序。未勾选 Locked 复选框的平面可以在任何位置传送，勾选了 Locked 复选框的平面无法传送过去。

通过上面的操作，我们学会了如何在场景中进行移动。

3.1.4　实例总结

在虚拟现实场景中进行传送式移动只需要包含以下内容。

（1）Teleporting 预制体。

（2）TeleportPoint 预制体。

（3）添加了 Teleport Area 组件的地面对象。

3.2　实例 2：抓取小球

3.2.1　实例目标

使用 HTC Vive 手柄的操作键抓取虚拟现实场景中的小球对象。

3.2.2　实例方案

SteamVR Plugin 为开发者提供了 Interactable、Throwable 和 Steam VR_Skeleton_Poser 组件，下面综合使用这些组件来实现抓取操作。

3.2.3　实战操作

1．场景搭建

（1）新建一个场景，命名为 GrabSphere 并保存。

（2）在 Assets/SteamVR/InteractionSystem/Core/Prefabs/文件夹下找到 Player 预制体，将其拖入 Hierarchy 面板中，然后将场景中的 Main Camera 对象隐藏或者直接删除。

（3）接好 HTC Vive 设备，打开手柄，戴上头显，运行场景，观察效果。可以看到两只戴着手套的手，没有手柄。按 Trigger 键，手指握紧；按 Button 键，除食指外，其他手指握紧；触碰圆盘键，大拇指随着手指姿态的变化而变化。

（4）选择 GameObject→3D Object→Cube 选项，创建一个 Cube 对象，并调整其大小和位置，其 Transform 属性设置如图 3.11 所示。VR 场景在运行时，该对象在眼前，作为桌子使用。

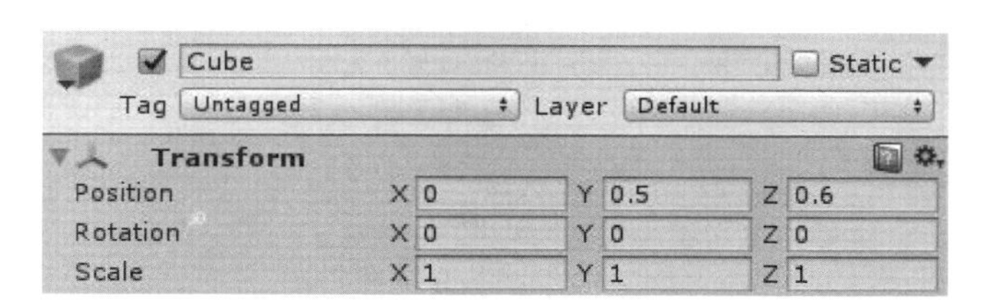

图 3.11　Cube 对象的 Transform 属性设置

2．创建小球

（1）选择 GameObject→3D Object→Sphere 选项，创建一个 Sphere 对象，其 Transform 属性设置如图 3.12 所示。

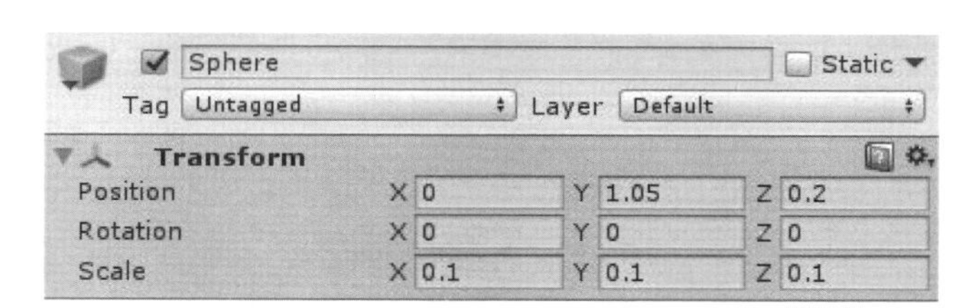

图 3.12　Sphere 对象的 Transform 属性设置

我们使用 Sphere 对象（小球）与手柄进行拾取的交互操作。为了完成交互操作，需要为 Sphere 对象添加 Rigidbody 组件。

（2）选择 Component→Physics→Rigidbody 选项，为 Sphere 对象添加一个 Rigidbody 组件，使得小球可以受到重力的影响，如图 3.13 所示。

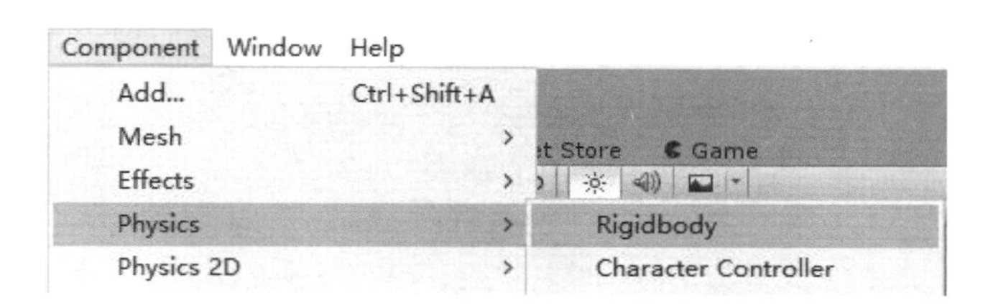

图 3.13　为 Sphere 对象添加 Rigidbody 组件

3．添加交互组件

（1）为 Sphere 对象添加 Interactable 组件。该组件的代码保存在 Assets/SteamVR/

InteractionSystem/Core/Scripts/文件夹中，将该组件拖入 Hierarchy 面板下的 Sphere 对象上，如图 3.14 所示。

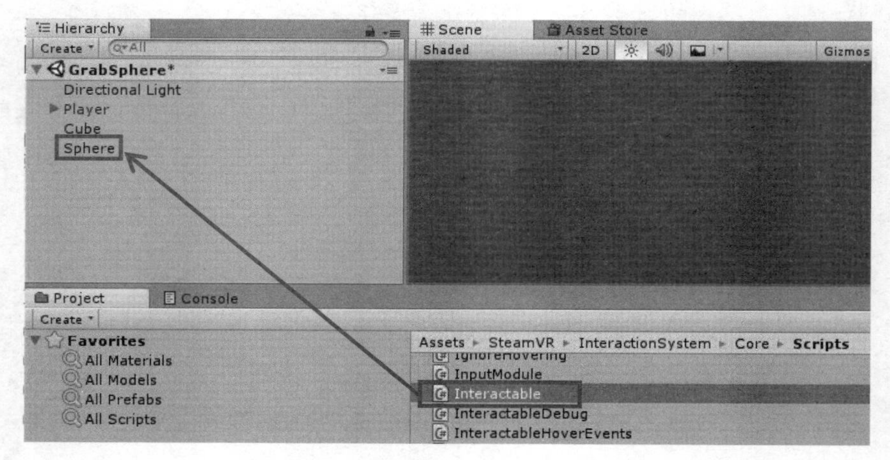

图 3.14　为 Sphere 对象添加 Interactable 组件

技巧点：在 Sphere 对象选中的情况下，在右侧的 Inspector 面板下，单击 Add Component 按钮，在弹出的搜索框中输入 Inter，然后从搜索结果列表中选择 Interactable 组件，操作方法如图 3.15 所示。

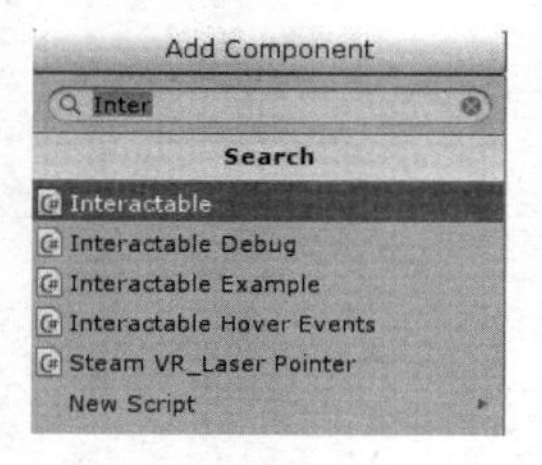

图 3.15　单击 Add Component 按钮添加组件

Interactable 组件的作用是使得小球具备与系统手柄交互的功能。其内容设置如图 3.16 所示，不勾选 Hide Hand On Attach 复选框，勾选 Hide Controller On Attach 复选框。

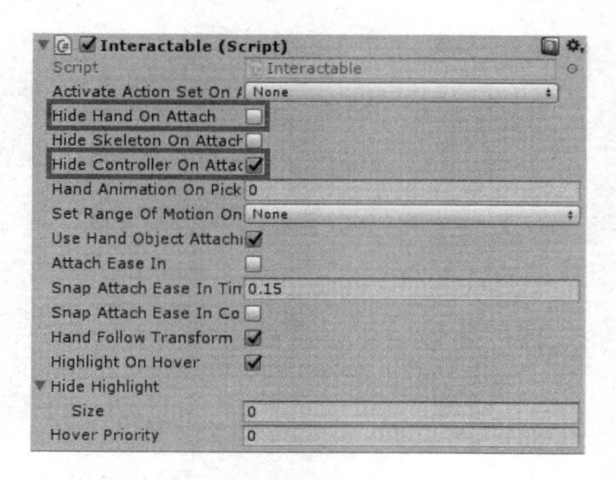

图 3.16　Interactable 组件的内容设置

（2）运行程序，手碰到小球，小球会显示黄色边框，同时会被手推走，用户按任何键无法抓住小球。

注意：由于 Interactable.cs 是 SteamVR 为用户提供的核心功能的文件，因此不建议修改其中的代码，如果想改变外框的颜色，建议修改 Assets/SteamVR/Resources/文件夹中 SteamVR_HoverHighlight.mat 材质的颜色。

（3）用上面提到的方法，继续为 Sphere 对象添加 Throwable 组件，其内容如图 3.17 所示。

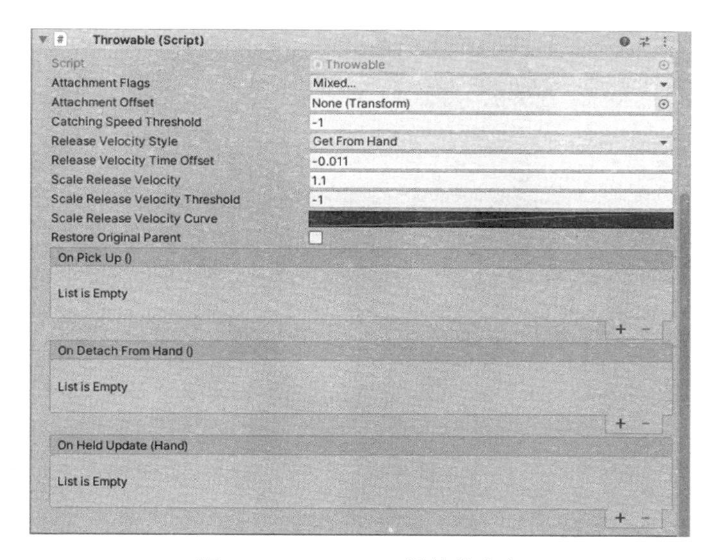

图 3.17　Throwable 组件的内容

（4）运行程序，这时按 Trigger 键或者 Button 键都可以将小球抓住，但是手的抓取姿势不对。

（5）为 Sphere 对象添加 Steam VR_Skeleton_Poser 组件。展开 Pose Editor 界面，先找到 Create 按钮，然后找到 Create 按钮左侧的⊙图标，如图 3.18 所示。

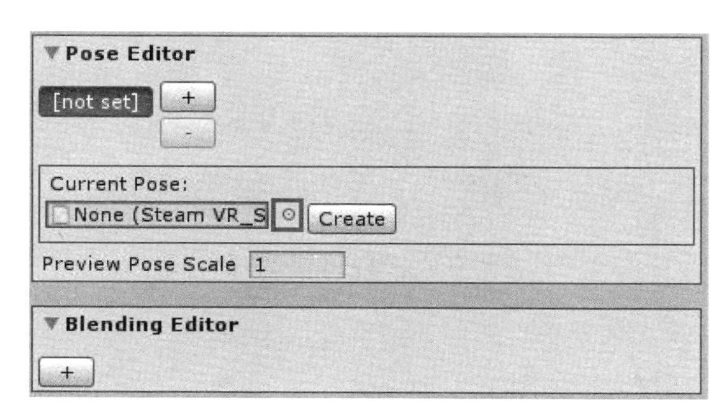

图 3.18　Pose Editor 界面

（6）单击⊙图标，在弹出的界面中选择 sphereSmallPose 选项，如图 3.19 所示。

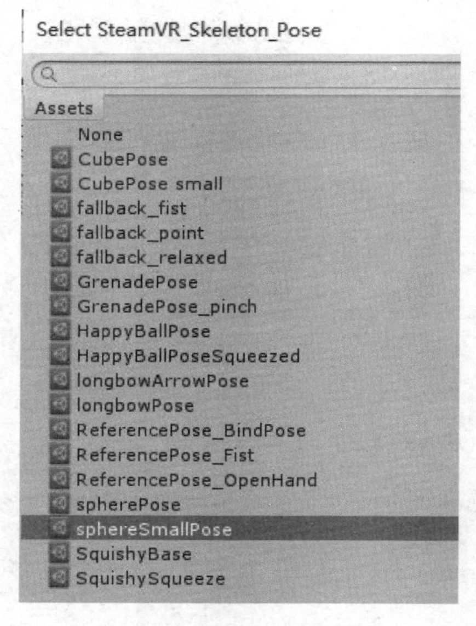

图 3.19　选择手的姿势

这时在 Scene 窗口中可以看见一只抓住 Sphere 对象的右手，如图 3.20 所示。

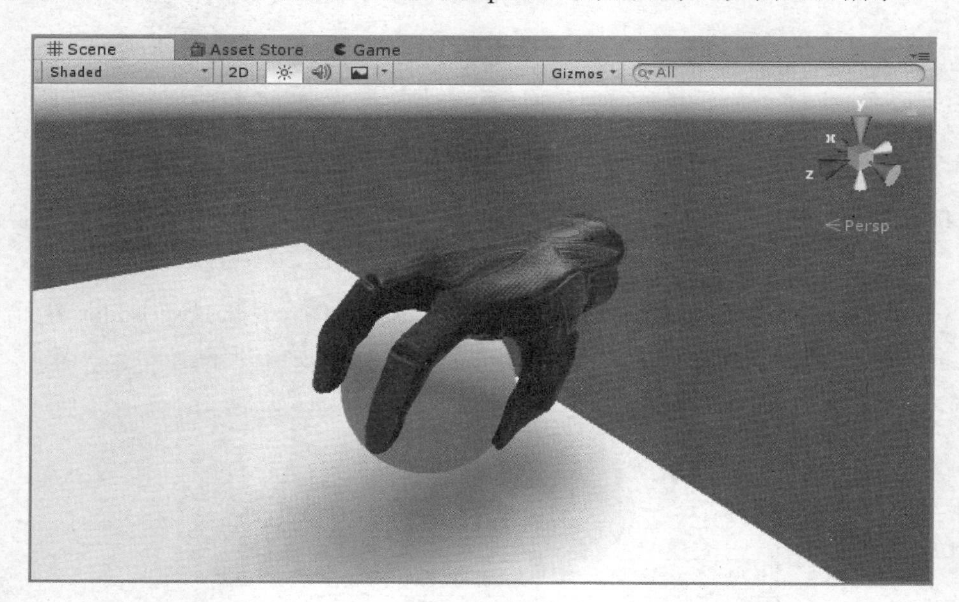

图 3.20　显示手的姿势

单击 Right Hand 栏中的“手”图标，或者取消勾选 Show Right Preview 复选框，就可以隐藏场景中的手，操作方法如图 3.21 所示。

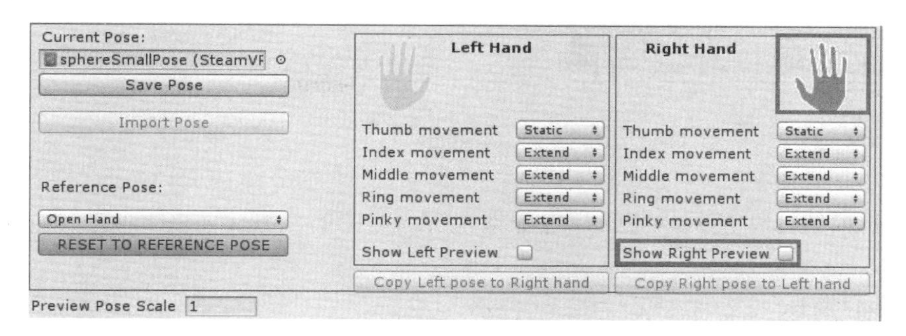

图 3.21　隐藏手的方法

（7）运行程序，用手柄去触碰小球，按住 Button 键或 Trigger 键，可以将小球抓起来。如果用户要投掷小球，在投掷的同时，松开 Button 键或 Trigger 键，就能把小球扔出去。小球飞出去的初速度是根据手柄的移动速度变化的，这是由 Throwable 组件中的 Release Velocity Style 属性设定的，默认参数是 Get From Hand，如图 3.22 所示。

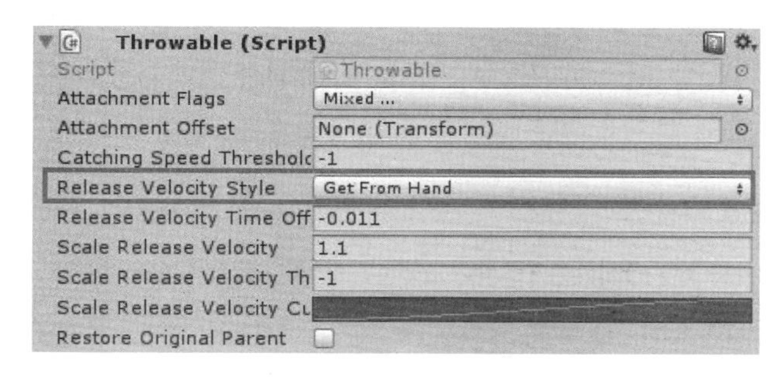

图 3.22　Throwable 组件的属性设置

知识点：Release Velocity Style 还有 Short Estimation 和 Advanced Estimation 两个参数。如果选择这两个参数，则需要为 Sphere 对象添加 VelocityEstimator 组件。

至此，小球的抓取和投掷的实现方法就介绍完了。

3.2.4　实例总结

在虚拟现实场景中可以被 HTC Vive 手柄拾取的对象需要包含以下几个组件。

（1）Collider 组件：检测是否与手柄发生碰撞。

（2）Rigidbody 组件：受到重力影响。

（3）Interactable 组件：相应手柄按键信息。

（4）Throwable 组件：可以被投掷出去。

（5）Steam VR_Skeleton_Poser 组件：显示“手”的姿势。

3.3 实例 3：抓取立方体

3.3.1 实例目标

使用 HTC Vive 手柄的操作键抓取虚拟现实场景中的立方体。

3.3.2 实例方案

SteamVR Plugin 为开发者提供了 Interactable、Throwable 和 Steam VR_Skeleton_Poser 组件，我们通过组合使用这些组件来实现抓取操作。

3.3.3 实战操作

1．场景搭建

在 Unity3D 中打开 GrabSphere 场景，选择 File→Save Scene as 命令，将当前场景另存为名称为 GrabCube 的场景，并将该场景保存在 Assets/Learning/Scenes/文件夹中。

2．创建立方体

选择 GameObject→3D Object→Cube 选项，创建一个 Cube(1)对象，修改其 Transform 属性的参数值，如图 3.23 所示。

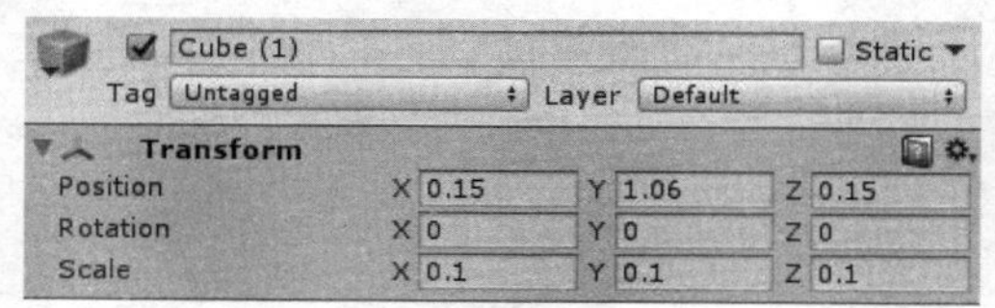

图 3.23　修改 Cube 对象的 Transform 属性的参数值

3．复制组件

（1）在 Hierarchy 面板下选中 Sphere 对象，然后选中右侧 Inspector 面板中的 Rigidbody 组件，单击鼠标右键，在弹出的快捷菜单中选择 Copy Component 命令，如图 3.24 所示，复制该组件。

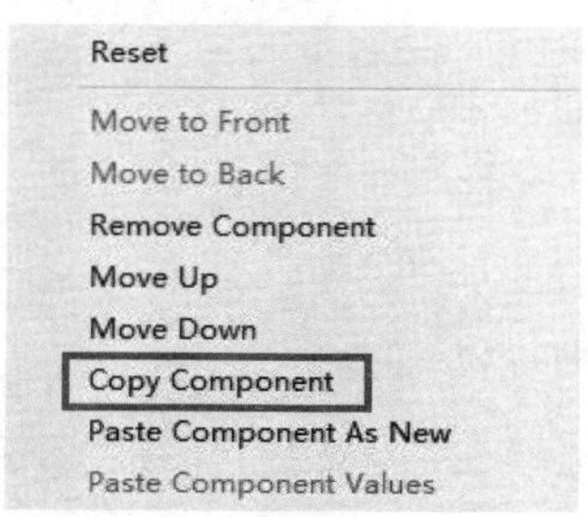

图 3.24　选择 Copy Component 命令

（2）在 Hierarchy 面板下选中 Cube(1)对象，然后选中右侧 Inspector 面板中的 Mesh Renderer 组件，单击鼠标右键，在弹出的快捷菜单中选择 Paste Component As New 命令，如图 3.25 所示，将 Rigidbody 组件粘贴到 Cube(1)对象上。

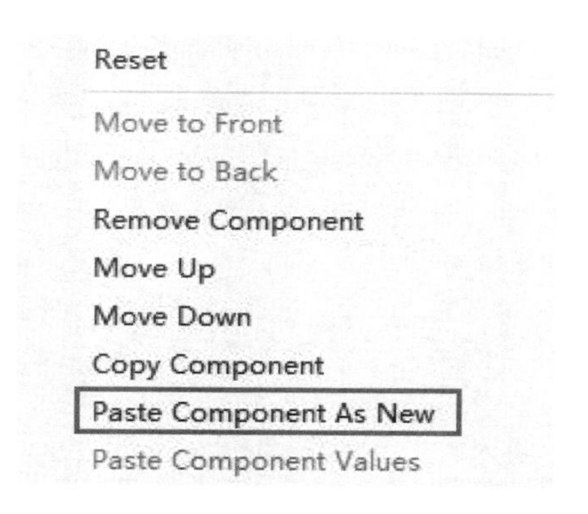

图 3.25　选择 Paste Component As New 命令

技巧点：用户可以通过复制/粘贴的方法将一个对象上的组件粘贴到另一个对象上。

（3）使用上面描述的方法，继续为 Cube(1)对象添加 Interactable、Throwable 和 Steam VR_Skeleton_Poser 三个组件，结果如图 3.26 所示。

图 3.26　Cube(1)对象最终所有的组件列表

（4）在 Hierarchy 面板下选中 Cube(1)对象，在右侧的 Inspector 面板中，将 Steam VR_Skeleton_Poser 组件展开，单击 Current Pose 右下方的⊙图标，在弹出的下拉列表中选择 CubePose 文件，如图 3.27 所示。

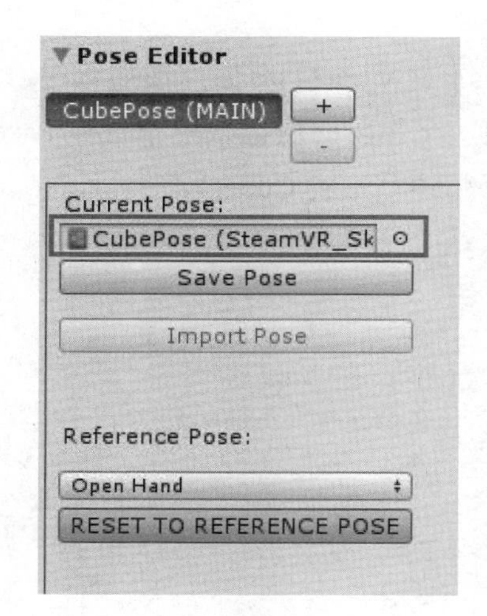

图 3.27　修改 Current Pose 的属性值

在 Scene 窗口中，可以看到如图 3.28 所示的结果。

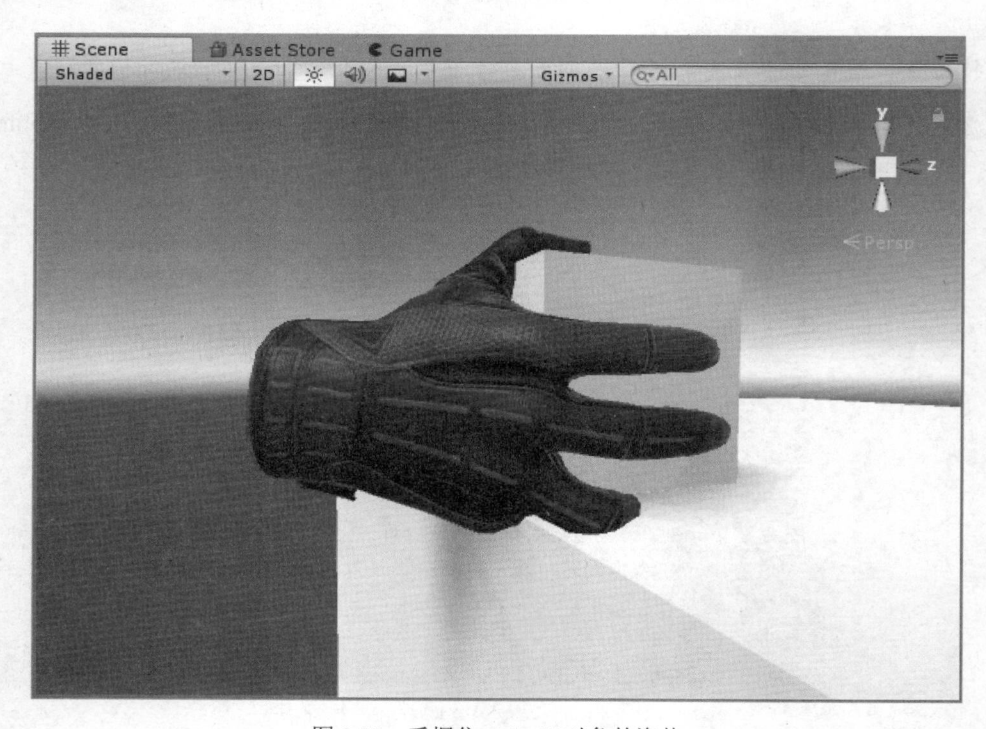

图 3.28　手握住 Cube(1)对象的姿势

（5）运行程序，分别使用手柄抓取小球和立方体，或者使用两只手柄各自抓取小球和立方体，观察虚拟手在抓取小球和立方体时的不同姿势，然后进行投掷操作。

通过上述操作，立方体的抓取和投掷的实现方法就介绍完了。

3.4 实例 4：抓住物体

3.4.1 实例目标

当手柄接触到小球或立方体时，按 Button 键，将小球或立方体拿在手中，并不需要持续按 Button 键。当再次按 Button 键时，将小球或者立方体放下。

3.4.2 实例方案

SteamVR Plugin 为开发者提供的 Throwable 是专门用来实现使用手柄按键抓取物体的功能组件。Throwable.cs 继承 Throwable 类的 Pickup 类，重写其 HandAttachedUpdate()方法。

3.4.3 实战操作

1. 场景搭建

打开 Assets/Learning/Scenes/文件夹中的 GrabCube 场景，选择 File→Save Scene as 命令，将该场景名另存为 NoHoldingGrab。

2. 编写代码

（1）在 Assets/Learning/Scripts/文件夹下，选择 Assets→Create→C# Script 选项，创建一个 C#文件，并重命名为 Pickup，得到 Pickup.cs 文件。创建 C#文件的方法如图 3.29 所示。

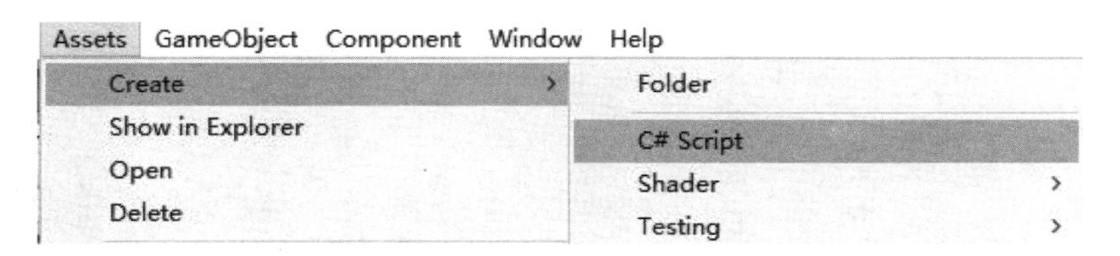

图 3.29　创建 C#文件的方法

（2）打开 Pickup.cs 文件，编写如下代码。

```
/****************************************
 * 功能：捡起物体时不需要一直按住手柄上的键     *
****************************************/

 //-------------------------------------------------------
 //命名空间引用开始
using System.Collections;
using System.Collections.Generic;
```

```
using UnityEngine;
using Valve.VR;
using Valve.VR.InteractionSystem;
//命名空间引用结束
//-----------------------------------------------------------

//-----------------------------------------------------------
//Learning 命名空间开始
namespace Learning                                  //自定义的命名空间
{
    //-----------------------------------------------------------
    //Pickup 类开始
    public class Pickup : Throwable                 //Pickup 类继承于 Throwable 类
    {
        public SteamVR_Action_Boolean GrabAction; //Grab 键
        //-----------------------------------------------------------
        //HandAttachedUpdate()方法开始
        //重构 HandAttachedUpdate()方法，该方法在物体被抓住的每一帧都执行一次
        protected override void HandAttachedUpdate(Hand hand)
        {
            //base.HandAttachedUpdate(hand); 屏蔽其原有方法的功能
            //如果 Grab(Button)键被按下
            if (GrabAction.GetStateDown(SteamVR_Input_Sources.Any))
            {
                Debug.Log("Trigger 被按下，扔掉物品");   //在 Console 中打印信息
                //被抓对象从手上离开（松手）
                hand.DetachObject(this.gameObject, true);          }
        }
        //HandAttachedUpdate()方法结束
        //-----------------------------------------------------------
    }
    //Pickup 类结束
}
//Learning 命名空间结束
```

3. 更新组件

（1）在 Hierarchy 面板下，选中 Sphere 对象，在右侧的 Inspector 面板下，找到 Throwable 组件，单击该组件右侧的竖三点图标，在弹出的下拉列表中选择 Remove Component 选项，将该组件删除，操作过程如图 3.30 所示。

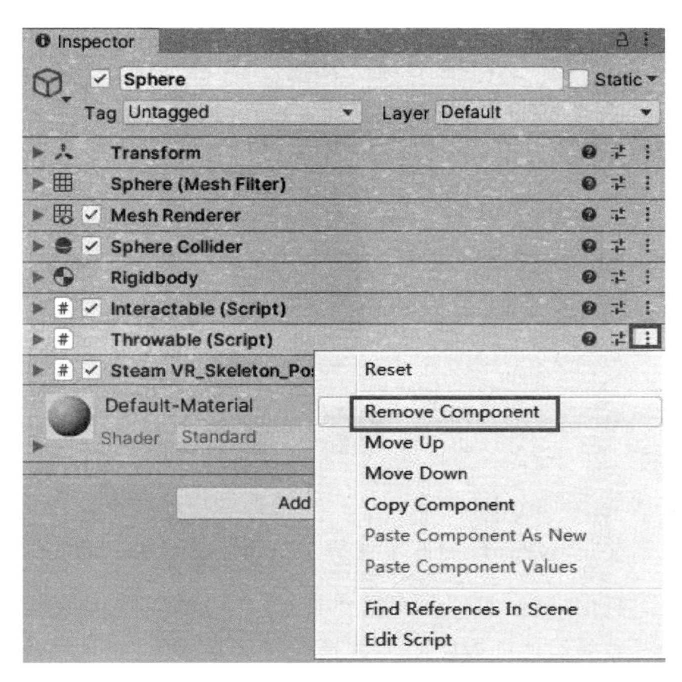

图 3.30　删除 Throwable 组件的操作过程

（2）将 Pick Up 组件拖动到 Sphere 对象下，使其成为 Sphere 对象的一个组件，Sphere 对象最终的组件列表如图 3.31 所示。

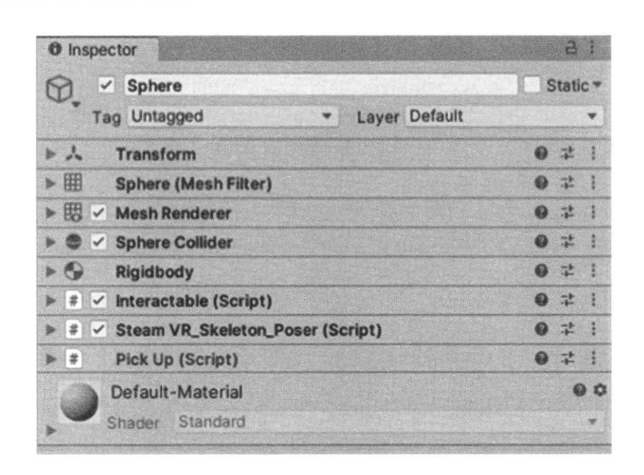

图 3.31　Sphere 对象最终的组件列表

（3）在 Inspector 面板下，单击 Pick Up 组件左侧的小箭头，展开属性栏，指定 Grab Action 的值为\actions\default\in\GrabGrip，如图 3.32 所示。

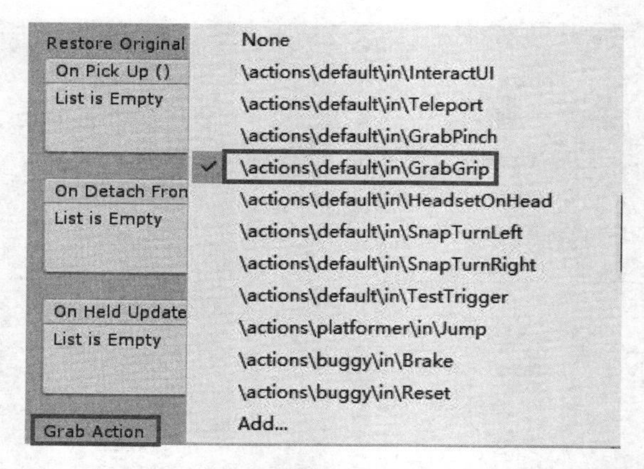

图 3.32　指定 Grab Action 的值为\actions\default\in\GrabGrip

注意：Pickup 类继承于 Throwable 类，因此被拾取的小球和立方体仍然可以与手柄进行交互。我们使用 override 关键字重构了 HandAttachedUpdate()方法。

（4）将上述删除 Throwable 组件和添加 Pick Up 组件的操作，在 Cube(1)对象上重复一遍，最终，Cube(1)对象的组件列表如图 3.33 所示。

图 3.33　Cube(1)对象最终的组件列表

（5）在 Inspector 面板下，单击 Pickup 组件左侧的小箭头，展开属性栏，指定 Grab Action 的值为\actions\default\in\GrabGrip。

（6）运行程序，使用手柄进行抓取和放下测试。

3.4.4　实例总结

参考 SteamVR Plugin 提供的代码，根据自己的需求进行改写以实现需要的功能。

第 4 章 高级：项目实战

HTC Vive 设备的手柄上有一个 Trigger 键，按 Trigger 键可模拟枪械的射击动作，手感非常好。本章将完成一个基于 HTC Vive 手柄的完整的手枪射击实战案例。在该实战案例中，设计了 4 个任务目标，具体内容如下。

（1）手枪对象的拾取和放下。

（2）握枪姿势。

（3）激光瞄准线。

（4）手枪射击音效。

4.1 手枪对象的拾取和放下

4.1.1 任务目标

本节的主要内容是添加一个手枪对象，使用 Grip 键完成手枪对象的拾取和放下操作。按 Grip 键拾取手枪对象，再次按 Grip 键放下手枪对象。

4.1.2 任务方案

根据任务目标制定的任务方案如下。

（1）将手枪对象导入场景中，并进行适配处理。

（2）为其添加 Box Collider 组件，使其具备在 Unity3D 中碰撞检测的功能。

（3）为其添加 Rigidbody 组件，使其具备在场景中受重力影响而下落的功能。

（4）为其添加 Interactable 组件，使其具备与 HTC Vive 手柄进行交互的功能。

（5）为其添加 Steam VR_Skeleton_Poser 组件，在场景中显示握住手枪的手。

（6）为其添加 Pick Up 组件，实现 Grip 键的拾取和放下功能。

4.1.3　实战操作

1．手枪模型

（1）打开 NoHoldingGrab 场景，选择 File→Save Scene as 命令，将当前场景名另存为 GunShot，并保存到 Assets/Learning/Scenes/文件夹中。

（2）选择 Assets→Import Package→Custom Package 选项，如图 4.1 所示。

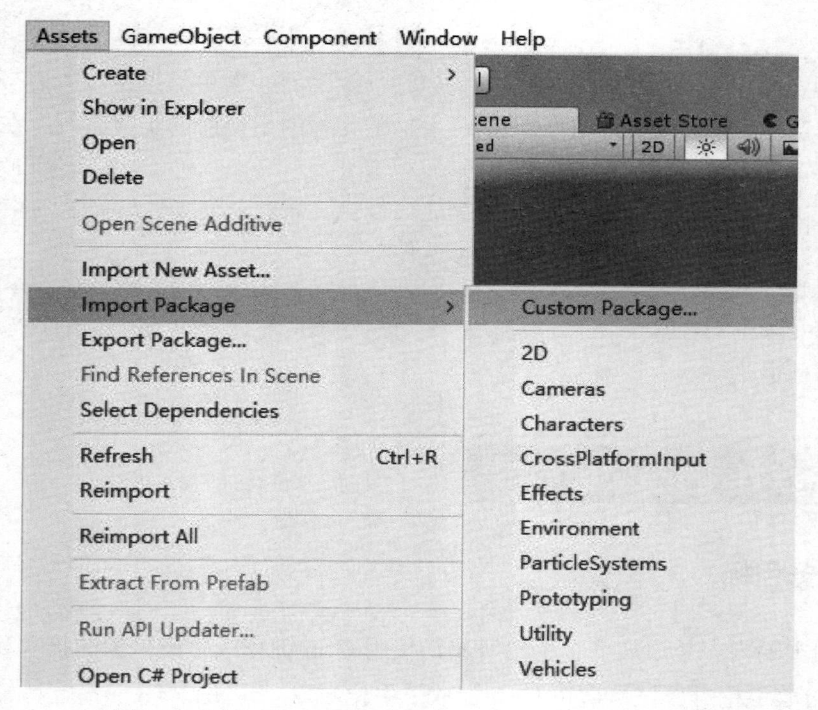

图 4.1　选择 File→Import Package→Custom Package 选项

在弹出的界面中，定位到随书资源文件夹，选择 Next-Gen Pistol.Package 文件，将该文件导入 VR 工程中。

该文件是 Unity3D 官方网站上 Asset Store 中的一个免费的手枪资源包，使用了 PBR 材质，在 VR 中呈现的效果很好。该资源包在 Asset Store 中的信息如图 4.2 所示。

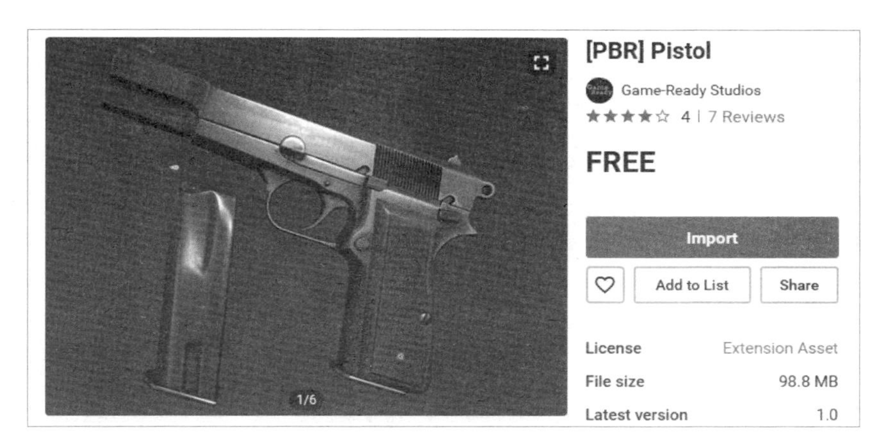

图 4.2　Asset Store 上的手枪资源包的信息

单击 Import 按钮，选择好手枪资源包后，将弹出如图 4.3 所示的 Import Unity Package 界面，单击右下角的 Import 按钮，将其导入 VR 工程中。

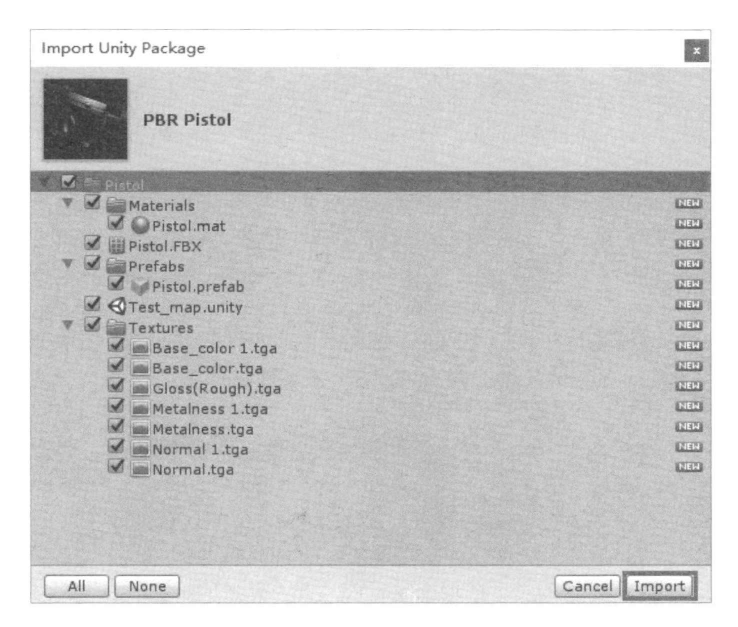

图 4.3　将手枪资源包导入 VR 工程中

手枪资源包导入完成后，Project 面板的 Assets 文件夹下的内容如图 4.4 所示。

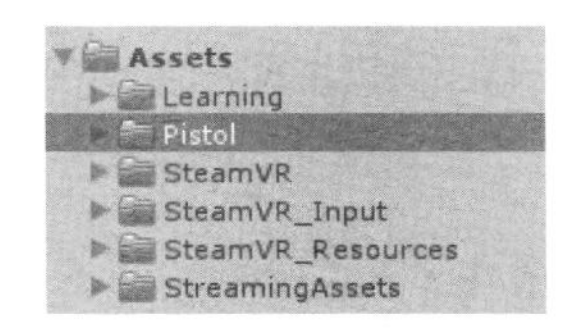

图 4.4　导入手枪资源包后 Assets 文件夹下的内容

（3）在 Assets/Pistol/Prefabs/文件夹中找到 Pistol 预制体，将其拖入 Hierarchy 面板中，如图 4.5 所示。

图 4.5　在 Hierarchy 面板中放置 Pistol 预制体

注意：Pistol 预制体的尺寸与 VR 场景中的尺寸不匹配，同时多了一个弹夹模型，为了能够在 VR 场景中正确使用该预制体，我们需要对其进行处理。

（4）在 Hierarchy 面板下，在按住 Ctrl 键的同时选中 Bullet 和 Clip 两个子对象，操作结果如图 4.6 所示。

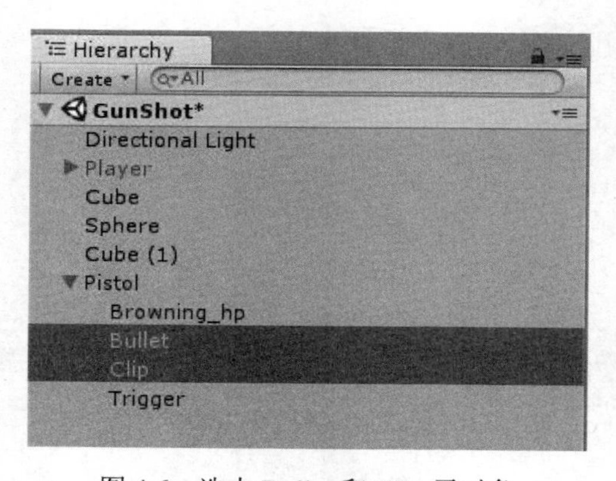

图 4.6　选中 Bullet 和 Clip 子对象

按 Delete 键，在弹出的界面中单击 Continue 按钮将 Bullet 和 Clip 两个子对象删除，如图 4.7 所示。

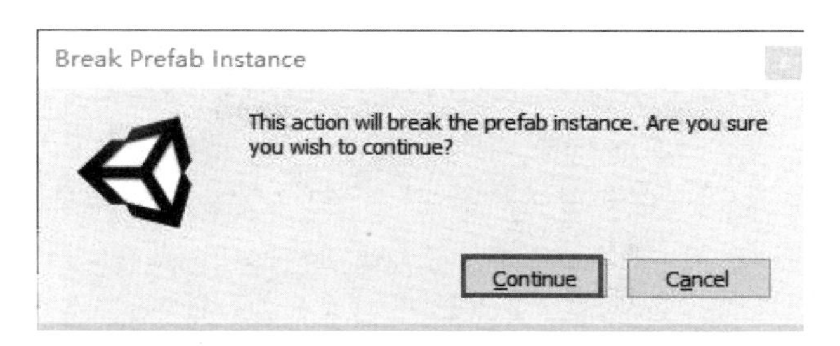

图 4.7　删除预制体中的子对象

（5）在 Hierarchy 面板下选中 Pistol 预制体，在右侧的 Inspector 面板下，对 Pistol 预制体进行移动、旋转和缩放操作，最终 Pistol 预制体的 Transform 属性参数设置如图 4.8 所示。

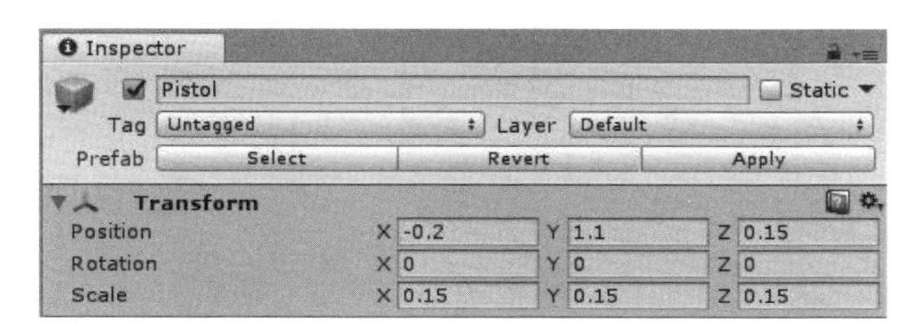

图 4.8　Pistol 预制体的 Transform 属性参数设置

经过上述操作后，得到的场景如图 4.9 所示。

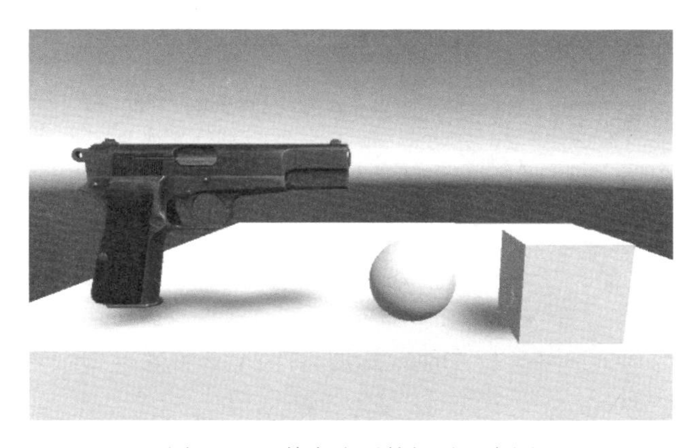

图 4.9　调整完成后的场景示意图

2．手枪碰撞体

（1）选中 Pistol 预制体，然后选择 Component→Physics→Box Collider 选项，为 Pistol 预制体添加 2 个 Box 类型的碰撞体。

（2）分别编辑这 2 个碰撞体的大小，使得其中一个碰撞体包围枪管部分，另一个碰撞体包围手柄部分，结果如图 4.10 所示。

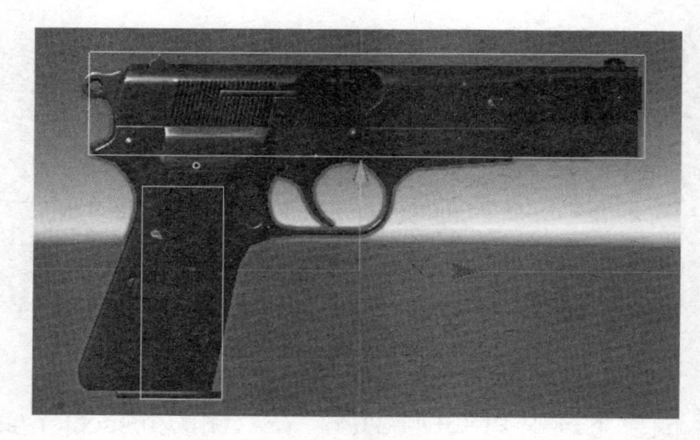

图 4.10　手枪碰撞体的设置

3. 其他组件

（1）为 Pistol 预制体添加 Rigidbody 组件。

（2）为 Pistol 预制体添加 Interactable 组件，在 Inspector 面板下设置其内容，如图 4.11 所示。

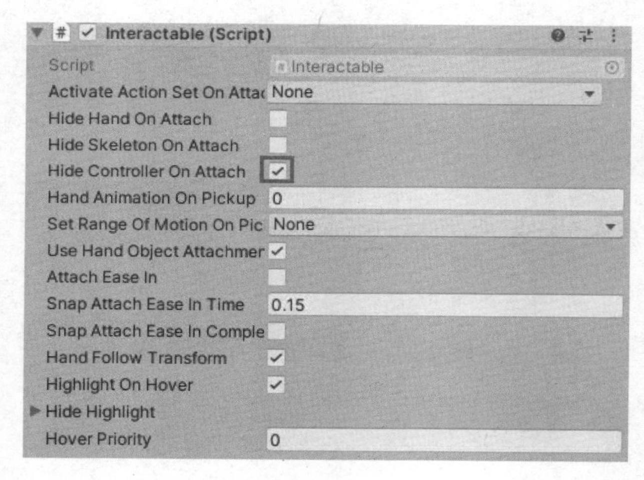

图 4.11　Interactable 组件的内容设置

（3）为 Pistol 预制体添加 Steam VR_Skeleton_Poser 组件。

（4）为 Pistol 预制体添加 Pick Up 组件。最终在 Inspector 面板下看到的手枪对象的组件列表如图 4.12 所示。

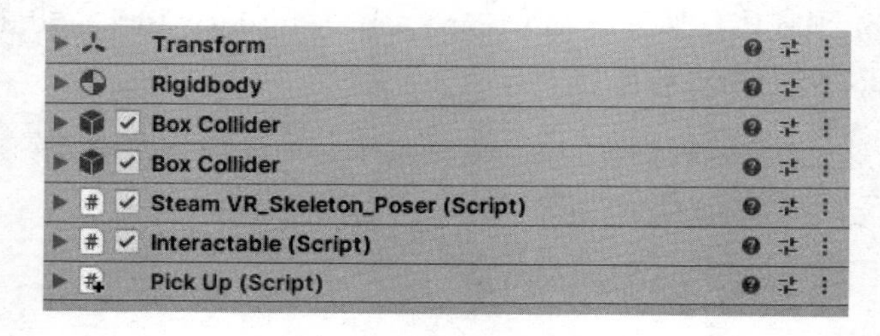

图 4.12　手枪对象的组件列表

4.2 握枪姿势

4.2.1 任务目标

使用手柄拾取手枪后，手的姿势为握住手枪，食指在扳机处。

4.2.2 任务方案

根据任务目标制定的任务方案如下。

（1）为 Pistol 对象添加手的 Pose 对象。

（2）移动和旋转手的 Pose 对象，最终与 Pistol 对象较好地结合。

4.2.3 实战操作

（1）选中 Pistol 对象，在 Inspector 面板下展开 Steam VR_Skeleton _Poser 组件，可以看到如图 4.13 所示的 Pose Editor 界面。

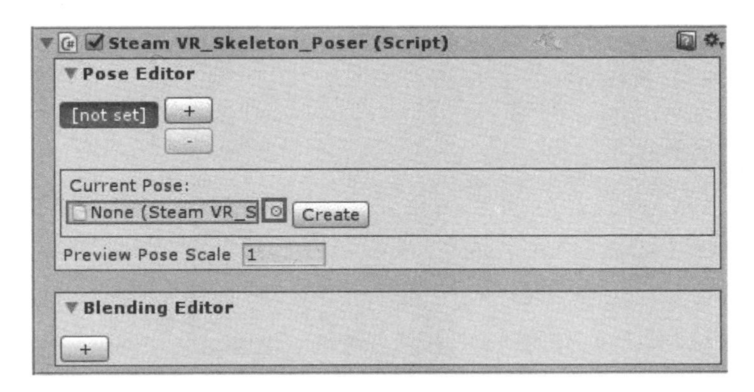

图 4.13　Pose Editor 界面（1）

（2）单击图 4.13 中 Create 按钮左侧的⊙图标，在弹出的 Select SteamVR_Skeleton_Pose 界面中，选择 longbowPose 文件，如图 4.14 所示。

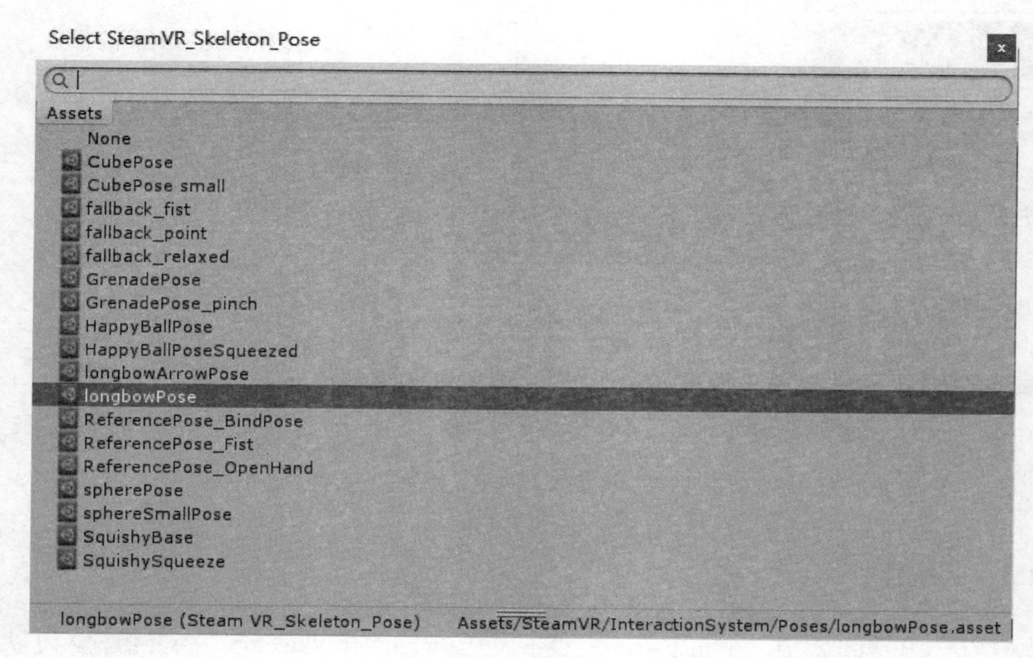

图 4.14　选择 longbowPose 文件

此时，Pose Editor 界面如图 4.15 所示。

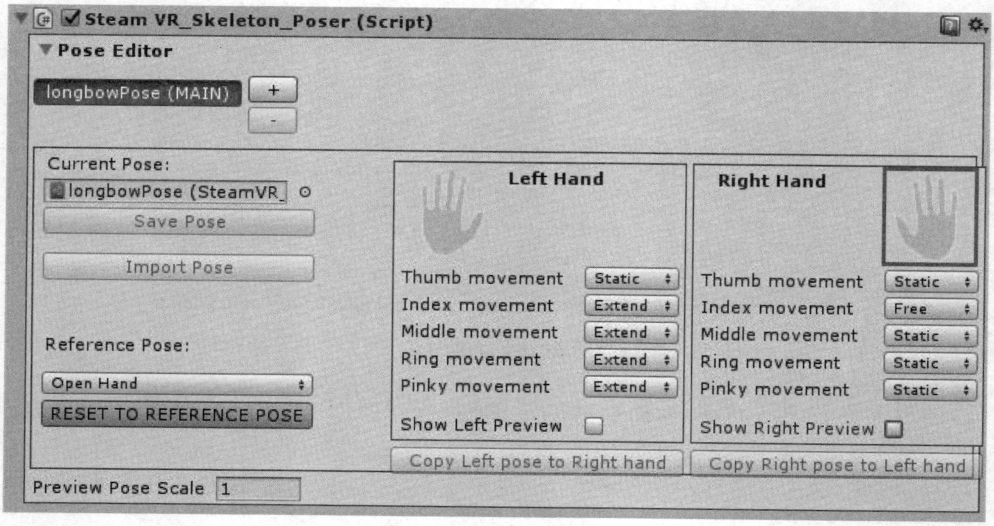

图 4.15　Pose Editor 界面（2）

（3）单击 Right Hand 栏中的“手”图标，该图标变为深色，在场景中将显示出右手的模型，由于右手的模型和 Pistol 对象的位置关系不正确，因此需要在 Hierarchy 面板下，选中 vr_glove_right_model_slim (Clone)对象，使用位移和旋转工具进行操作，最后得到如图 4.16 所示的结果。

图 4.16　手握住枪的姿势

（4）单击 Save Pose 按钮，对调整好的手的姿势进行保存，如图 4.17 所示。

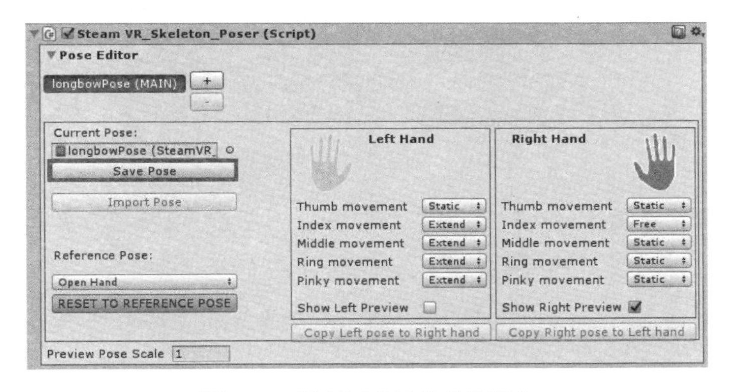

图 4.17　保存调整好的手的姿势

（5）运行程序，使用手柄抓取 Pistol 对象进行测试。

4.3　激光瞄准线

4.3.1　任务目标

将手枪对象拿在手上时，枪口发射出一道红色激光线。当红色激光线碰到场景中的对象时，在交汇处显示红色圆点。

4.3.2　任务方案

（1）要实现枪口发射红色激光线的效果，可以在枪口处放置一个在场景中不渲染的

Cube 对象，将该对象变成 Pistol 对象的子对象，激光线由该对象发出。

（2）当没有拾起手枪对象时，Cube 对象不激活；当拾起手枪对象后，Cube 对象被激活。

（3）Cube 对象被激活后，其发射的红色激光线遇到其他物体时，在交汇处显示红色圆点。

4.3.3 实战操作

1．创建激光线

（1）在 GunShot 场景中，选择 GameObject→3D Object→Cube 选项，创建一个 Cube 对象，将其重命名为“激光发射器”，如图 4.18 所示。

图 4.18　创建激光发射器对象

注意：在当前及后续的 Unity3D 版本中，支持文件夹名、场景名、脚本名、对象名等使用中文，并且用户可以顺利完成编译和打包工作。根据个人喜好，用户可以继续选择使用全英文命名方式（官方推荐），也可以选择使用中文命名方式。

（2）在 Inspector 面板下，选中激光发射器对象，按住鼠标左键并拖动该对象，将其放置到 Pistol 对象下，松开鼠标左键，使激光发射器对象成为 Pistol 对象的子对象，结果如图 4.19 所示。

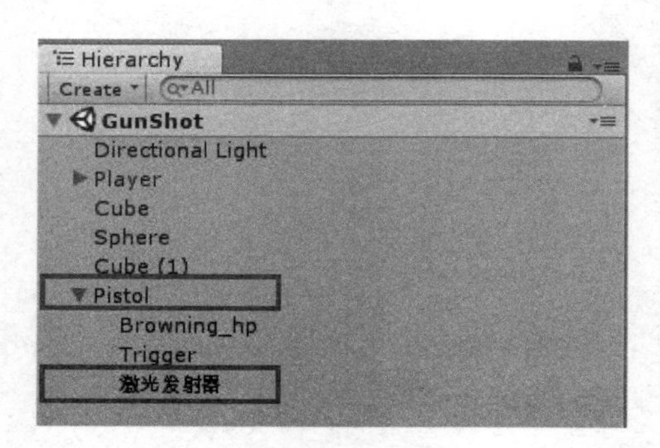

图 4.19　将激光发射器对象设置为 Pistol 对象的子对象

（3）选中激光发射器对象，对其进行缩放和移动操作，将其放置到 Pistol 对象的枪口处，最终，该对象在 Inspector 面板下的 Transform 属性参数设置如图 4.20 所示。

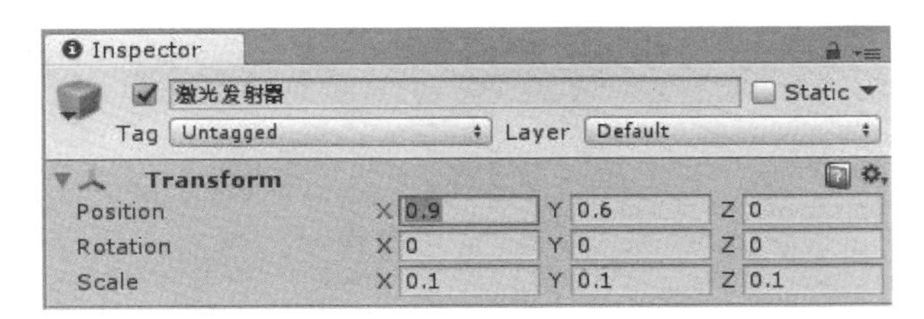

图 4.20　激光发射器对象的 Transform 属性参数设置

在 Scene 窗口中显示的激光发射器和手枪对象的位置关系如图 4.21 所示。

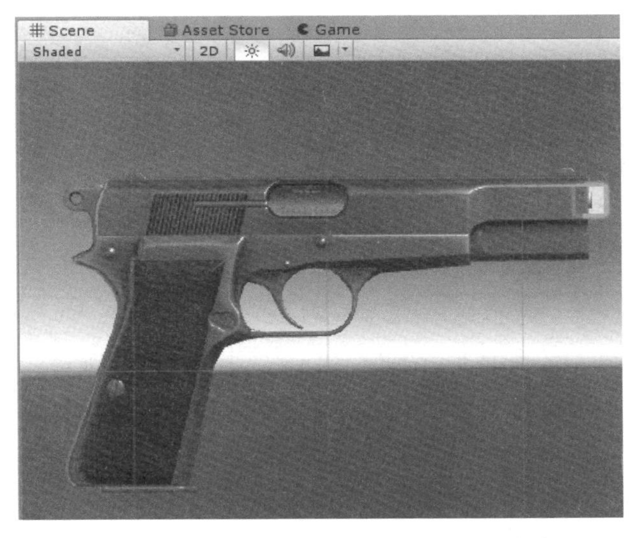

图 4.21　激光发射器和手枪对象的位置关系

（4）选中激光发射器对象，然后选择 Component→Effects→Line Renderer 选项，为该对象添加 Line Renderer 组件，如图 4.22 所示。

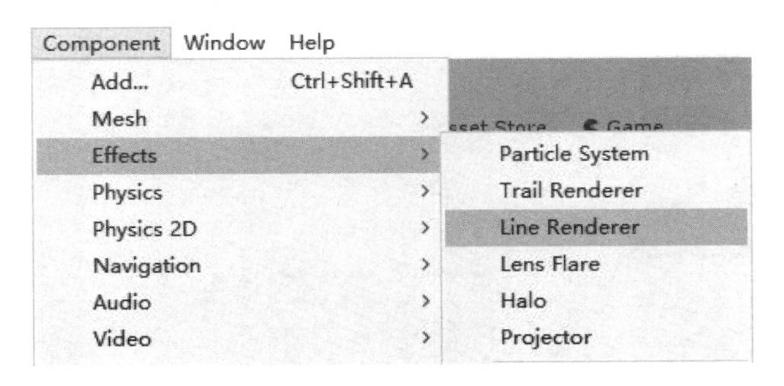

图 4.22　为激光发射器对象添加 Line Renderer 组件

（5）在 Assets/Learning/Materials/文件夹中，选择 Assets→Create→Material 选项，创建一个新的材质，如图 4.23 所示，并将其重命名为 Laser。

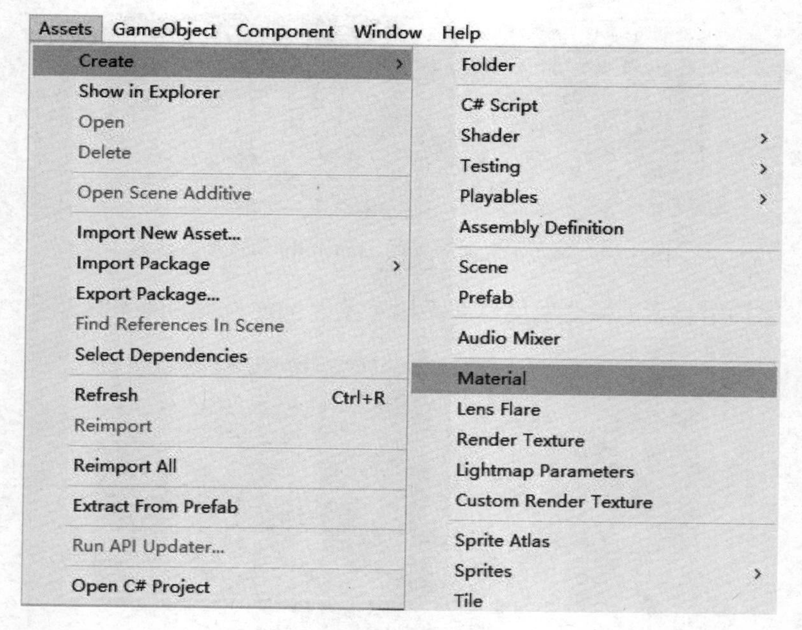

图 4.23　创建材质

在 Laser 材质被选中的情况下，在 Inspector 面板下单击“吸管”工具左侧的白色颜色框，在弹出的 Color 界面中，选择红色（或者其他喜欢的颜色），如图 4.24 所示。

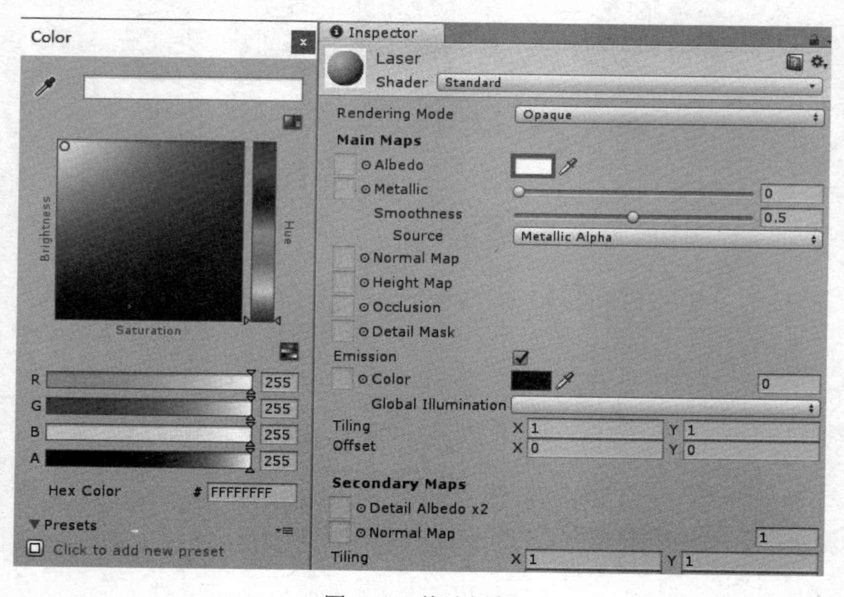

图 4.24　修改颜色

在 Inspector 面板的 Shader 下拉列表中选择 Legacy Shaders→Self-Illumin→Diffuse 选项，如图 4.25 所示。

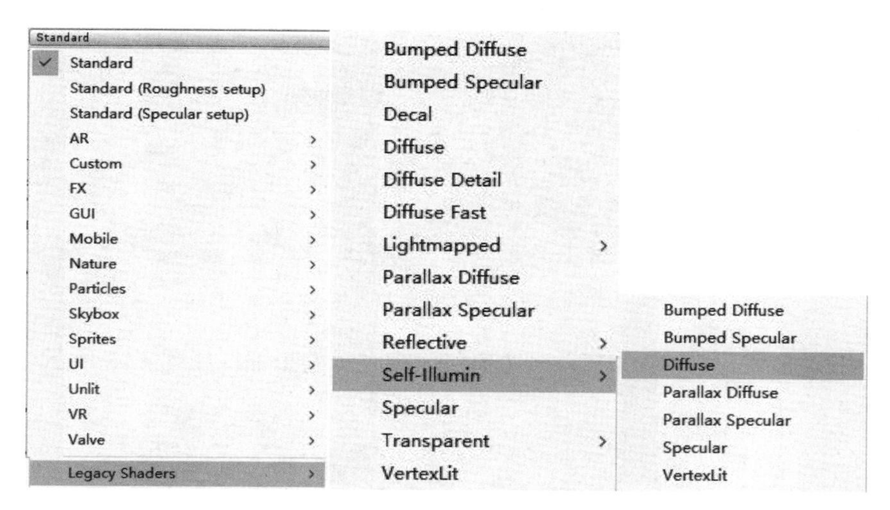

图 4.25　选择 Legacy Shaders→Self-Illumin→Diffuse 选项

进行上述操作的目的是使得激光线有自发光的效果。Laser 材质最终的属性参数设置如图 4.26 所示。

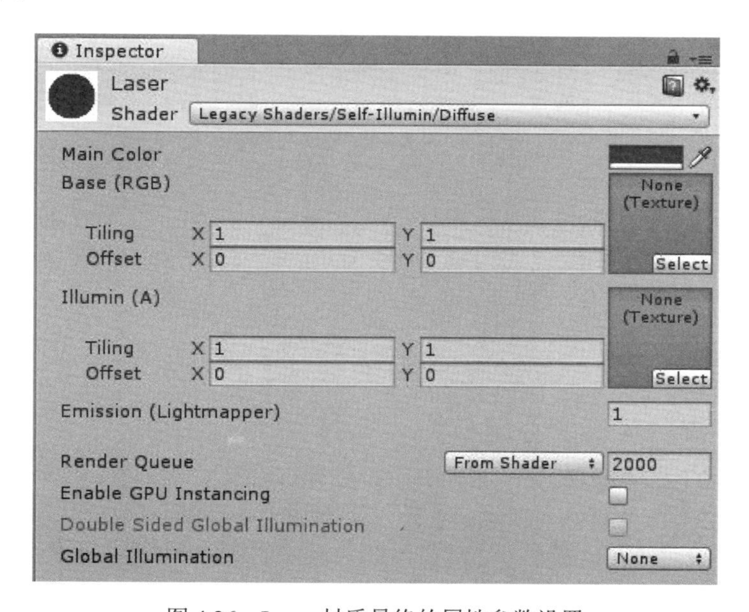

图 4.26　Laser 材质最终的属性参数设置

（6）选中激光发射器对象，在 Inspector 面板下，将刚刚创建好的 Laser 材质指定到 Line Renderer 组件的 Materials 的 Element 0 右边的空白槽中，直接拖进去即可，结果如图 4.27 所示。

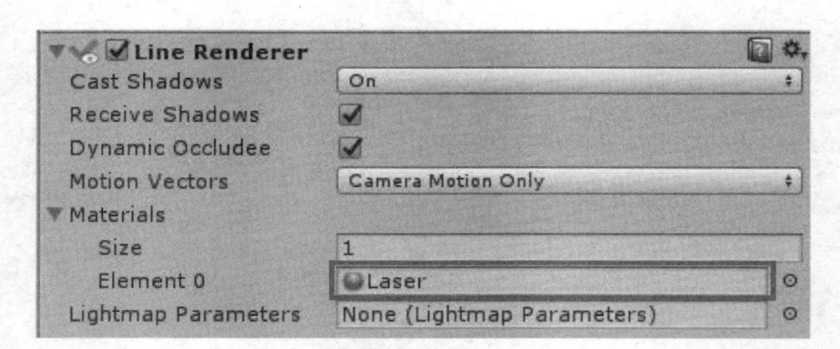

图 4.27　指定材质

将 Width 的值设置为“0.005”，这个值代表激光线的粗细，如图 4.28 所示。

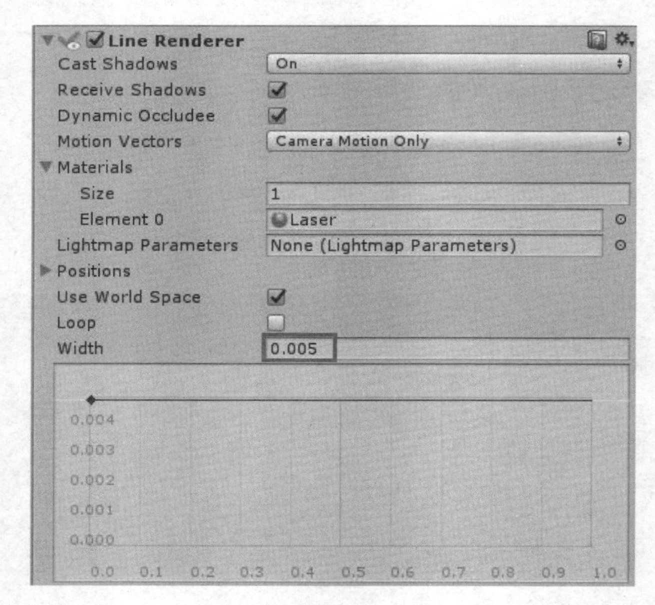

图 4.28　设置激光线的粗细

2．绘制激光线

（1）在 Assets/Learning/Scripts/文件夹中，创建一个新的 C#文件，并重命名为 Laser。使用 Visual Studio 编译器打开 Laser.cs 文件，编写如下代码。

```
/****************************************
* 功能：是否绘制枪口激光线              *
****************************************/
//-------------------------------------------------------------------
//引用命名空间开始
using System.Collections;
using System.Collections.Generic;
using UnityEngine;
//引用命名空间结束
//-------------------------------------------------------------------
//-----------------------------------------------------------------
//Learning 命名空间开始
```

```
namespace Learning                                  //命名空间
{
    public class Laser : MonoBehaviour              //激光线类 Laser
    {
        public float laserLength = 100;             //绘制激光线的默认长度，可修改
        private LineRenderer laserLine;             //激光线变量
        //-------------------------------------------------------
        // 初始化 Start()函数
        void Start()
        {
            laserLine = GetComponent<Line Renderer>();//获取 Line Renderer 组件
            laserLine.enabled = true;                        //开始绘制激光线
        }
        //Start()函数结束
        //-------------------------------------------------------
        //-------------------------------------------------------
        // Update()是每一帧运行时的更新方法
        void Update()
        {
            if (!laserLine.enabled)          //如果 enabled = false
            {
                return;                      //则返回，不绘制激光线
            }
            else
            {
                //SetPosition()函数中的第一个参数 0 代表激光线的起点，第二个参数是起
                //点的位置信息
                laserLine.SetPosition(0, transform.position);
                //创建一条从激光发射器向前发射的激光线
                Ray ray = new Ray(transform.position, transform.forward);
                RaycastHit hitObj;           //用于存放激光线碰到的物体的信息
                //如果激光线碰到物体，则将碰到的物体信息保存在 hitObj 中
                if (Physics.Raycast(ray, out hitObj))
                {
                    //SetPosition()函数中的第一个参数 1 代表激光线的终点，第二个
                    //参数是终点的位置信息，返回的是交汇点的位置信息
                    laserLine.SetPosition(1, hitObj.point);
                }
                else
                {
                    //如果没有碰到物体，则沿着激光线前进的方向绘制 lasterLength(100)米
                    //长的激光线
                    laserLine.SetPosition(1, transform.position +
transform.forward * laserLength);
                }
            }
```

```
        }
        //Update()方法结束
        //----------------------------------------------------------
        //----------------------------------------------------------
        //决定是否显示激光线函数
        public void  ShowLaserLine(bool isShow)
        {
            laserLine.enabled =  isShow;    //isShow 参数从手柄事件中传过来
        }
        //ShowLaserLine()函数结束
        //----------------------------------------------------------
    }
    //Laser 类结束
    //--------------------------------------------------------------
}
//Learning 命名空间结束
//------------------------------------------------------------------
```

注意：上述代码不是项目最终完成代码，在后续内容中还会根据功能需求增加相应代码。

（2）将 Laser.cs 文件作为组件添加到激光发射器对象上，得到激光发射器对象的组件列表，如图 4.29 所示。

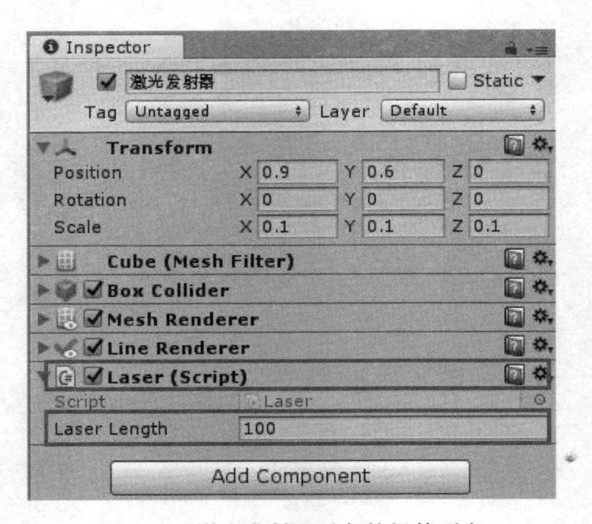

图 4.29　激光发射器对象的组件列表

其中，Laser Length 是 public 类型的变量，默认值是 100，用户可以在该文本框中直接将其修改为其他需要的值。运行程序，得到如图 4.30 所示的场景。

图 4.30 当前显示的场景

注意：从图 4.30 中可以看出，激光线的方向不是我们希望的方向，这是因为在程序中 forward 的方向是激光发射器对象局部坐标的 z 轴正方向，而 Pistol 对象枪口朝前的方向是 x 轴正方向，所以两者相差了 90°，我们需要对激光发射器对象进行旋转操作。

（3）选中激光发射器对象，调整其 Transform 属性的参数值，并取消勾选 Mesh Renderer 复选框，如图 4.31 所示，这样在场景中激光发射器对象的小方块就不会显示出来了。

图 4.31 调整激光发射器对象的属性的参数值并设置组件内容

（4）再次运行程序，拿起手枪对象，最终效果如图 4.32 所示。

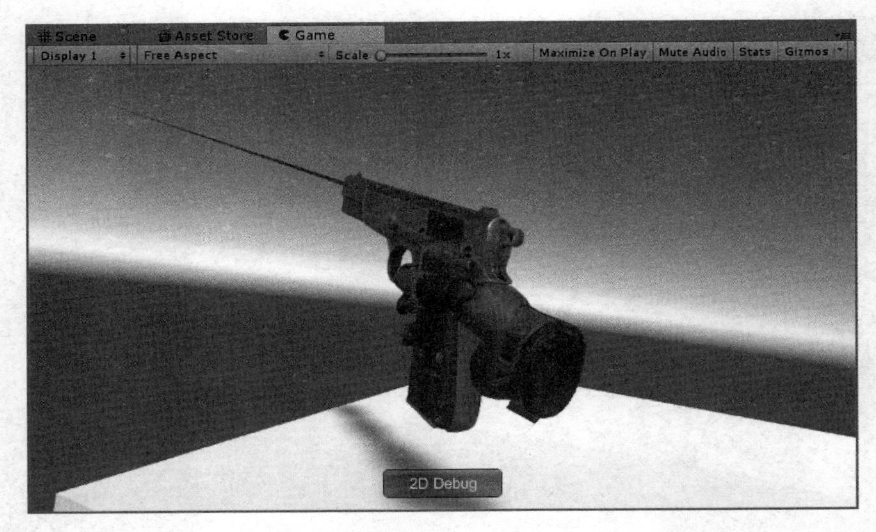

图 4.32　激光线正确显示

3．绘制瞄准点

（1）在 Assets/Learning/文件夹中，创建一个新的文件夹，并重命名为 Sprites。

（2）在 Assets/Learning/Sprites/文件夹中，选择 Assets→Create→Sprites→Circle 选项，创建一个 Circle 类型的 Sprites 对象，如图 4.33 所示，将其重命名为 LaserPoint。

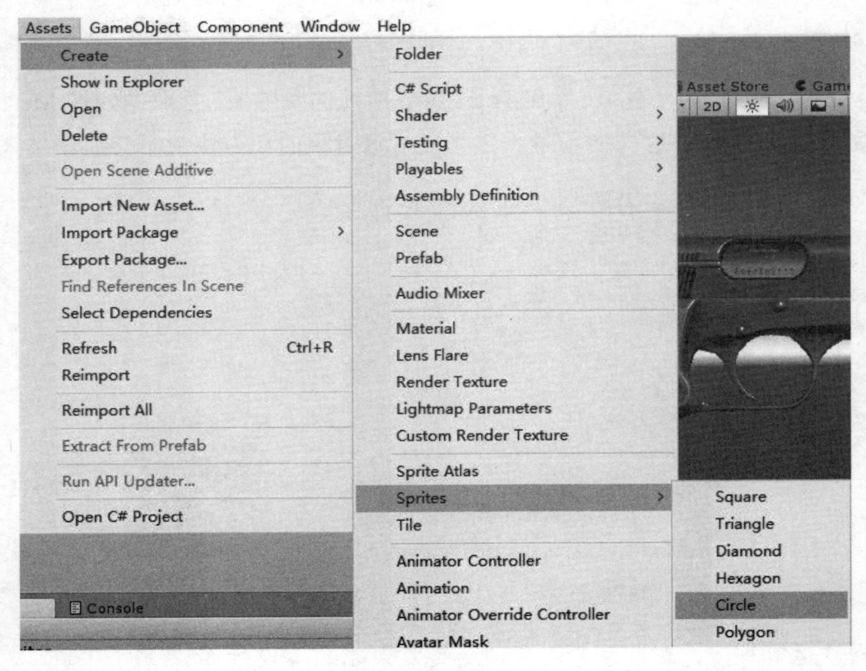

图 4.33　创建 Circle 类型的 Sprites 对象

（3）将 LaserPoint 对象从 Project 面板拖动到 Hierarchy 面板中，如图 4.34 所示。

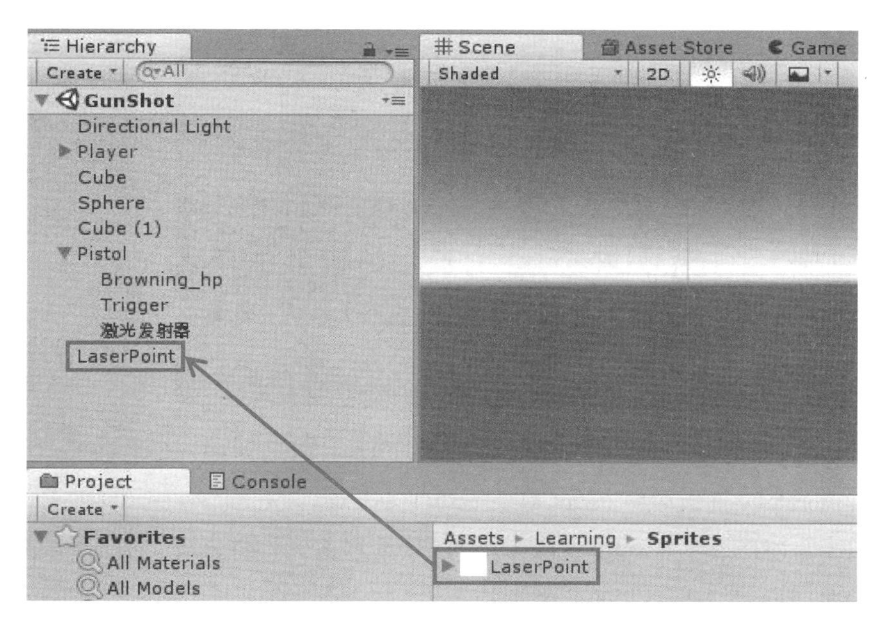

图 4.34　将 LaserPoint 对象拖动到 Hierarchy 面板中

（4）在 Hierarchy 面板下选中 LaserPoint 对象，在 Inspector 面板下，将 Sprite Renderer 组件中的 Material 材质，指定为 Assets/Learning/Materials/文件夹中的 Laser，然后修改 Transform 属性中 Scale 参数的值，如图 4.35 所示。

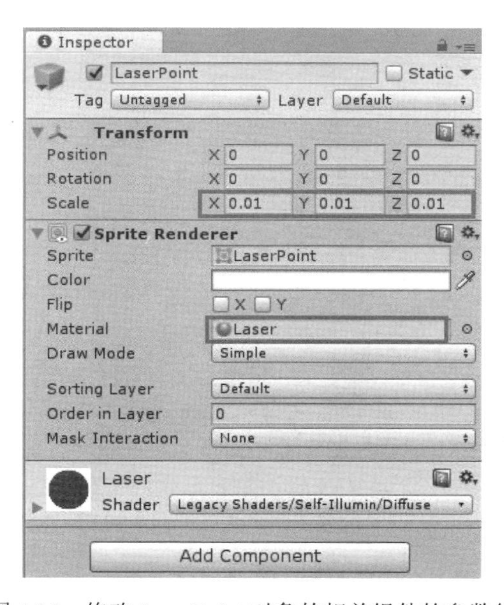

图 4.35　修改 LaserPoint 对象的相关组件的参数值

（5）将 Hierarchy 面板下的 LaserPoint 对象，拖动到 Assets/Learning/Prefabs/文件夹下，使之成为预制体，如图 4.36 所示。

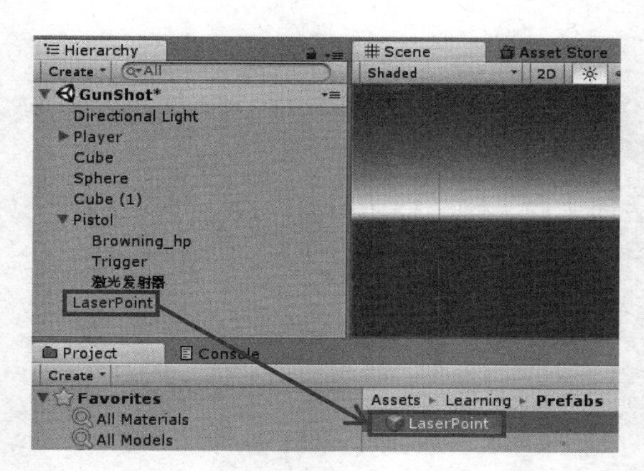

图 4.36　将 LaserPoint 设置为预制体

（6）在 Hierarchy 面板中将 Pistol 对象拖动到 Assets/Learning/ Prefabs/文件夹下，使 Pistol 对象也成为预制体，这时 Hierarchy 面板下的 Pistol 对象变为蓝色字显示，然后按 Delete 键将 Hierarchy 面板下的 LaserPoint 对象删除。

（7）在 Assets/Learning/Prefabs/文件夹中，展开 Pistol 预制体，选中激光发射器对象，通过按住鼠标并拖动的方式，将 LaserPoint 预制体拖动到激光发射器对象的 Laser 组件的 Laser Point Prefab 右边的空白槽中，结果如图 4.37 所示。

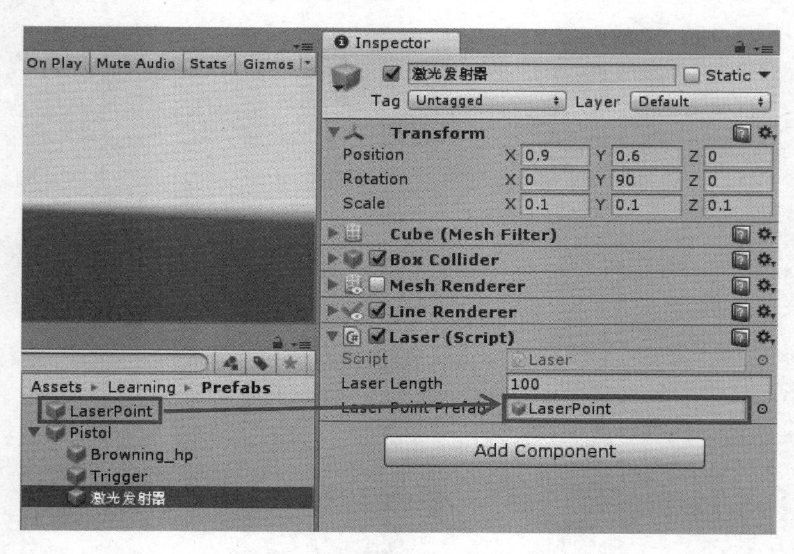

图 4.37　将 Laser Point Prefab 指定为 LaserPoint 预制体

将 Hierarchy 面板下的 Pistol 对象删除，重新将 Assets/Learning/Prefabs/文件夹中的 Pistol 预制体拖动到 Hierarchy 面板下。

（8）使用 Visual Studio 编译器打开 Laser.cs 文件，添加一些新的代码，最终代码如下。

```
/****************************************
 * 功能：是否绘制枪口激光线             *
```

```
***************************************/

//-----------------------------------------------------------
//引用命名空间开始
using System.Collections;
using System.Collections.Generic;
using UnityEngine;
//引用命名空间结束
//-------------------------------------------------------------
//-------------------------------------------------------------
//Learning 命名空间开始
namespace Learning      //命名空间
{
    public class Laser : MonoBehaviour       //激光线类 Laser
    {
        public float laserLength = 100;       //绘制激光线的默认长度，可修改
        private LineRenderer laserLine;       //激光线变量
        //创建激光线遇到物体时交汇处显示的点的预制体
        public GameObject laserPointPrefab;
        private GameObject laserPoint;         //创建激光线遇到物体时交汇处显示的点
        //-------------------------------------------------------
        // 初始化 Start()函数
        void Start()
        {
            laserLine = GetComponent<Line Renderer>();//获取 Line Renderer 组件
            laserLine.enabled = true;                   //开始绘制激光线
        }
        //Start()函数结束
        //-------------------------------------------------------
        //-------------------------------------------------------
        // Update()是每一帧运行时的更新方法
        void Update()
        {
            if (!laserLine.enabled)       //如果 enabled = false
            {
                return;                   //则返回，不绘制激光线
            }
            else
            {
                //SetPosition()函数中的第一个参数 0 代表激光线的起点，第二个参数是
                //起点的位置信息
                laserLine.SetPosition(0, transform.position);
                //创建一条从激光发射器向前发射的激光线
                Ray ray = new Ray(transform.position, transform.forward);
                RaycastHit hitObj;           //用于存放激光线碰到的物体的信息
                //如果激光线碰到物体，则将碰到的物体信息保存在 hitObj 中
```

```
                if (Physics.Raycast(ray, out hitObj))                {
                    //SetPosition()函数中的第一个参数1代表激光线的终点，第二个参数
                    //是终点的位置信息，返回的是交汇点的位置信息
                    laserLine.SetPosition(1, hitObj.point);

                    if(laserPoint == null)      //如果laserPoint不存在
                    {
                        //则使用laserPointPrefab实例化一个laserPoint
                        laserPoint = Instantiate(laserPointPrefab);
                    }
                    else                        //否则
                    {
                        //将laserPoint放置到碰撞交汇点处
                        laserPoint.transform.position = hitObj.point ;
                        //用交汇点位置坐标减去触碰面的法线值，可以得到与交汇面垂直的点坐标
                        laserPoint.transform.LookAt(hitObj.point - hitObj.
normal); //使用LookAt让laserPoint注视这个点，实现laserPoint贴于物体表面的效果
                        laserPoint.transform.Translate(Vector3.back *
0.002f);//将laserPoint往后移动一点，避免和物体表面重合
                    }
                }
                else  //激光线未碰到任何物体
                {
                    if(laserPoint != null)      //如果laserPoint对象存在
                    {
                        Destroy(laserPoint);    //则销毁laserPoint对象
                    }
                    //如果没有碰到物体，则沿着激光线前进的方向绘制lasterLength(100)
                    //米长的激光线
                    laserLine.SetPosition(1, transform.position +
transform.forward * laserLength);
                }
            }
        }
        //Update()方法结束
        //------------------------------------------------------------
        //------------------------------------------------------------
        //决定是否显示激光线函数
        public void  ShowLaserLine(bool isShow)
        {
            laserLine.enabled =  isShow;    //isShow参数从手柄事件中传过来
        }
        //ShowLaserLine()函数结束
        //------------------------------------------------------------
    }
    //Laser类结束
```

```
    //------------------------------------------------------------
}
//Learning 命名空间结束
//-----------------------------------------------------------------
```

（9）运行程序，使用手柄抓取手枪对象，得到的运行效果截图如图 4.38 所示。

图 4.38　激光瞄准点显示的效果

4．隐藏/显示激光线

（1）打开 Laser.cs 文件，修改 Start()函数的内容，结果如下。

```
//-----------------------------------------------------------------
        //初始化 Start()函数
        void Start()
        {
            laserLine = GetComponent<Line Renderer>();//获取 Line Renderer 组件
            laserLine.enabled = false;                //不绘制激光线
        }
        //Start()函数结束
        //------------------------------------------------------------
```

（2）在 Hierarchy 面板下选中 Pistol 对象，展开 Pick Up 组件，找到 On Pick Up()事件，当前事件列表为空，单击右下方的“+”图标，添加新的事件，操作方法如图 4.39 所示。

图 4.39　在 On Pick Up()事件中添加新事件

（3）将激光发射器对象拖动到如图 4.40 所示的位置，然后在 No Function 下拉列表中选择 Laser→ShowLaserLine(bool)函数，操作过程如图 4.40 所示。

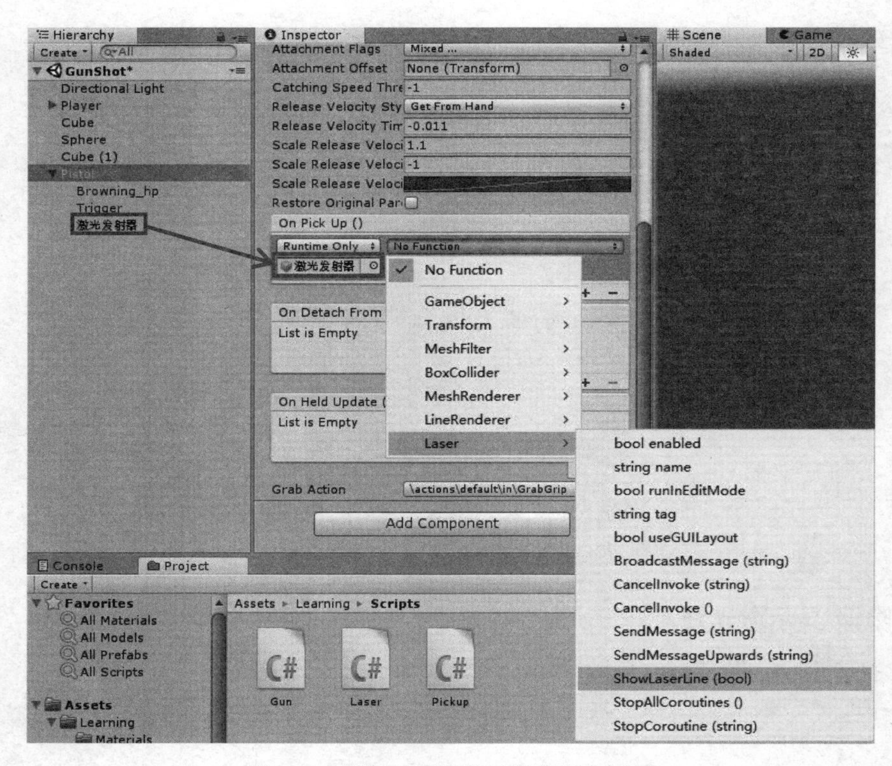

图 4.40　添加响应事件函数的操作过程

勾选 Laser.ShowLaserLine 下拉列表下方的复选框，如图 4.41 所示。

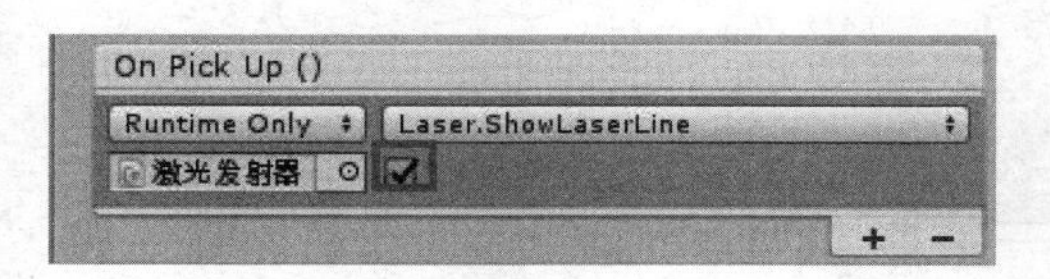

图 4.41　勾选 Laser.ShowLaserLine 下拉列表下方的复选框

（4）找到 On Detach From Hand()响应事件函数，当前事件列表为空，单击右下方的“+”图标，添加新的事件。将激光发射器对象拖动到 None(Object)位置，在 No Function 下拉列表中选择 Laser→ShowLaserLine(bool)函数，然后确保不勾选 Laser.ShowLaserLine 下拉列表下方的复选框，结果如图 4.42 所示。

图 4.42　On Detach From Hand()响应事件函数的设置

注意 1： 在 Pickup.cs 文件中，声明 ShowLaserLine(bool isShow)方法时，一定要用 public 关键词，这样才能在事件的下拉列表中找到该方法，否则无法指定该方法。

注意 2： 由于 ShowLaserLine()函数需要传入 bool 类型的参数，因此事件中直接为用户提供了 ☑ 复选框，以方便直接传递参数。

（5）运行程序，拾取手枪对象，再放下手枪对象，观察效果。

注意： 这里有一个小 Bug，就是当手枪的激光线遇到物体时，会显示出交汇处的圆点，但如果放下手枪，该圆点还在物体上，下面我们来修正这个 Bug。

（6）打开 Laser.cs 文件，找到 ShowLaserLine()函数，添加如下代码。

```
//------------------------------------------------------------------
    //决定是否显示激光线函数
      public void  ShowLaserLine(bool isShow)
      {
          laserLine.enabled =  isShow; //isShow 参数从手柄事件中传过来

          if (laserPoint != null)        //如果 laserPoint 对象存在
          {
              Destroy(laserPoint);       //则销毁 laserPoint 对象
          }
      }
      //ShowLaserLine()函数结束
//-----------------------------------------------------------------
```

4.4　手枪射击音效

4.4.1　任务目标

将手枪对象拿在手上时，按 Trigger 键，可以进行射击操作。当手枪射击时，播放手枪射击音效。

4.4.2　任务方案

（1）在手枪对象上添加 Audio Source 组件。

（2）编写代码，实现当使用 HTC Vive 手柄按 Trigger 键时，播放手机射击音效。

4.4.3　实战操作

（1）在 Assets/Learning/文件夹中创建一个新文件夹，重命名为 Audio，然后将素材文件夹中的“手枪音效.ogg”文件复制到该文件夹中。

（2）将“手枪音效.ogg”文件拖入 Hierarchy 面板下的 Pistol 对象上，使其成为 Pistol 对象的一个组件。

（3）将 Audio Source 组件展开，取消勾选 Play On Awake 复选框，再将 Spatial Blend 右侧的滑动点滑动到最右侧，即将文本框中的值设为“1”。将 Min Distance 的值设为“0.1”，将 Max Distance 的值设为“50”，其他内容保持不变，如图 4.43 所示。

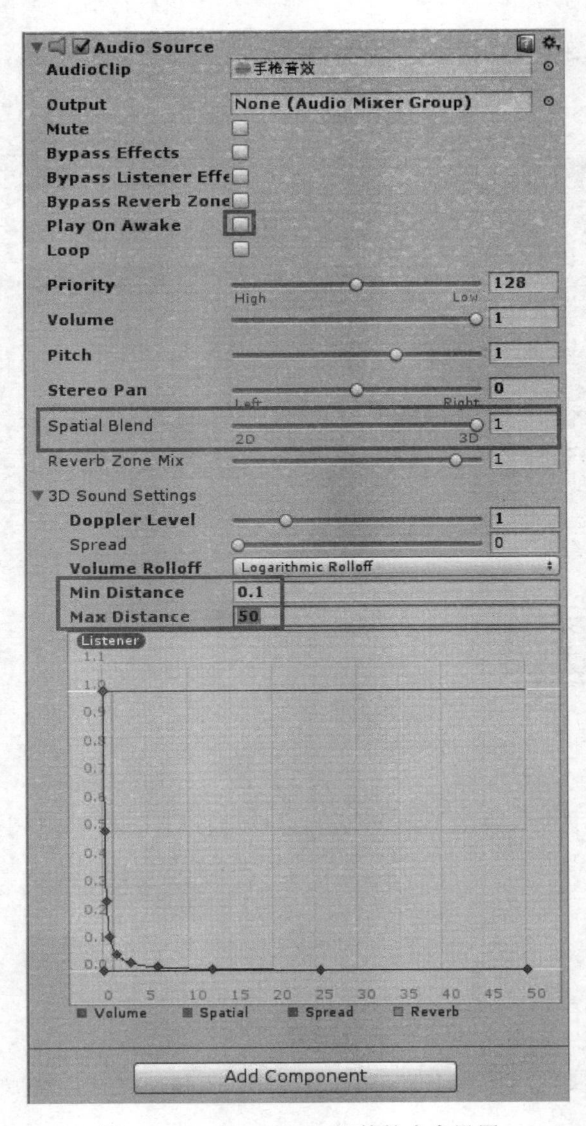

图 4.43　Audio Source 组件的内容设置

知识点： 如果勾选 Play On Awake 复选框，则程序第一次进入场景时会播放一遍手枪射击音效，所以这里不勾选。

Spatial Blend 的值为 0，代表手枪射击音效是 2D 音效，2D 音效在场景中无强弱和位置变化。Spatial Blend 的值为 1，代表手枪射击音效是 3D 音效，3D 音效在场景中能够根据声音的方向和强弱辨别声源的位置。

Min Distance：最小的声音距离。这个距离代表当声源与场景中的 Audio Listener 的距离小于或等于这个值时，以音效设定的最大音量播放。

Max Distance：最大的声音距离。这个距离代表当声源与场景中的 Audio Listener 的距离大于这个值时，无法听见手枪射击音效；当小于这个值时，音量按图 4.43 所示的曲线进行衰减。

（4）打开 Pickup.cs 文件，添加新的代码，最终结果如下。

```
/****************************************
* 功能：是否绘制枪口激光线，播放音效    *
****************************************/
 //------------------------------------------------------------
 //命名空间引用开始
using System.Collections;
using System.Collections.Generic;
using UnityEngine;
using Valve.VR;
using Valve.VR.InteractionSystem;
//命名空间引用结束
//------------------------------------------------------------
//-----------------------------------------------------------
//Learning命名空间开始
namespace Learning                              //自定义的命名空间
{
   //------------------------------------------------------------
   //Pickup类开始
   public class Pickup : Throwable            //Pickup类继承于Throwable类
   {
      public SteamVR_Action_Boolean GrabAction;         //Grab键
      public SteamVR_Action_Boolean TriggerAction;      //按Trigger键
      private AudioSource gunShotAudio;                 //手枪射击的声音

      void Start()
      {
         gunShotAudio = GetComponent<Audio Source>();
      }
      //------------------------------------------------------------
      //HandAttachedUpdate()方法开始
```

```
        //重构 HandAttachedUpdate()方法，该方法在物体被抓住时，每一帧都执行
        protected override void HandAttachedUpdate(Hand hand)
        {
            //base.HandAttachedUpdate(hand); 屏蔽其原有方法的功能
            //如果 Grab(Button)键被按下
            if (GrabAction.GetStateDown(SteamVR_Input_Sources.Any))
            {
                Debug.Log("Trigger 键被按下,扔掉物品");  //在 Console 中打印信息
                //被抓对象从手上离开（松手）
                hand.DetachObject(this.gameObject, true);
            }
            if (TriggerAction.GetStateDown(SteamVR_Input_Sources.Any))
            {
                if (gunShotAudio.isPlaying)
                {
                    gunShotAudio.Stop();
                }
                gunShotAudio.Play();
                Debug.Log("Fire");
            }
        }
        //HandAttachedUpdate()方法结束
        //------------------------------------------------------------------
    }
    //Pickup 类结束
}
//Learning 命名空间结束
```

（5）在 Hierarchy 面板下选中 Pistol 对象，展开 Pick Up 组件，在底部找到 Trigger Action 属性，单击右边的 None 按钮，在弹出的下拉列表中，选择\actions\default\in\InteractUI 选项，如图 4.44 所示。

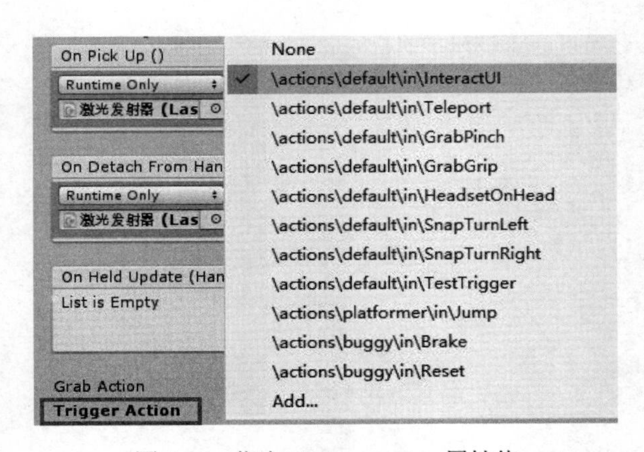

图 4.44　指定 Trigger Action 属性值

知识点： 这里我们没有创建新的按键设置，而是使用的 SteamVR 自带的默认按键设置，Trigger 键绑定的 Action 是\actions\default\in\InteractUI。这个绑定关系是在 Binding UI 中设置的。

选择 Window→SteamVR Input 选项，如图 4.45 所示。

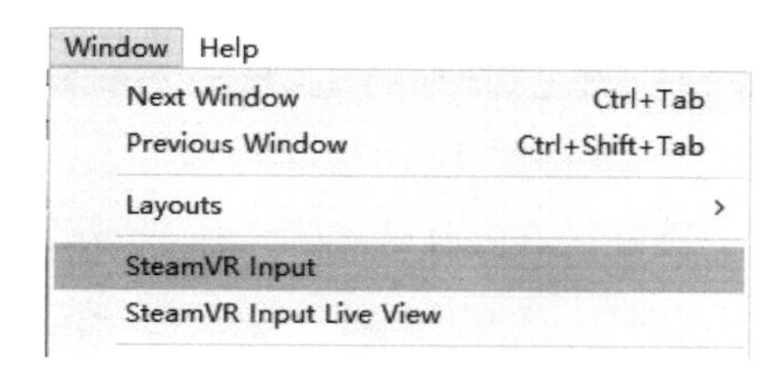

图 4.45　选择 Window→SteamVR Input 选项

在弹出的 SteamVR Input 面板中，可以看到默认的 Action Sets 的值是 default，在 Actions 下面的 In（输入）下拉列表中，InteractUI 排在第一位，如图 4.46 所示。

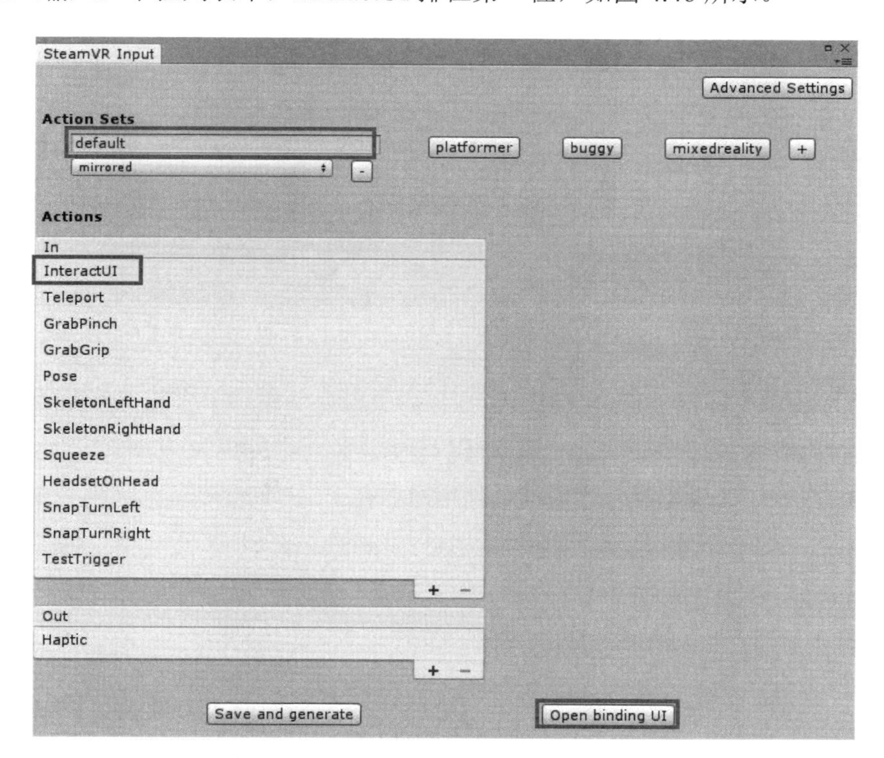

图 4.46　SteamVR Input 面板

单击右下方的 Open binding UI 按钮，弹出如图 4.47 所示的界面。

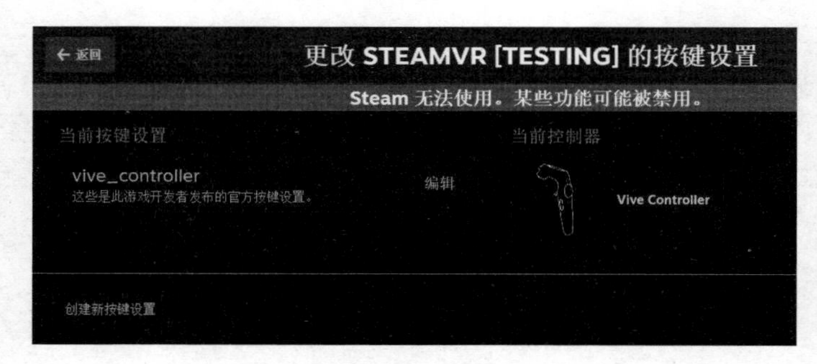

图 4.47　更改按键设置界面

在这里我们可以单击“创建新按键设置”按钮，创建新的按键设置。单击“编辑”按钮，可以对当前按键设置进行编辑。单击“编辑”按钮后，将打开如图 4.48 所示的界面。

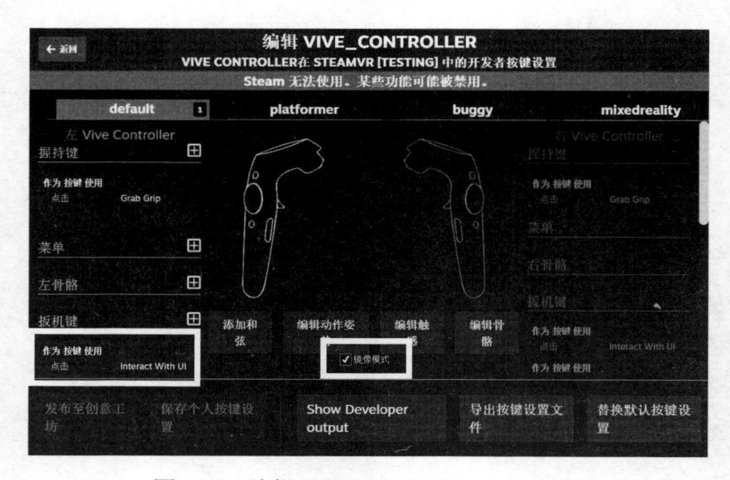

图 4.48　编辑 VIVE_CONTROLLER 界面

图 4.48 显示的界面是 default 动作集，“作为 按键 使用”下方指定的是 Interact With UI，所以我们在图 4.44 中将 Trigger Action 指定为\actions\default\in\ InteractUI。勾选“镜像模式”复选框，表示左右手柄的按键设置是相同的。

4.5　实战总结

通过学习本章，读者可掌握如下知识点。

（1）Unity3D 中的 Line Renderer 组件的用法。

（2）材质 Shader 的设置方法。

（3）实现碰撞检测的方法。

（4）响应事件函数的调用方法。

（5）音效播放的方法。

第 5 章 综合项目实战

经过前面章节内容的学习，我们已经掌握了使用 SteamVR Plugin 实现虚拟现实交互的方法。本章来设计一个虚拟现实综合实战项目，通过完成该项目，实现读者设计和制作能力的进一步提升。该实战项目是一个教程引导类项目，项目的任务是指导体验者在虚拟现实场景中通过教程提示，一步步完成更换汽车轮胎的操作，从而使体验者了解更换汽车轮胎的流程和方法。我们需要根据真实汽车更换轮胎的标准操作流程，设计并完成该项目。

5.1 项目内容

（1）引导用户打开后备厢盖，并从后备厢中取出千斤顶和轮胎扳手。

（2）引导用户用手拿千斤顶并移动到待更换的汽车轮胎旁边。

（3）引导用户放置和使用千斤顶，将汽车顶起。

（4）引导用户使用轮胎扳手卸载汽车轮胎。

（5）引导用户回到后备厢处，将轮胎取出并放至待更换处。

（6）引导用户安装轮胎。

（7）引导用户拧紧轮胎螺丝。

（8）添加语音向导提示。

5.2 准备工作

（1）教程中需要有一个场景，从 Unity3D 官方网站的 App Store 上，我们找到一款免费的资源，资源包名称为 SimpleCityPackPlain.unitypackage，如图 5.1 所示，该资源包已经保存在随书资源/资源包/文件夹中。

图 5.1　教程中的场景资源

（2）教程中需要有一辆汽车，而且该汽车的车门和后备厢可以打开，轮胎可以分离，同样，从 Unity3D 官方网站的 App Store 上，我们找到一款免费的资源，资源包名称为 3DLowPolyCarForGames.unitypackage，如图 5.2 所示，该资源包已经保存在随书资源/资源包/文件夹中。

图 5.2　教程中的汽车资源

（3）教程中还需要有一个轮胎，与待更换的轮胎不同，同样，从 Unity3D 官方网站的 App Store 上，我们找到一款免费的资源，资源包名称为 TirePack.unitypackage，如图 5.3 所示，该资源包已经保存在随书资源/资源包/文件夹中。

图 5.3　教程中的轮胎资源

（4）教程中需要有一个千斤顶模型、杠杆模型和扳手模型，这三个模型使用 3ds Max 来创建。创建好的模型保存在随书资源/自建模型/文件夹中，可以直接使用。

（5）教程中还需要有一个由文字生成语音的软件，这里我们选择一款名为“朗读女”的免费软件，其操作界面如图 5.4 所示。

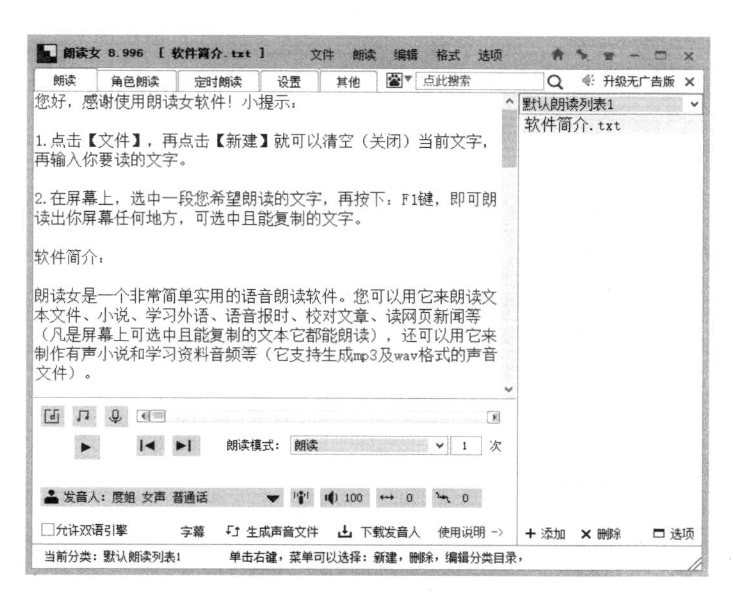

图 5.4　“朗读女”的操作界面

（6）根据后面的设计方案由我们自己编写 C#文件。

（7）我们自行制作图片、图标和动画。

（8）语音提示的音频文件使用“朗读女”软件制作，具体的语音内容在后面的章节将详细介绍。

5.3 基本场景搭建

本节需要在空旷的虚拟世界中搭建出教程中设计好的虚拟现实场景，场景中包含加油站、建筑物、街道等模型。下面开始进行场景搭建的操作。

5.3.1 布置街道

（1）运行 Unity3D，选择 File→New Scene 命令，创建一个新的场景，再选择 File→Save Scenes 命令，将该场景名保存为“轮胎更换教程”，保存的位置为 Assets/Learning/Scenes/文件夹。

（2）将随书资源/资源包/文件夹中的 SimpleCityPackPlain.unitypackage 资源包导入工程中，如图 5.5 所示。

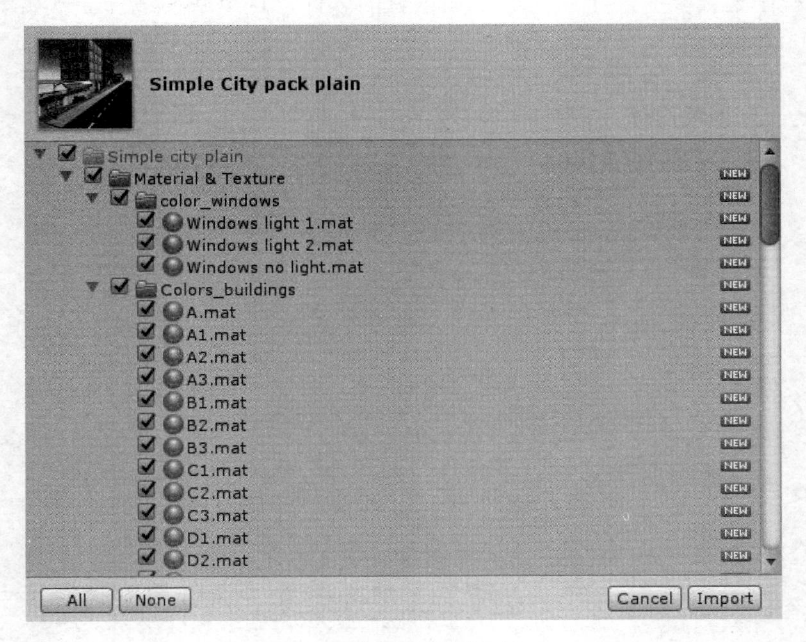

图 5.5　导入场景资源包

（3）找到 Assets/Simple city plain/Scene/文件夹下的 Demo Scene 场景文件，双击打开该场景。然后选择 File→Save Scene as 命令，将该场景重命名为“轮胎更换教程”并保存到 Assets/Learning/Scenes/文件夹中，替换原文件。

由于该场景的模型位置不在坐标原点附近，因此我们需要对其进行移动处理。

（4）选择 GameObject→3D Object→Cube 选项，创建一个 Cube 对象，然后在 Inspector

面板下，调整该 Cube 对象的 Transform 属性的参数值，如图 5.6 所示。

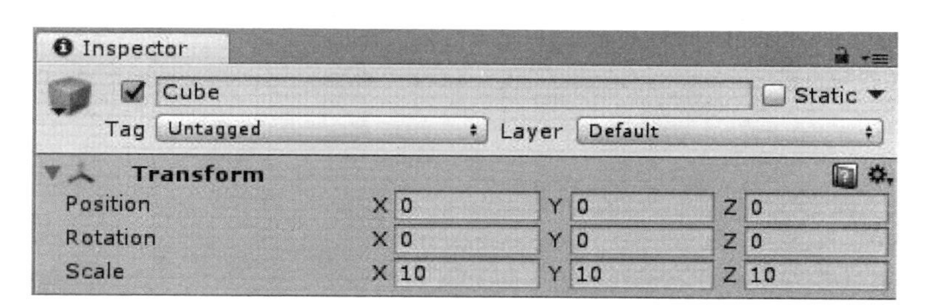

图 5.6　调整 Cube 对象的 Transform 属性的参数值

（5）在 Hierarchy 面板下，先选中 Main Camera 对象，再按 Ctrl+A 快捷键，使场景中的所有对象处于选中状态，接着在按住 Ctrl 键的同时单击 Cube 对象，使得只有 Cube 对象处于未选中状态，如图 5.7 所示。

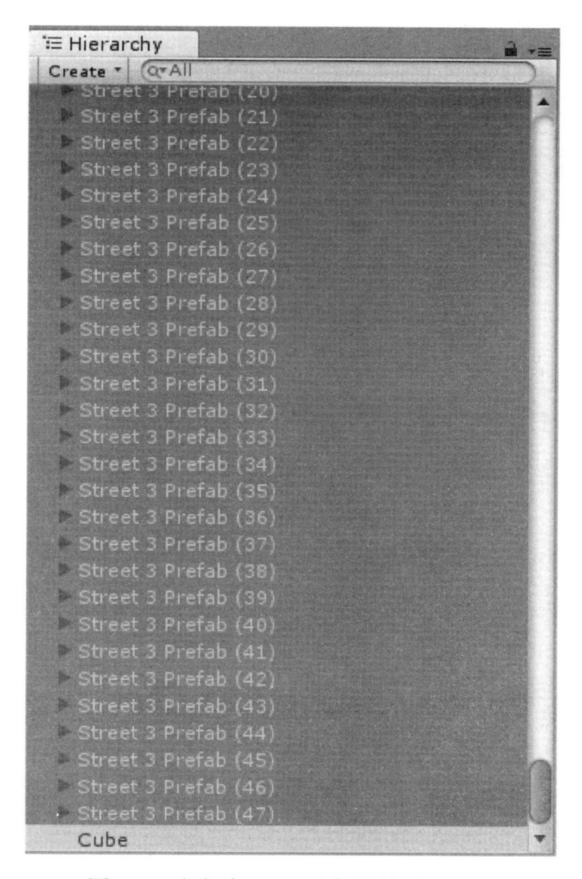

图 5.7　选中除 Cube 对象外的所有对象

（6）在 Inspector 面板下，将 Transform 属性中 Position 参数的 Y 值改为 0，其他参数值不做改动，如图 5.8 所示。

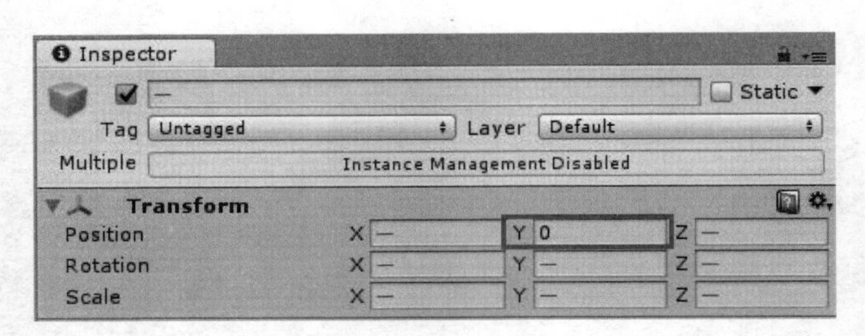

图 5.8　修改 Transform 属性的参数值

（7）在 Scene 窗口中分别按住并拖动红色和蓝色的箭头，将整个街道场景移动到 Cube 对象附近，最终结果如图 5.9 所示。

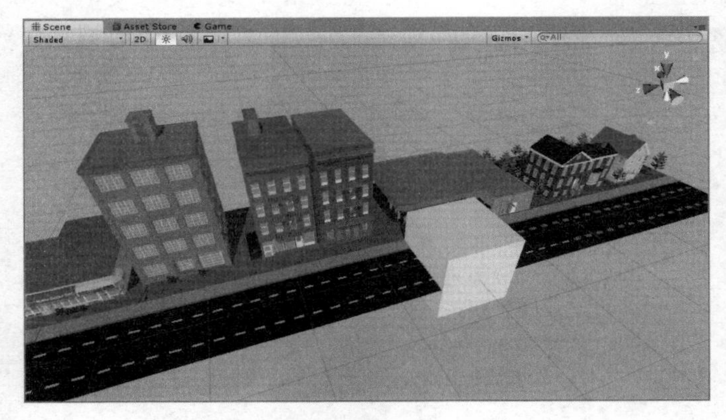

图 5.9　对街道场景进行移动操作

（8）在 Hierarchy 面板下，将除 Cube 和 Main Camera 以外的所有对象选中，然后按住鼠标左键，将被选中的对象采用“拖动”的方式移动到 Cube 对象上后松开鼠标左键。通过上述操作，被选中的所有对象全部变成 Cube 对象的子对象，结果如图 5.10 所示。

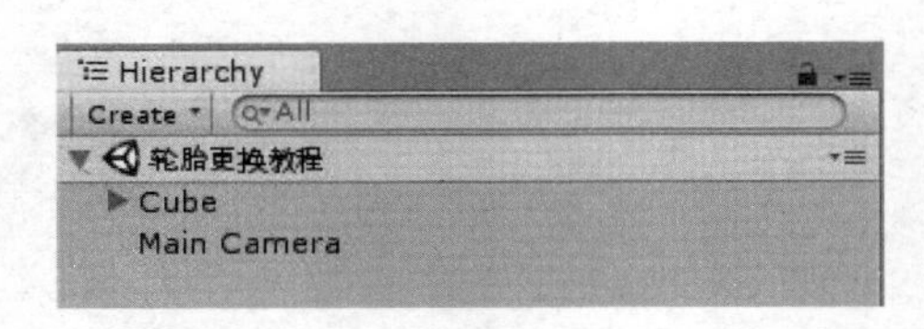

图 5.10　将除 Cube 和 Main Camera 以外的对象变为 Cube 对象的子对象

知识点 1：进行上述操作的目的是使 Hierarchy 面板下的内容变得更加整洁，方便管理，同时能极大地提高开发效率。

知识点 2：将 Cube 对象放大 10 倍是为了便于在场景中找到它，并且方便进行位置对齐操作。而作为所有对象的父对象，也可以为一个空对象，将空对象放置到坐标原点，就不需要使用 Cube 对象作为父对象了。

（9）选中 Cube 对象，在 Inspector 面板下对其 Box Collider 和 Mesh Renderer 组件进行设置。其中，取消勾选 Box Collider 组件的目的是使 Box 对象不需要进行碰撞检测（当然用户也可以选择将该组件删除）；取消勾选 Mesh Renderer 组件的目的是使该 Cube 对象在场景中不进行渲染（显示）。最终的结果如图 5.11 所示。

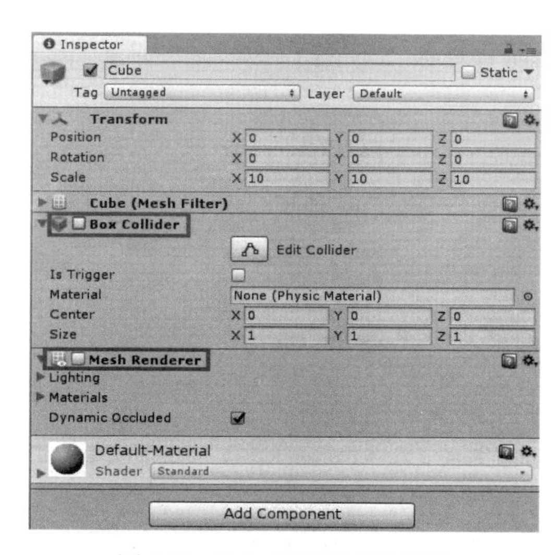

图 5.11 Cube 对象的组件设置

通过上述操作，我们完成了街道场景的布置工作。

5.3.2 布置汽车

（1）将随书资源/资源包/文件夹中的 3DLowPolyCarForGames.unitypackage 资源包导入工程中，如图 5.12 所示。

图 5.12 导入汽车资源包

（2）在 Assets/Car_Low/Tocus/Prafab/文件夹中找到 Tocus 对象，将其拖动到 Hierarchy 面板下（或者直接拖动到 Scene 窗口中），然后通过移动操作，将该汽车对象放置到合适的位置，如图 5.13 所示。

图 5.13　放置汽车对象

（3）选中汽车对象，选择 Component→Physics→Rigidbody 选项，为汽车对象添加 Rigidbody（刚体）组件，然后选择 Component→Physics→Box Collider 选项，为汽车对象添加 Box Collider 组件。

（4）在 Inspector 面板下展开 Box Collider 组件，单击 Edit Collider 左边的图标，如图 5.14 所示。

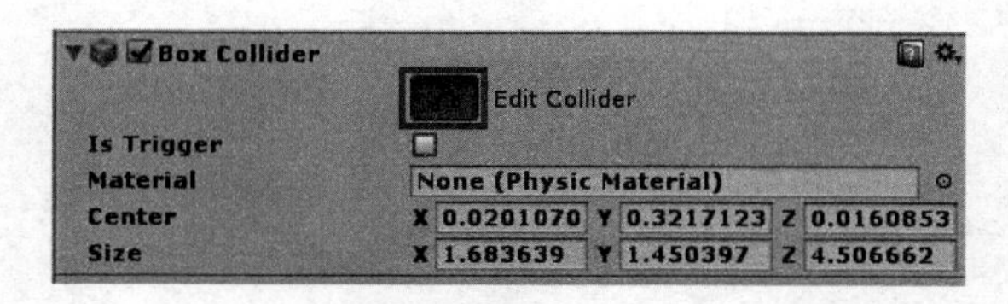

图 5.14　单击 Edit Collider 左边的图标

（5）在 Scene 窗口下，可以看到汽车对象上出现一个用绿色线框绘制的立方体，这个立方体就是汽车对象的碰撞体。单击立方体上的绿色方块，可以进行拖动操作，从而改变立方体的形状。通过拖动操作，最终使得绿色的碰撞体将汽车对象包围，如图 5.15 所示。

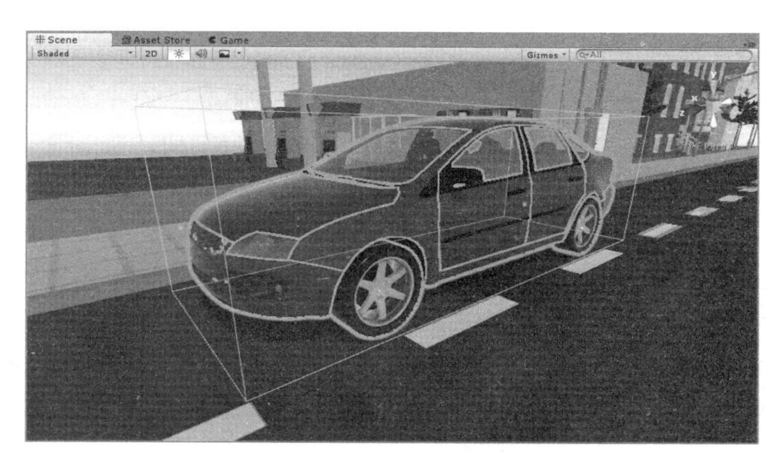

图 5.15　编辑汽车对象的碰撞体

注意：在碰撞体处于编辑状态下，即 Edit Collider 左边的图标被单击时，对碰撞体的操作只能在 Scene 窗口中通过选择并拖动绿色的小方块进行，不能单击工具栏中的“移动”图标，如图 5.16 所示。如果单击工具栏中的“移动”图标（或任何其他图标），则会自动退出碰撞体的编辑状态。

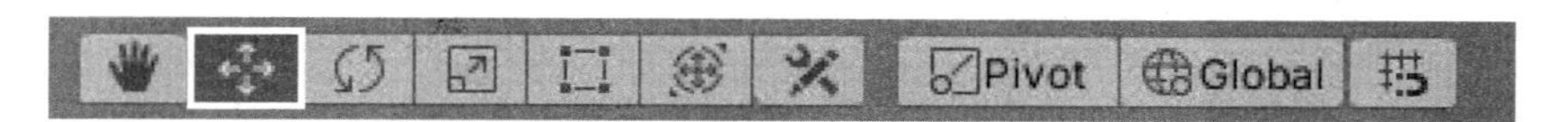

图 5.16　工具栏中的“移动”图标

知识点：给汽车对象添加 Rigidbody 组件后，汽车就具备了重力属性；而给汽车对象添加 Box Collider 组件后，汽车就具备了碰撞属性。当地面也有 Box Collider 组件时，则会托住汽车，汽车就不会在重力的作用下一直往下掉落。

技巧点：用户可以在 Scene 窗口中使用正交视图方便、快速地调整 Box Collider 组件。通过单击 Scene 窗口右上角坐标轴图标下方的 Persp 图标可以切换到正交模式（Iso），再通过单击 x、y、z 坐标轴，可以切换到对应的正交视图，如图 5.17 所示。

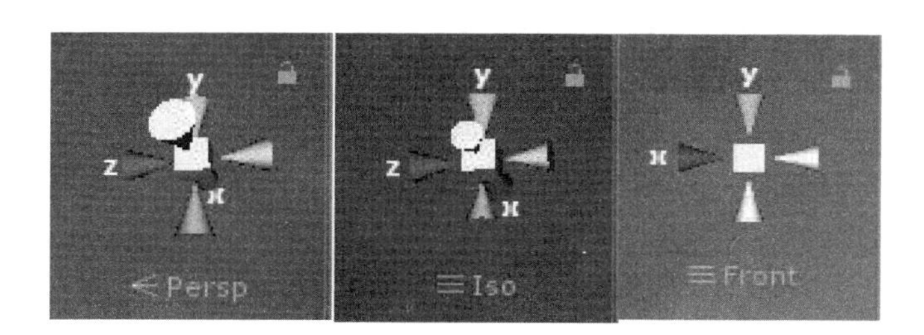

图 5.17　Scene 窗口中的视图切换方法

通过上述操作，我们完成了汽车的布置工作。

5.3.3 布置轮胎

（1）将随书资源/资源包/文件夹中的 TirePack.unitypackage 资源包导入工程中，如图 5.18 所示。

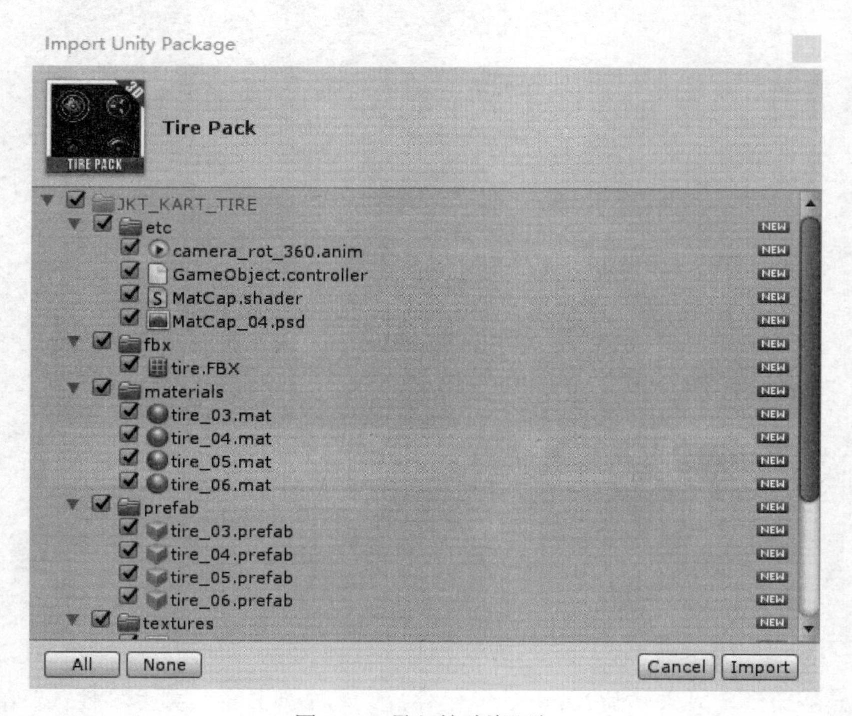

图 5.18　导入轮胎资源包

（2）在 Assets/JKT_KART_TIRE/prefab/文件夹中，将 tire_05 预制体拖动到 Hierarchy 面板中。在 Hierarchy 面板中，将 wheel01 子对象从 tire_05 父对象中分离出来，使得 wheel01 对象与 tire_05 对象处于同一级，然后删除 tire_05 对象（连带删除了其他三个轮胎对象），结果如图 5.19 所示。

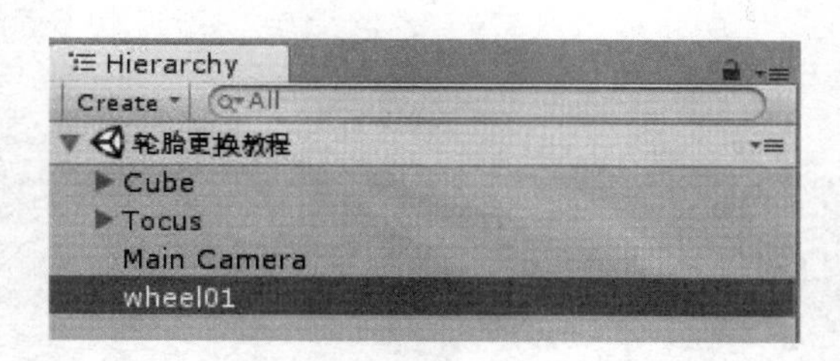

图 5.19　导入并处理轮胎对象

（3）选中 wheel01 对象，在 Inspector 面板下，找到 tire_05 材质组件，将其 Shader 属性值修改为 Standard 类型，操作方法如图 5.20 所示 。

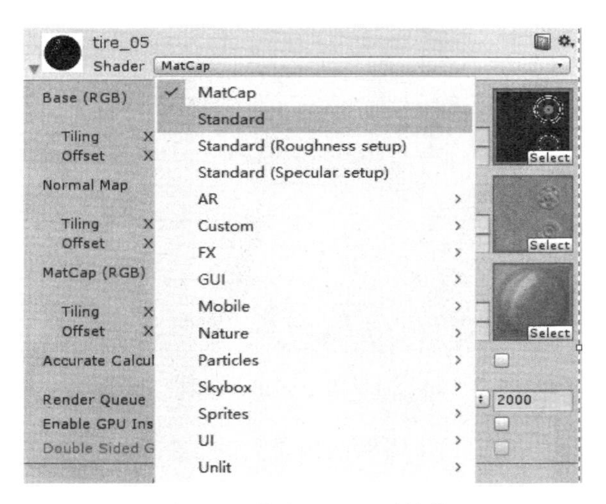

图 5.20　修改 Shader 属性值

最后的结果如图 5.21 所示，其他属性保持默认设置。

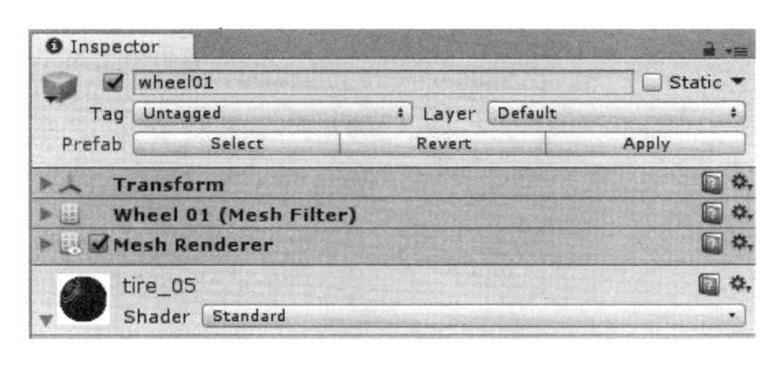

图 5.21　修改后的轮胎对象

（4）将 wheel01 重命名为“轮胎”，并修改其 Transform 属性中的相关参数值，结果如图 5.22 所示。

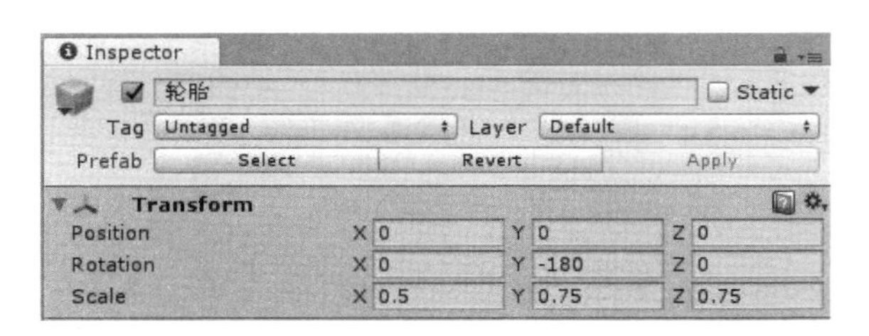

图 5.22　重命名 wheel01 并修改 Transform 属性中的相关参数值

（5）将轮胎对象从 Hierarchy 面板拖动到 Assets/Learning/Prefabs/文件夹中，将其做成预制体。

知识点： 将某个对象做成预制体，需要先将其放置到世界坐标原点位置，即 Transform 属性中 Position 的值为（0,0,0）。这样该预制体通过 Instantiate()方法创建实例对象时，不会出现因位置偏移而导致显示结果不正确的情况。

（6）在 Scene 窗口中，将汽车后备厢盖移动到旁边，然后将轮胎对象旋转放平，移动并放置到汽车的后备厢中，相关的 Transform 属性参数设置如图 5.23 所示。

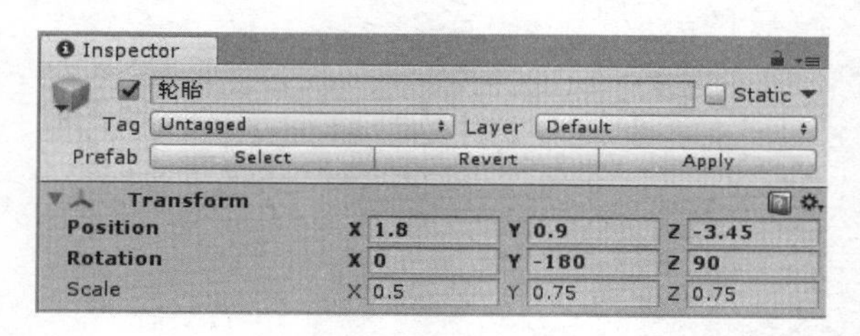

图 5.23　轮胎对象的 Transform 属性参数设置

放置好轮胎后，在 Scene 窗口中得到的效果如图 5.24 所示。

图 5.24　轮胎放置好的效果

技巧点： 上述操作完毕后，可以先不将汽车后备厢盖关闭，等后边处理好工具箱后再一起关闭。

通过上述操作，我们完成了轮胎的布置工作。

5.4 千斤顶制作

本节使用 3ds Max 来制作千斤顶。

5.4.1 道具需求分析

经过实际考察，通常车载千斤顶如图 5.25 所示。

图 5.25　车载千斤顶

车载轮胎扳手和杠杆如图 5.26 所示。

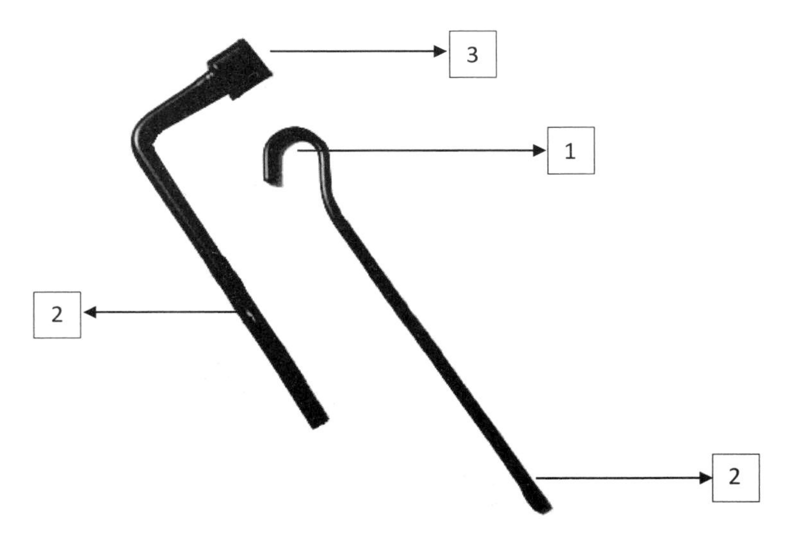

图 5.26　车载轮胎扳手和杠杆

其中，图 5.26 中杠杆数字 1 的位置与图 5.25 中数字 1 的位置连接，图 5.26 中杠杆数字 2 的位置插入左边扳手数字 2 的插孔中，扳手数字 3 的位置用来拧汽车轮胎上的螺丝扣。全部连接好后，通过转动左侧的扳手，可以用千斤顶将汽车顶起来。

在下面的内容中，我们将使用 3ds Max 建模软件对千斤顶、扳手和杠杆这三个工具进行 3D 建模，然后导出.fbx 格式的文件，在 Unity3D 中直接使用。同时，我们使用 3ds Max 制作一些相关的演示动画，供教师教学演示时使用。

由于作者本身不是专业的设计人员，因此这里仅仅带领读者使用 3ds Max 制作一个形状相似的简单模型，并不能带领读者进行次世代建模的操作，请读者谅解。同时，创建好的模型文件已经保存在随书资源/模型文件/文件夹中，读者可以直接使用。

5.4.2　3ds Max 环境变量设置

在制作之前，我们先对 3ds Max 进行环境变量设置，使得 3ds Max 中的单位与 Unity3D 中的单位一致。

（1）在 3ds Max 中，选择“自定义→单位设置”选项，如图 5.27 所示。

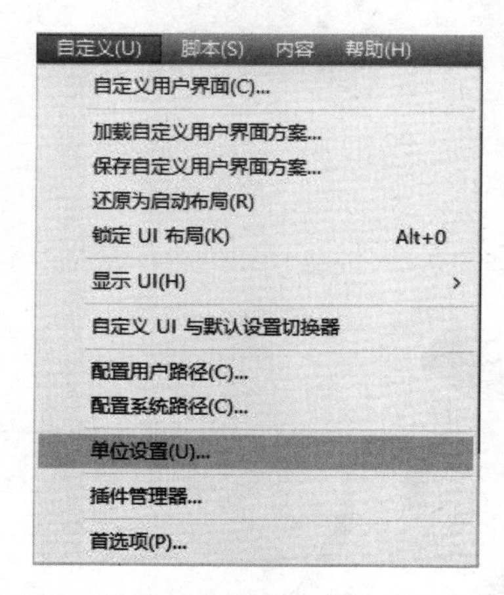

图 5.27　选择“自定义→单位设置”选项

（2）弹出“单位设置”对话框，在“显示单位比例”选区中选中“公制”单选按钮，在下面的下拉列表中选择“米”选项，如图 5.28 所示。

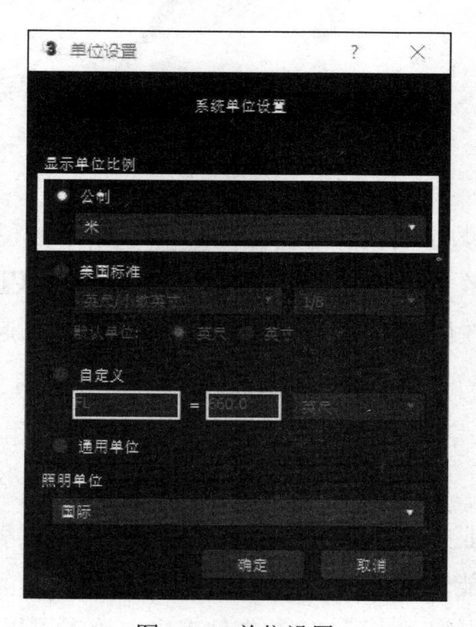

图 5.28　单位设置

（3）单击“系统单位设置”按钮，在弹出的“系统单位设置”界面中，将“系统单位比例”设置为“厘米”，如图 5.29 所示。

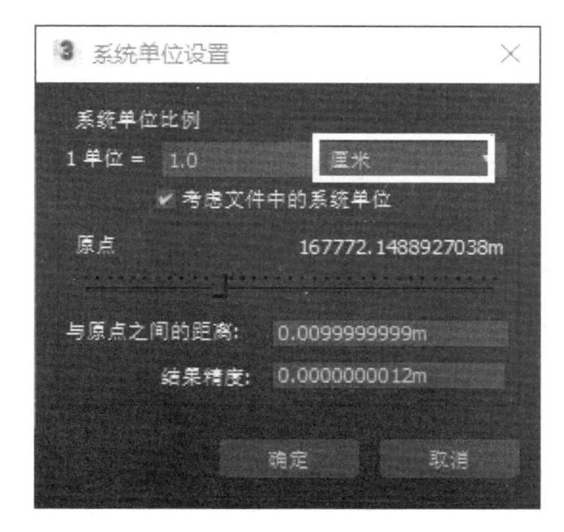

图 5.29　系统单位比例设置

（4）依次单击“确定”按钮关闭这些对话框和界面。

通过上述操作，我们完成了 3ds Max 环境变量的设置。

5.4.3　千斤顶建模

1．创建底座

（1）先创建一个扁的长方体，确保该长方体处于选中状态，然后单击鼠标右键，在弹出的快捷菜单中选择“转换为可编辑多边形”命令，将其转换为“可编辑多边形”。

（2）再次单击鼠标右键，在弹出的快捷菜单中选择“剪切”命令，使用“剪切”工具在顶面上进行切割，并调整其形状，最终效果如图 5.30 所示。

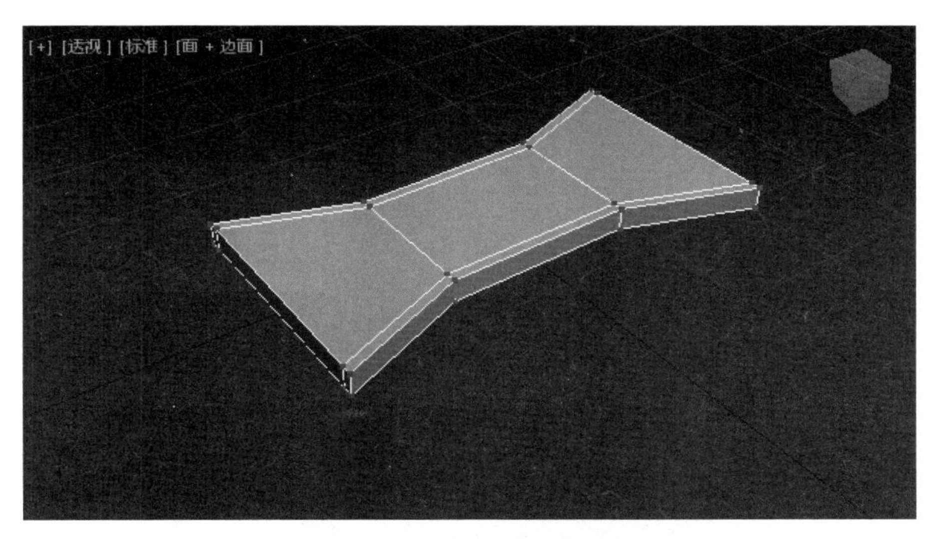

图 5.30　千斤顶底座建模操作

（3）对两条边进行“挤出”操作，并进行顶点的“焊接”操作，最终效果如图 5.31 所示。

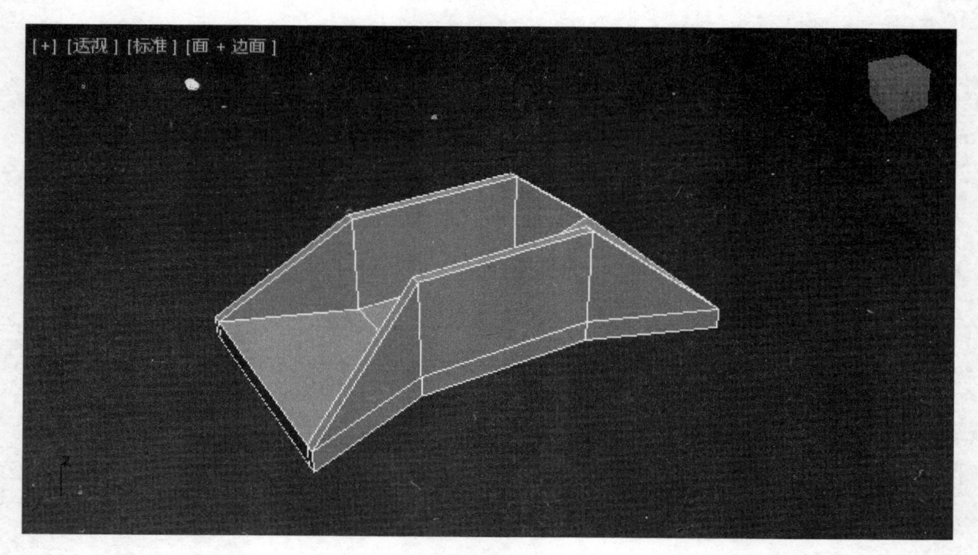

图 5.31　千斤顶底座建模效果

2. 创建 4 个支架臂

（1）由于支架臂有动画效果，因此使用 4 个长方体来实现。首先创建一个长方体，调整好大小，并将其放置到坐标原点处。

技巧点： 由于新创建的长方体和底座模型重合，因此可以先选中底座模型，单击鼠标右键，在弹出的快捷菜单中选择“隐藏选定对象”命令，如图 5.32 所示，将底座模型隐藏。

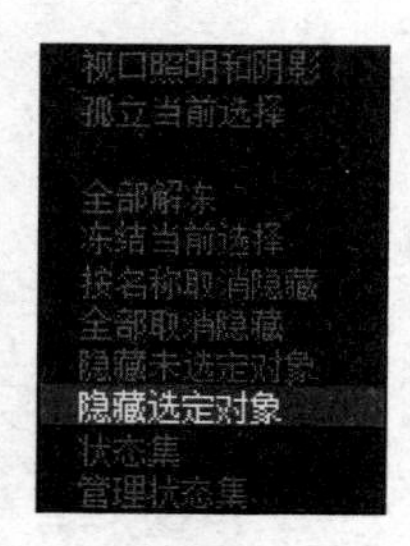

图 5.32　隐藏选定对象的方法

（2）选中长方体，并单击工具栏上的“移动”图标，如图 5.33 所示。

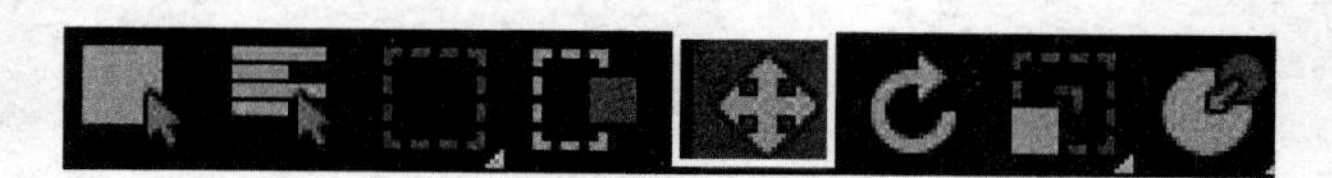

图 5.33　单击“移动”图标

弹出如图 5.34 所示的“移动变换输入”窗口。

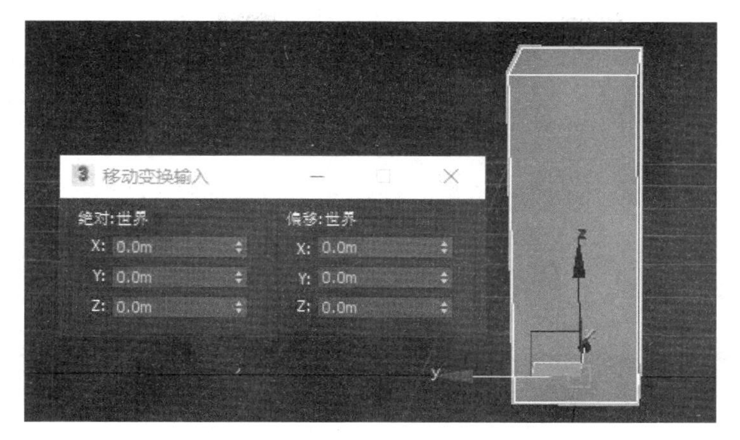

图 5.34　“移动变换输入”窗口

确保“移动变换输入”窗口中的参数值如图 5.34 所示，从而确保长方体的轴点位于底部平面的中心点处，这样在旋转时不会出现错误。

（3）将该长方体转变为可编辑多边形，在按住 Shift 键的同时单击 y 轴的轴线，并拖动一段距离，再松开鼠标左键，在弹出的“克隆选项”对话框中，填写如图 5.35 所示的内容。

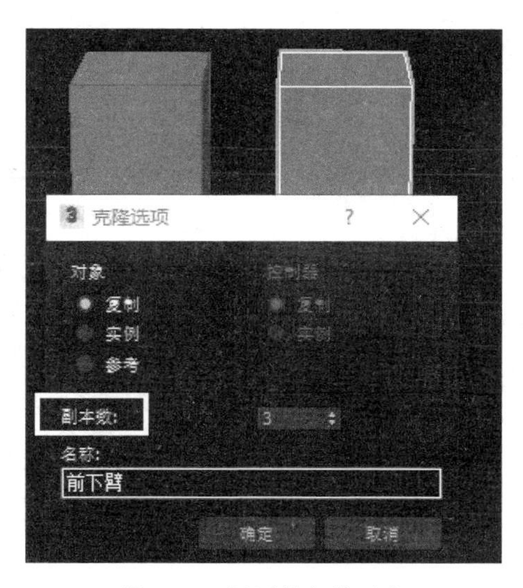

图 5.35　复制长方体对象

单击“确定”按钮，将复制出另外 3 个长方体，即一共有 4 个长方体，如图 5.36 所示。

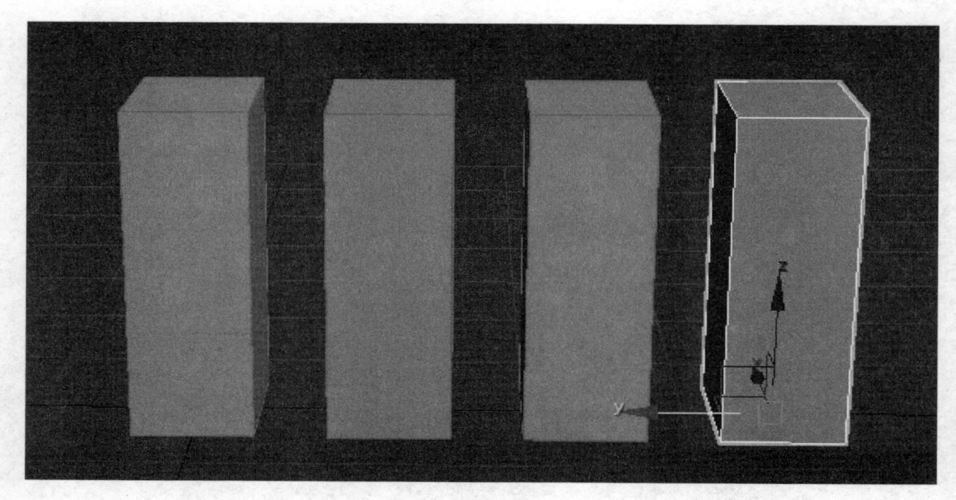

图 5.36　复制出另外 3 个长方体

（4）分别将新复制出来的 3 长方体重命名为前上臂、后下臂、后上臂，然后在窗口任意处单击鼠标右键，在弹出的快捷菜单中选择“全部取消隐藏”命令，将之前隐藏的底座模型显示出来，接着对 4 个长方体分别进行移动、旋转操作，最终效果如图 5.37 所示。

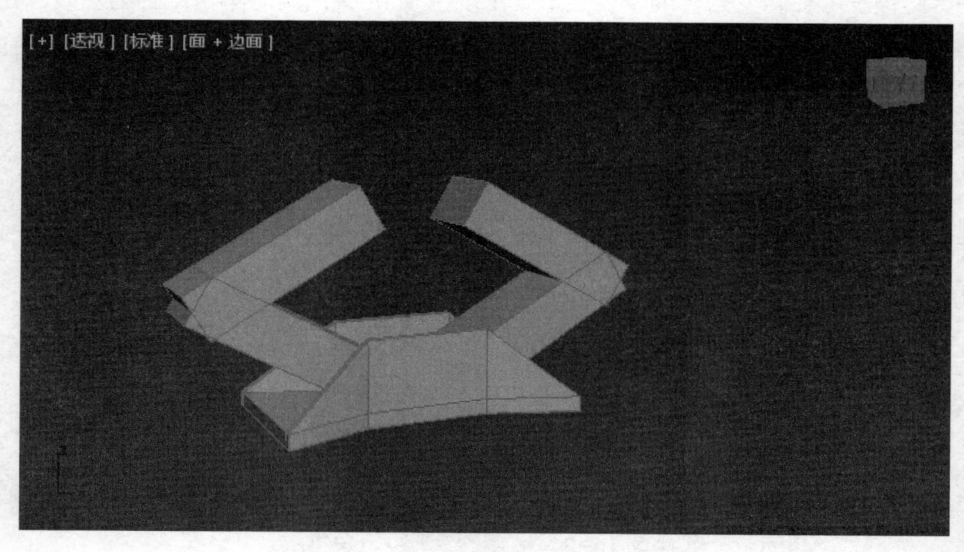

图 5.37　添加支架臂后的千斤顶模型

3．创建顶盖

创建一个新长方体，参考上面的步骤，先对其底部的面进行“剪切”操作，再进行“挤出”操作，最后得到如图 5.38 所示的效果。

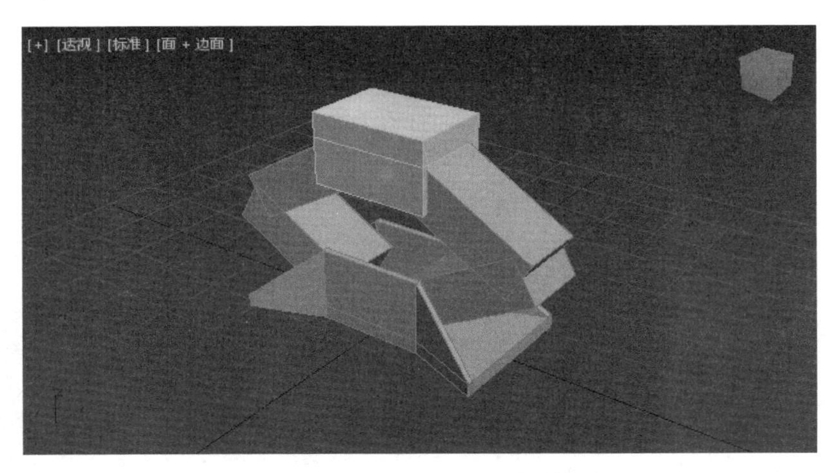

图 5.38　添加顶盖后的千斤顶模型

4．创建螺栓横梁

（1）创建一个圆柱体，将其转换为可编辑多边形，并调整大小和位置。

（2）创建一个圆环，同样将其转换为可编辑多边形，并调整大小和位置，将其放置到圆环一端，然后进行“附加”操作，将圆柱体附加到圆环上，使得这两个对象成为一个对象，最终效果如图 5.39 所示。

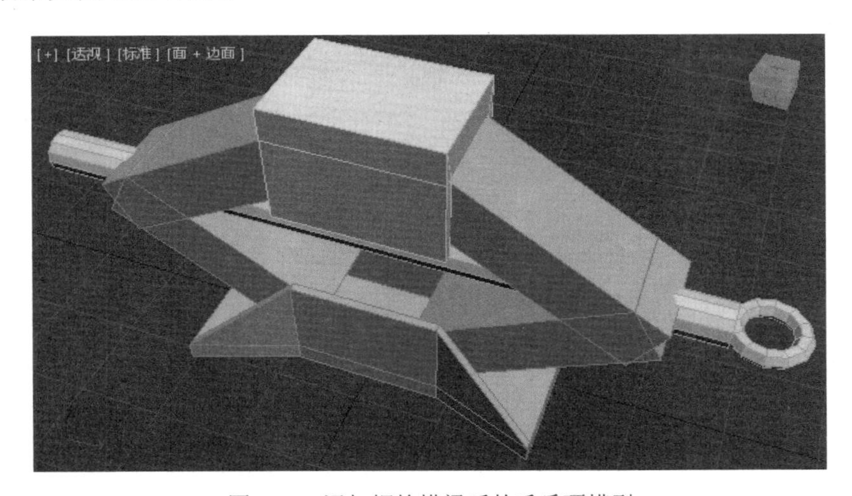

图 5.39　添加螺栓横梁后的千斤顶模型

5．模型组织结构

（1）单击图标栏上的“图解视图”图标，如图 5.40 所示。

图 5.40　单击“图解视图”图标

（2）在弹出的“图解视图 1”窗口中，使用“链接”工具，将“前上臂”链接到“前下臂”上，将“后上臂”链接到“后下臂”上。操作方法：先单击“链接”图标，然后将鼠标指针放置到“前上臂”上，出现“链接”图标后，按住鼠标左键，将“前上臂”移动到“前下臂”上，松开鼠标左键，完成链接操作。最终效果如图 5.41 所示。

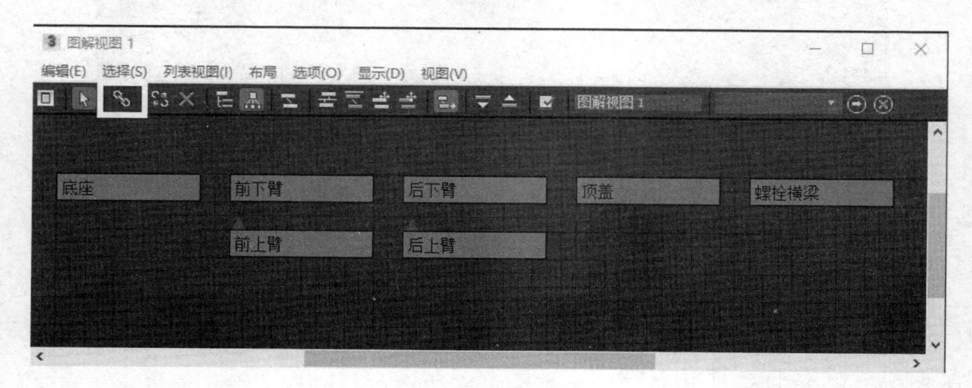

图 5.41　链接操作

5.4.4　千斤顶动画

1．支架臂动画

（1）根据我们的设计，千斤顶摇把连续旋转 5 个完整的 360° 后可以将汽车完全顶起，所以需要设置动画的总帧数。在 3ds Max 编辑窗口右下方找到“时间配置”图标（一个时钟图案），如图 5.42 所示。

图 5.42　“时间配置”图标

（2）单击“时间配置”图标，在弹出的“时间配置”对话框中，按图 5.43 所示的参数值进行设置，将“结束时间”设置为“300”（单位为秒），然后单击“确定”按钮关闭该对话框，这样编辑窗口底部的时间栏就由默认的 0～100 帧变成了 0～300 帧。

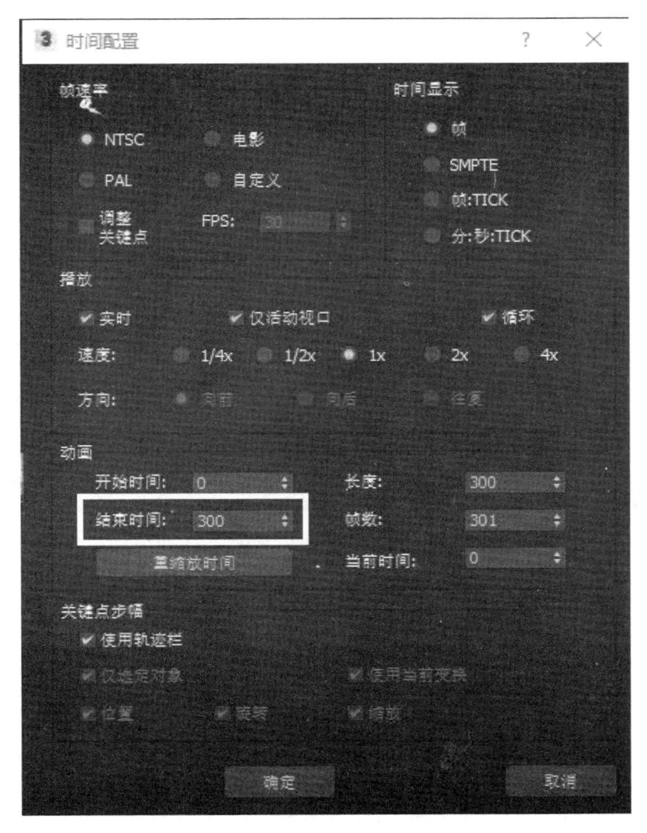

图 5.43　设置动画结束时间

（3）在编辑窗口中，选中前下臂对象，单击窗口下方的“自动关键点”按钮，如图 5.44 所示，单击之后，“自动关键点”按钮显示为红色背景，时间轴上的滑动杆周围也显示为红色。

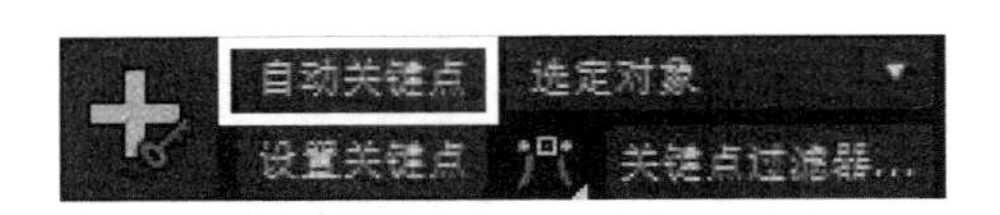

图 5.44　单击“自动关键点”按钮

（4）在第 0 帧的时候，单击图 5.44 中的■图标，将第 1 帧设置为关键帧。然后将时间轴上的滑动杆拖动到第 300 帧（最后 1 帧），旋转“前下臂”，由于“前下臂”的角度发生变化，因此在第 300 帧处系统会自动创建关键帧。对于其余的每一帧，3ds Max 会根据变化采用均匀插值的方式确定“前下臂”在每一帧的位置和角度。分别对其他支架臂进行类似操作，最后得到的效果如图 5.45 所示。

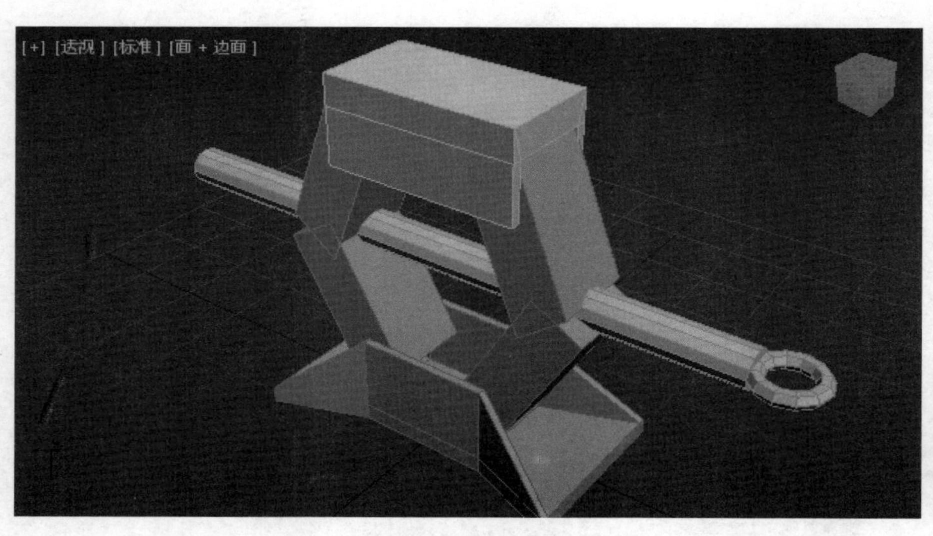

图 5.45　添加支架臂动画后的千斤顶模型

2．螺栓横梁动画

螺栓横梁在实际使用中，有旋转的动画，因此我们为其制作旋转动画。

（1）选中螺栓横梁对象，单击“自动关键点”按钮，移动滑动杆到第 60 帧处，单击“设置关键点”按钮，在第 60 帧处添加一个新的关键点，如图 5.46 所示。

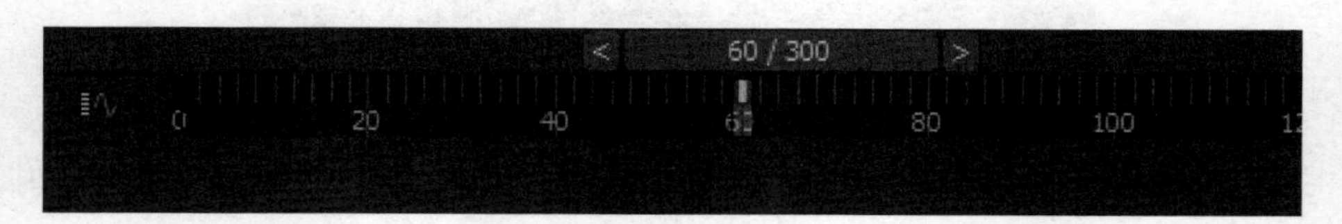

图 5.46　添加新的关键点

（2）单击图标栏上的“轨迹编辑器”图标（在“图解视图”图标左边），如图 5.47 所示。

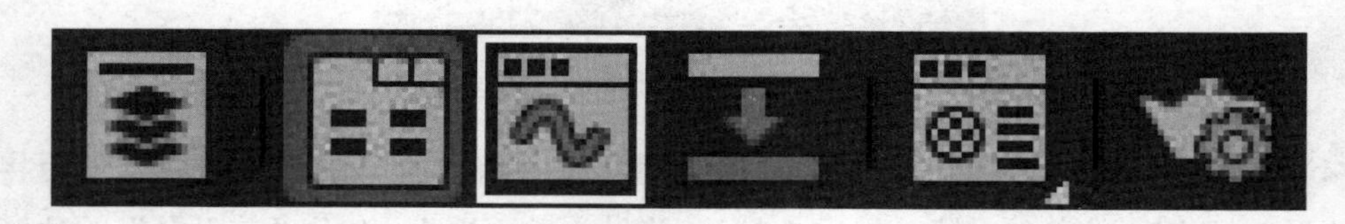

图 5.47　单击“轨迹编辑器”图标

（3）弹出“轨迹视图”窗口，在左边的窗格中，选中“Y 轴旋转”选项，如图 5.48 所示。

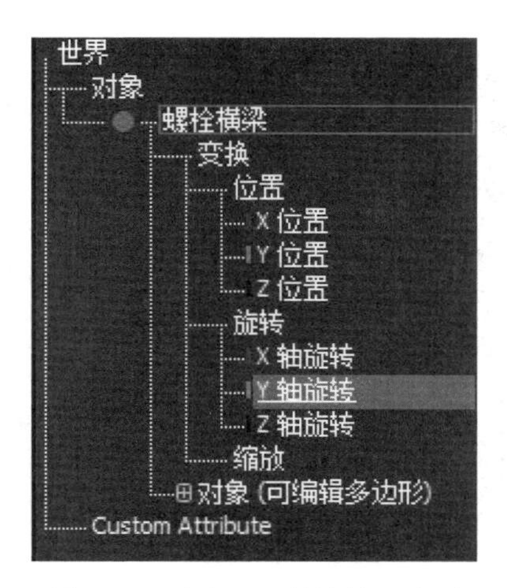

图 5.48　选中“Y 轴旋转”选项

将黄色的两条竖线（时间线）拖动到第 60 帧处，单击图标栏上的“添加/移除关键点”图标，如图 5.49 所示，添加一个关键点。

图 5.49　单击“添加/移除关键点”图标

（4）将新添加的关键点，向上移动到大约 360° 位置。按住鼠标滚轮可以进行移动操作，单击图标栏中的“放大镜”图标可以放大视图界面，如图 5.50 所示。

图 5.50　单击“放大镜”图标

（5）单击图标栏中的“将切线设置为线性”图标，如图 5.51 所示，使旋转的速度保持线性匀速。

图 5.51　单击“将切线设置为线性”图标

经过上述操作后，轨迹视图中显示的效果如图 5.52 所示。

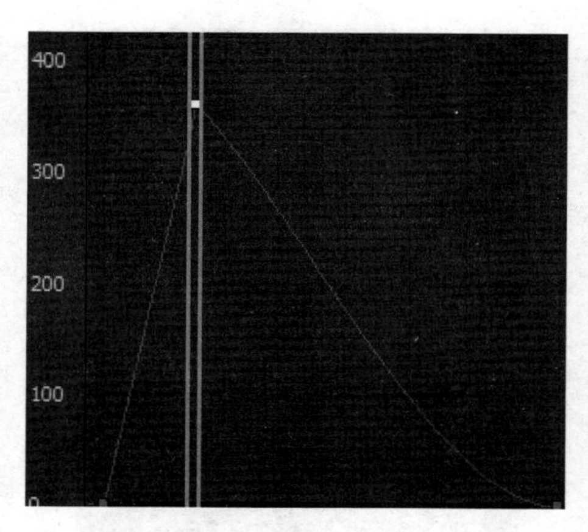

图 5.52　动画轨迹效果

（6）按照上述方法，在第 120 帧处添加一个关键点，然后使用“放大镜”工具，放大轨迹视图，接着使用“移动”工具，将关键点移动到 720° 位置，或者在下方数据栏中直接输入“720.000”，如图 5.53 所示。

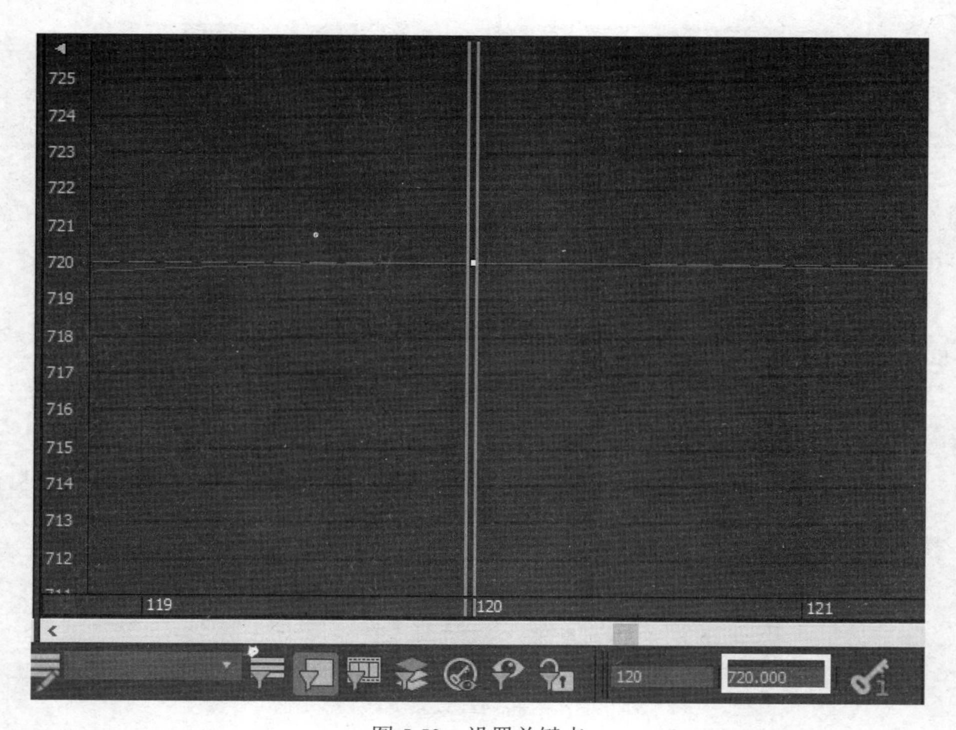

图 5.53　设置关键点

（7）将轨迹视图缩小到能够显示第 0 帧和 700° 的范围，再次单击“将切线设置为线性”图标，使得动画曲线变为直线，如图 5.54 所示。

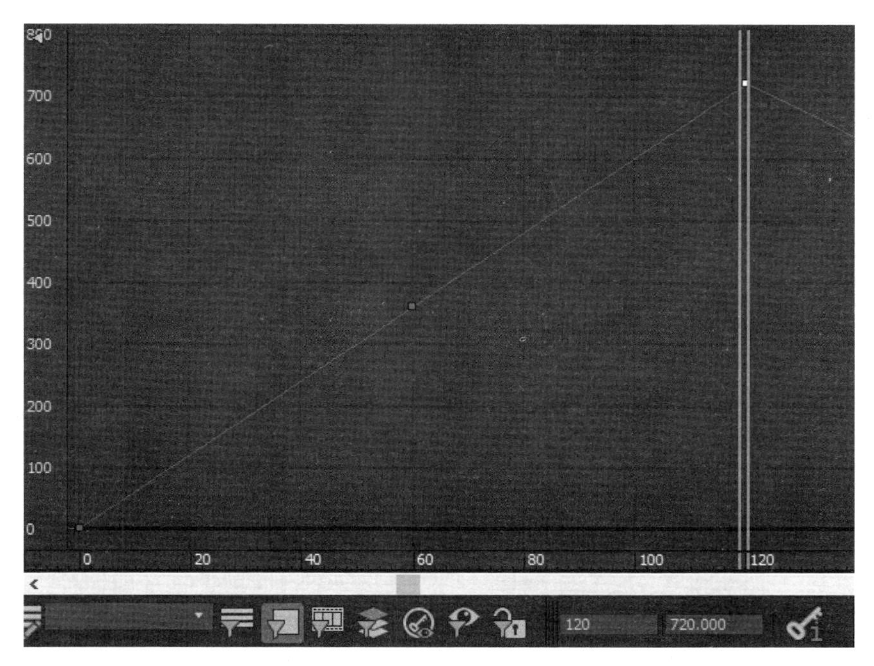

图 5.54　线性旋转设置

（8）按照上述方法，分别在第 180 帧和第 240 帧处添加关键点，将关键点分别移动到 1080° 和 1440° 位置，然后将第 300 帧的关键点移动到 1800° 位置，最后单击“将切线设置为线性”图标将动画曲线设置成直线，最终动画轨迹如图 5.55 所示。

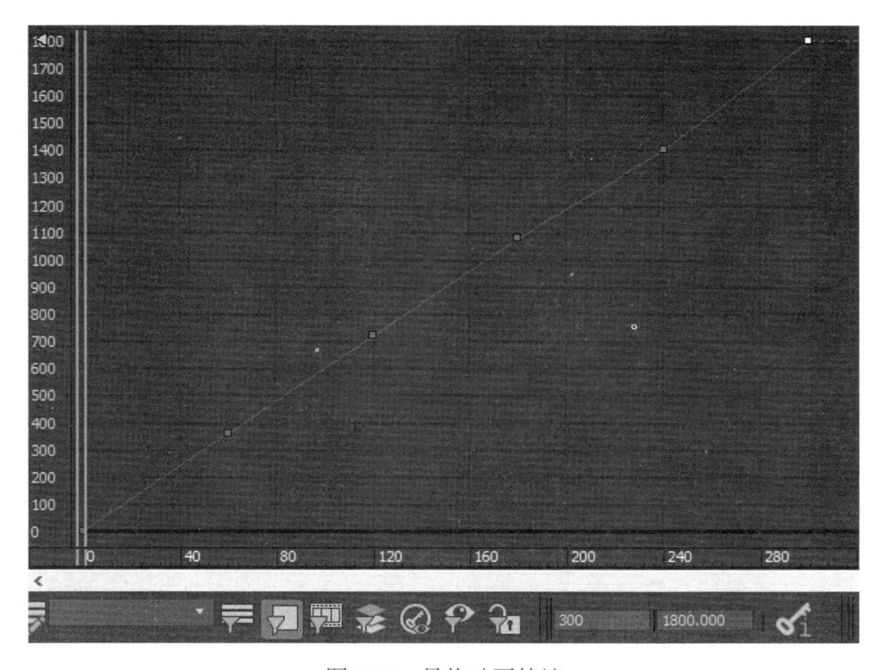

图 5.55　最终动画轨迹

知识点： 如果线段显示的并不是直线也不用担心，这是显示器显示的缘故，因为显示器是像素点阵列，根据计算机图形学的原理，显示器在显示斜线时因像素点的光栅化，可能导致视觉上的差异。

5.4.5 千斤顶模型和动画导出

（1）选择主菜单中的“导出→导出”命令，如图 5.56 所示。

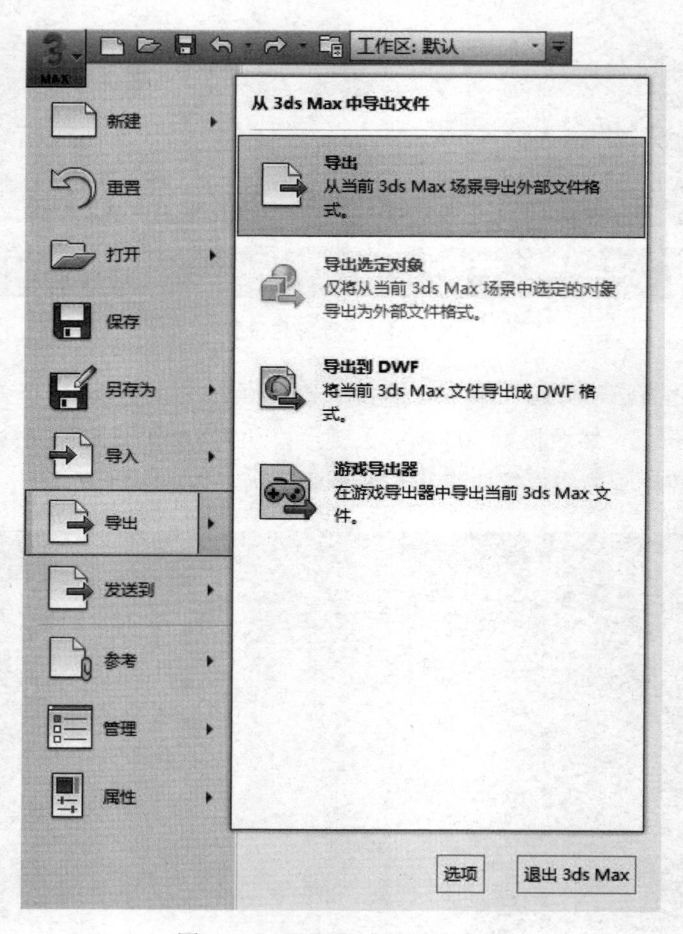

图 5.56　3ds Max 中的导出命令

（2）在弹出的“选择要导出的文件”界面中，输入保存文件的名字“千斤顶”，保存类型选择“Autodesk（*.FBX）”，该类型通常是默认类型，然后选择一个保存该模型的文件夹（作者为了方便，选择把该模型保存在桌面上），最后单击“保存”按钮，如图 5.57 所示。

图 5.57　导出文件设置

弹出如图 5.58 所示的“FBX 导出”对话框。

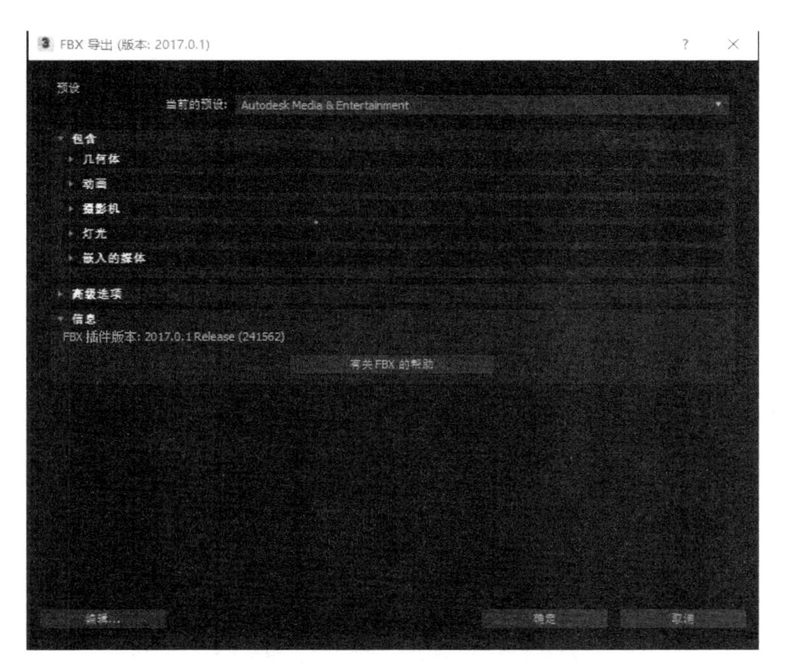

图 5.58　“FBX 导出”对话框

（3）展开“动画”栏目，再展开“烘焙动画”栏目，勾选“烘焙动画”复选框，如图 5.59 所示①，其他内容保持不变，单击“确定”按钮，将千斤顶模型和动画导出并保存为“千斤顶.fbx”文件。

① 图 5.59 中“烘培动画”的正确写法应为“烘焙动画”。

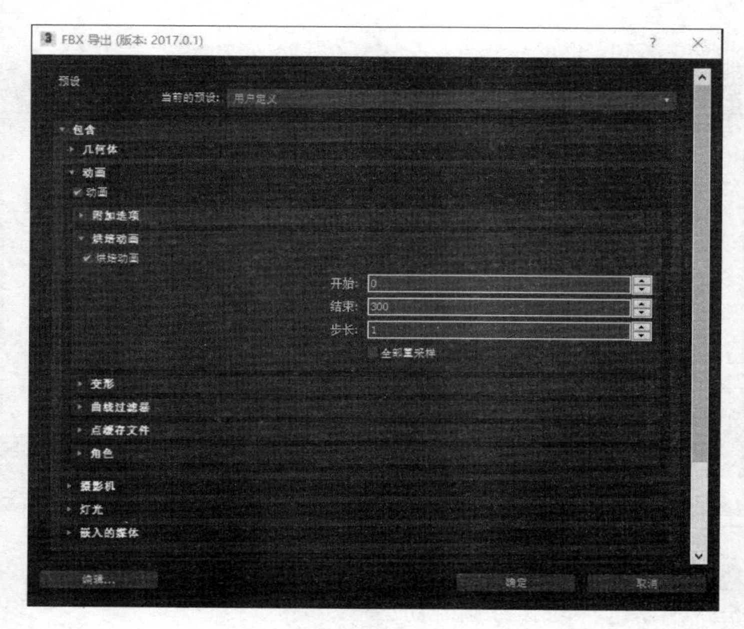

图 5.59　导出动画参数设置

注意： 导出 FBX 文件时可能会弹出如图 5.60 所示的“警告和错误”界面，直接单击“确定”按钮即可。

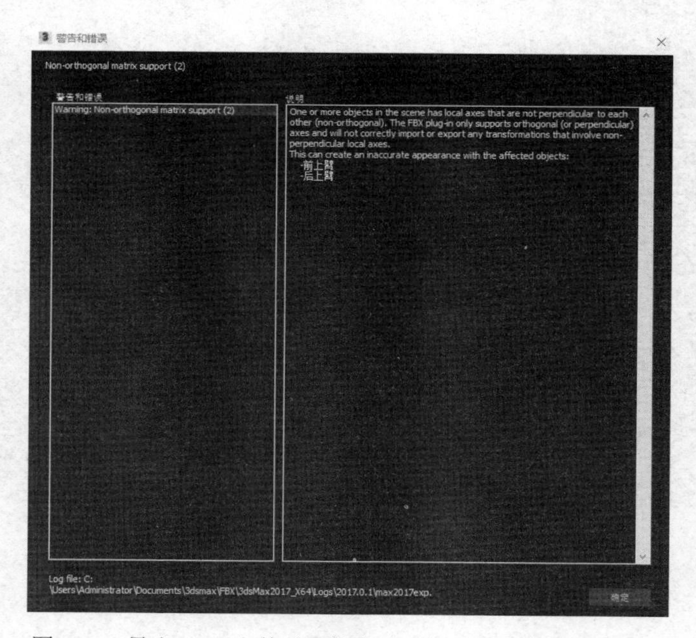

图 5.60　导出 FBX 文件时可能会弹出的“警告和错误”界面

经过上述操作，我们就完成了千斤顶模型从.max 格式转换为.fbx 格式的工作。

5.4.6　千斤顶模型导入 Unity

（1）将创建好的“千斤顶.fbx”文件复制到 Assets/Learning/Models/文件夹下，结果如图 5.61 所示。

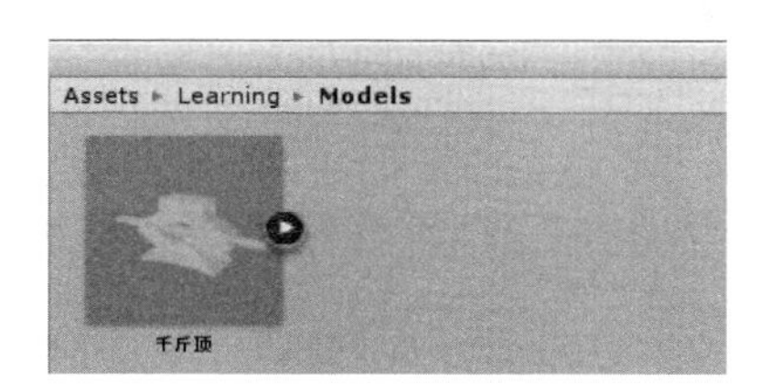

图 5.61　进入 Unity 后的千斤顶模型

（2）选中千斤顶模型，在 Inspector 面板下可以看到其相关的内容。单击 Animation 按钮，可以看到动画的相关参数和设置，如图 5.62 所示。

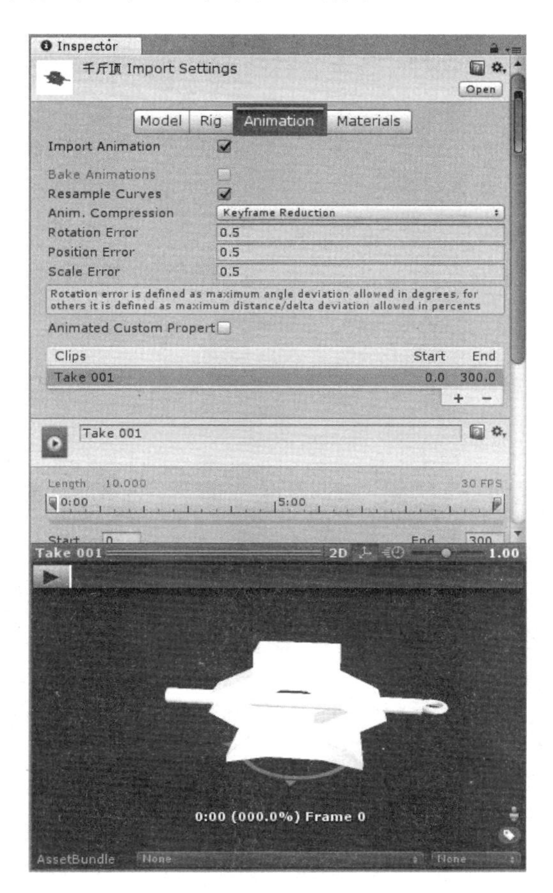

图 5.62　千斤顶模型在 Unity 中的动画内容

（3）中间部分 Take 001 是动画的名字，将其重命名为“千斤顶动画”，其他参数保持默认设置，然后按 Enter 键保存，如图 5.63 所示。

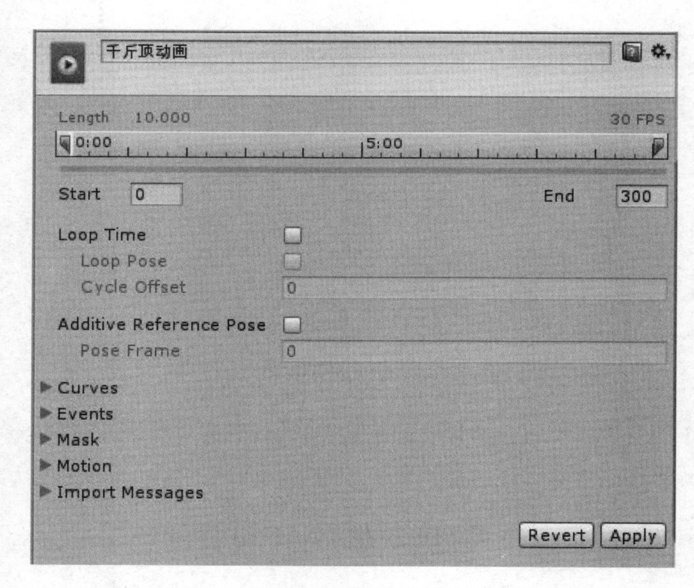

图 5.63　Unity 中的千斤顶动画参数

知识点： Take 001 是在 3ds Max 中导出 FBX 文件时默认的名字，为了方便管理和查找动画，用户可以在 Unity 中对其进行修改，否则当导入多个带有动画数据的 FBX 文件后，将出现多个名为 Take 001 的动画，无法从名字上辨别这些动画数据。

Inspector 面板下方有一个动画预览窗口，单击“播放”图标，或拖动“播放”图标右侧的时间线，可以直观地看到动画的效果，如图 5.64 所示。

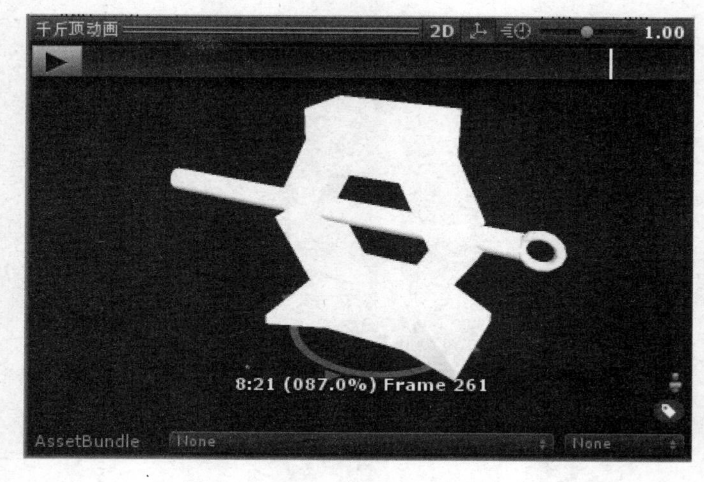

图 5.64　Unity 中的动画预览窗口

5.4.7　制作材质

我们在 3ds Max 中只制作了千斤顶模型，并没有制作材质，这个工作放在 Unity3D 中完成。常见的千斤顶都是红色的，中间的螺栓横梁是黑色的，下面制作红色和黑色两种材质。

（1）制作“千斤顶架”材质。在 Assets/Learning/Materials/文件夹中，创建一个新的材质，并重命名为“千斤顶架”，然后颜色选择为红色，其他参数保持默认设置，如图 5.65 所示。

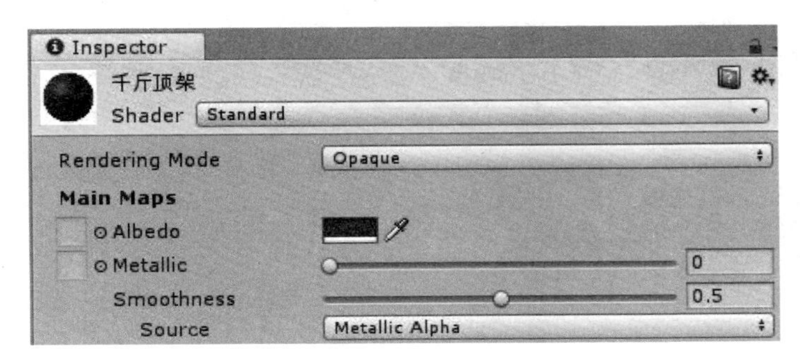

图 5.65　创建材质并指定为红色

（2）制作“千斤顶梁”材质。在 Assets/Learning/Materials/文件夹中，创建一个新的材质，并重命名为“千斤顶梁”，然后颜色选择为黑色，其他参数保持默认设置，如图 5.66 所示。

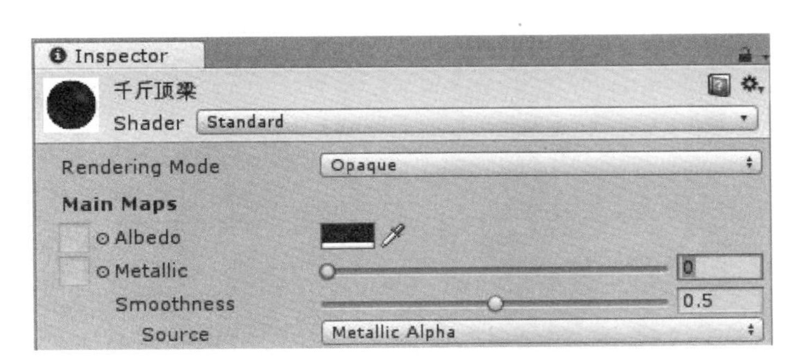

图 5.66　创建材质并指定为黑色

（3）将 Assets/Learning/Models/文件夹中的千斤顶模型拖动到 Hierarchy 面板下，在 Scene 窗口中，可以看到一个纯白色的千斤顶模型。选中“前下臂”，将“千斤顶架”材质拖动到 Inspector 面板下，结果如图 5.67 所示。

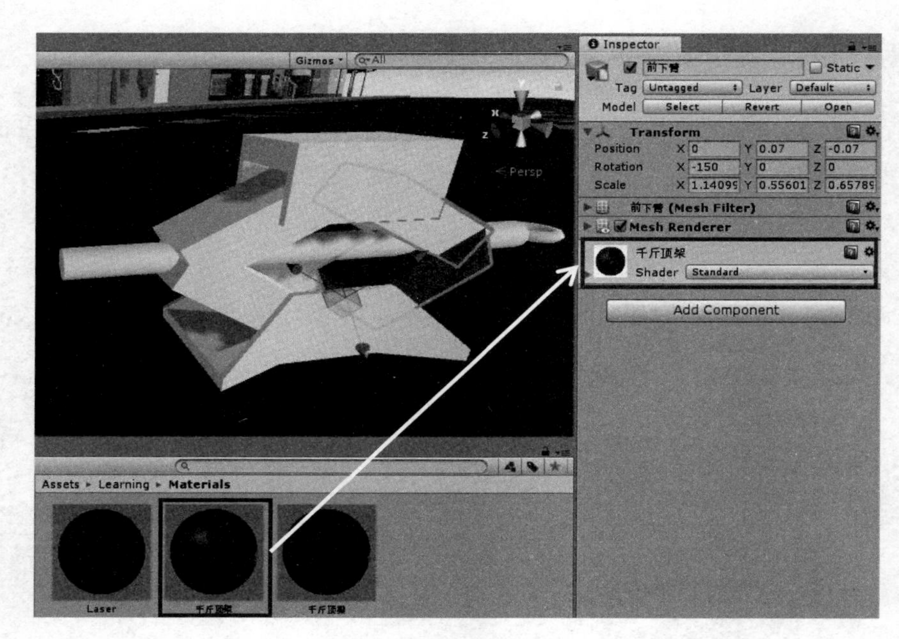

图 5.67　为千斤顶模型的“前下臂”指定材质

（4）按照上述方法，将前上臂、后下臂、后上臂、底座和顶盖全部指定为“千斤顶架”材质，将螺栓横梁指定为“千斤顶梁”材质，最终效果如图 5.68 所示。

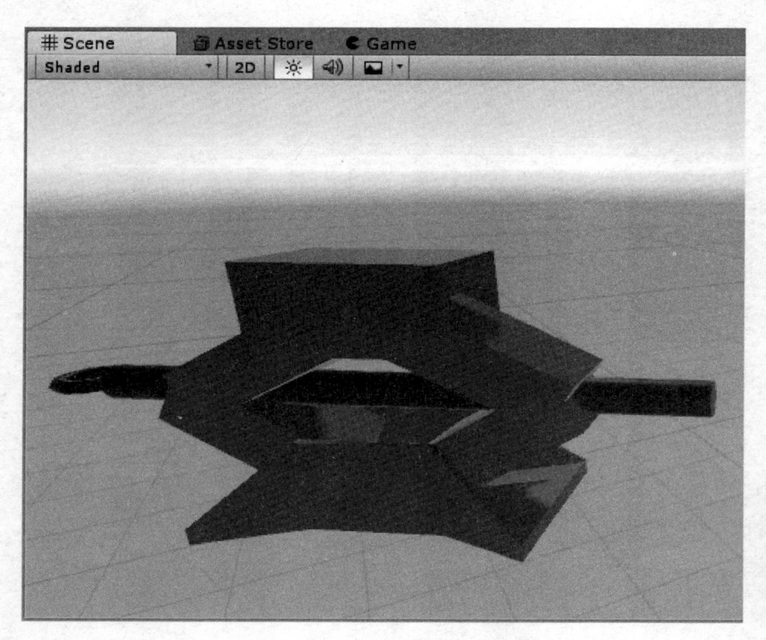

图 5.68　指定材质后的千斤顶模型

5.4.8　调整千斤顶尺寸

由于在 3ds Max 中进行千斤顶建模操作时并没有参考汽车的尺寸，因此需要在 Unity3D 中对创建的千斤顶进行缩放调整，使其与汽车的尺寸相匹配。

（1）将 Hierarchy 面板下千斤顶的 Transform 属性的参数值设置为如图 5.69 所示的内容。

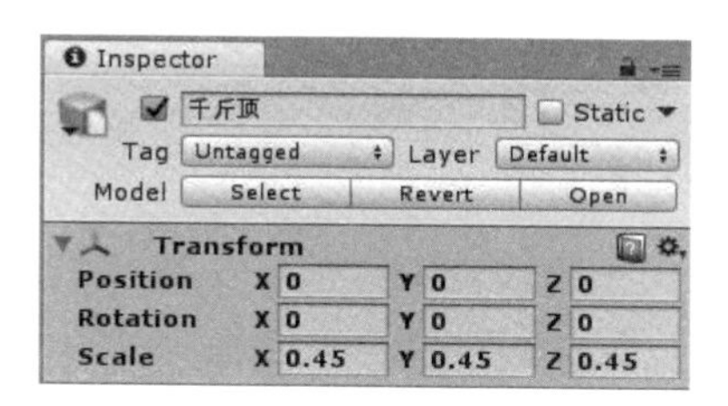

图 5.69　调整千斤顶尺寸

（2）将千斤顶从 Hierarchy 面板拖动到 Assets/Learning/Prefabs/文件夹下，创建千斤顶预制体，方便以后使用，如图 5.70 所示。

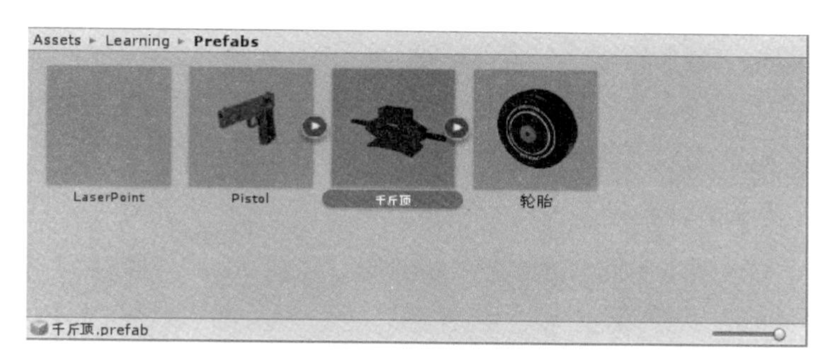

图 5.70　创建千斤顶预制体

（3）在场景中移动千斤顶，将其放置到汽车后备厢中，如图 5.71 所示。

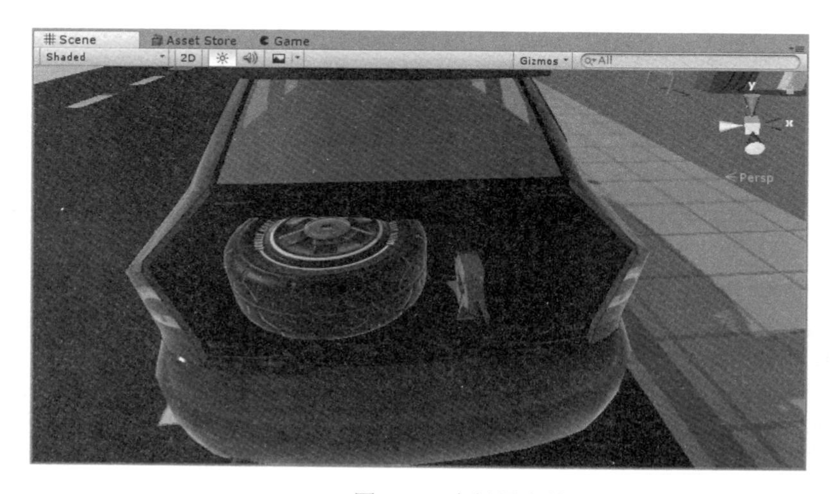

图 5.71　在场景中放置千斤顶

经过上述操作，我们在 3ds Max 中完成了千斤顶及其动画的制作，以及导出.fbx 格式的工作。然后在 Unity3D 中完成了材质的制作和指定。最后完成了创建千斤顶预制体，以及在虚拟现实场景中摆放千斤顶的工作。

5.5 杠杆制作

本节使用 3ds Max 来制作杠杆。

5.5.1 杠杆建模

1. 头部环形制作

（1）打开 3ds Max，并打开之前创建好的“千斤顶.max”文件。

知识点：打开之前创建好的千斤顶模型的目的是使得模型与之前的尺寸比例保持一致。

（2）使用前面学习过的方法，创建一个圆环，将其重命名为“杠杆”。单击“修改”图标，将其参数中的“分段”的值设为“12”，“边数”的值设为“8”，“半径 1”和“半径 2”的参数值可忽略。勾选“启用切片”复选框，将“切片结束位置”设为“120.0”。使用“缩放”工具，以千斤顶螺栓横梁上的圆环为参照物，将圆环缩放到合适的尺寸，如图 5.72 所示。

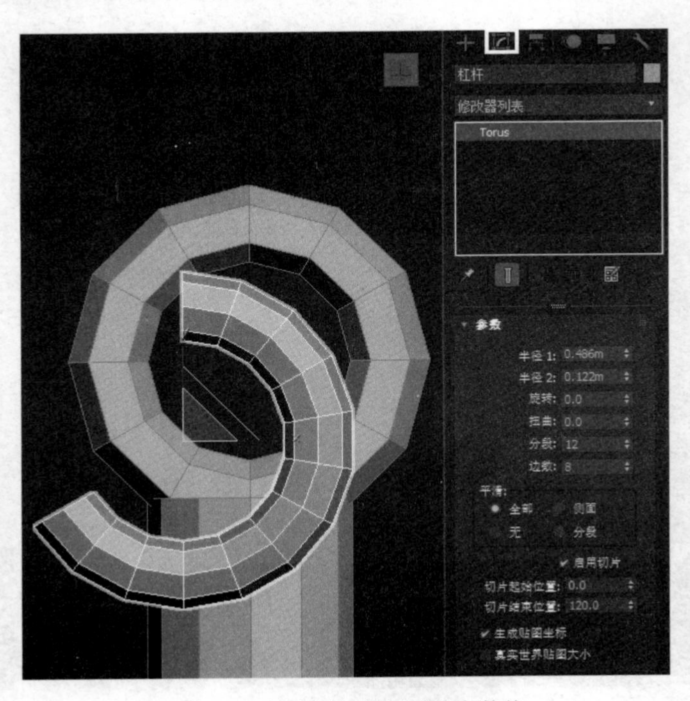

图 5.72 创建圆环并设置其参数值

（3）将当前文件另存为“杠杆.max”，然后将千斤顶模型隐藏，将杠杆模型放置到坐标原点处，最后将杠杆模型转换为可编辑多边形。

（4）在左侧面板下，单击“多边形”层级图标，然后在编辑窗口中选择杠杆模型的一个圆环面，如图 5.73 所示。

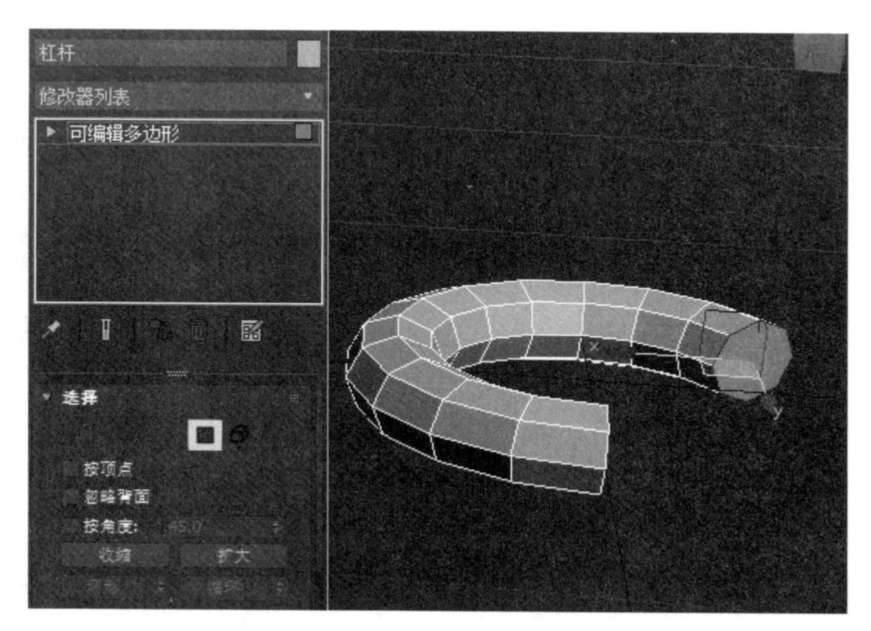

图 5.73　选择圆环面

找到“编辑多边形”栏目，单击“挤出”按钮，当“挤出”按钮处于选中状态后，将鼠标指针移动到编辑窗口中选中的圆环面上，可以看到鼠标指针发生变化，这时候按住鼠标左键，拖动当前的“面”，将挤出新的“面”，如图 5.74 所示。

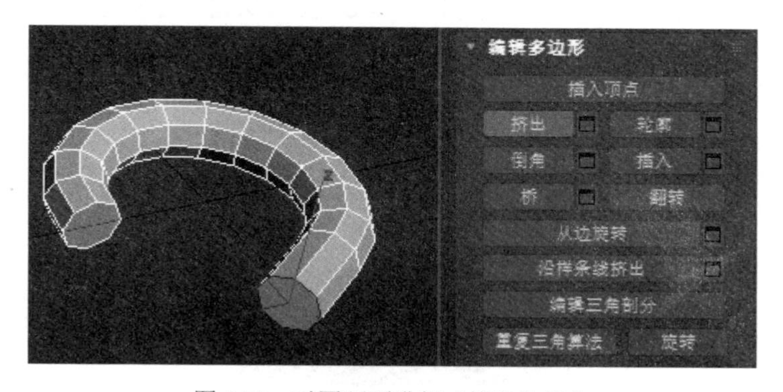

图 5.74　对圆环面进行“挤出”操作

技巧点：单击“挤出”按钮右侧的图标后，会在要挤出的面上显示出挤出的详细参数，如挤出的方式、挤出的距离等。用户可以选择以何种方式进行精确挤出，也可以在进行挤出操作后配合使用“移动”工具将面移动到合适的位置。

2. 身部制作

（1）配合进行“挤出”和“旋转”操作，最终得到杠杆模型，如图 5.75 所示。

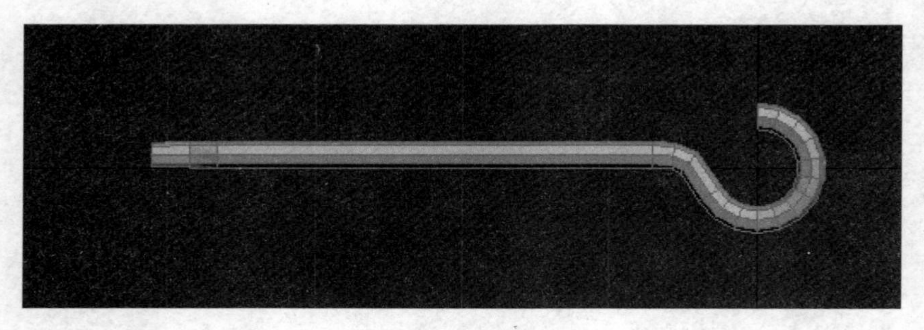

图 5.75　杠杆模型

（2）在“修改”面板中选择“多边形”（红色正方形）工具，将杠杆模型的所有面都选中，即所有面都显示为红色，如图 5.76 所示。

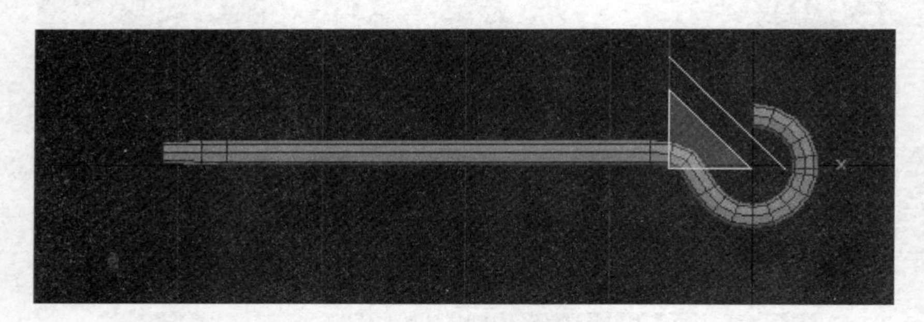

图 5.76　选中杠杆模型的所有面

（3）在右侧“编辑”面板下方，找到“多边形：平滑组”栏目，先单击“清除全部”按钮，再单击“自动平滑”按钮，如图 5.77 所示。

图 5.77　对杠杆模型进行自动平滑设置

知识点： 通过平滑设置，建模的面在灯光照射下不会出现问题。

（4）退出“多边形”选择状态，将隐藏的千斤顶模型显示出来，并将其删除，场景中只保留杠杆模型，然后保存文件。

5.5.2　杠杆模型导入 Unity

（1）将上面保存的文件导出为“杠杆.fbx”文件，然后将“杠杆.fbx”文件复制到项目工程 Assets/Learning/Models/文件夹中。

（2）将杠杆对象拖动到 Hierarchy 面板下，在 Inspector 面板下，对其 Transform 属性的参数值进行修改，如图 5.78 所示。

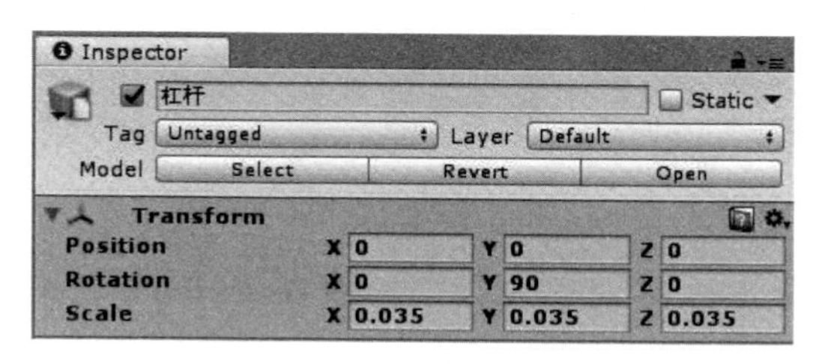

图 5.78　修改杠杆对象的 Transform 属性的参数值

（3）将 Assets/Learning/Materials/文件夹中的“千斤顶梁”材质（黑色），拖动到杠杆对象的 Inspector 面板下，为该对象指定该材质。

（4）在 Inspector 面板下，找到 Animator 组件，单击该组件右侧的“齿轮”图标，在弹出的下拉列表中选择 Remove Component 选项，操作方法如图 5.79 所示。

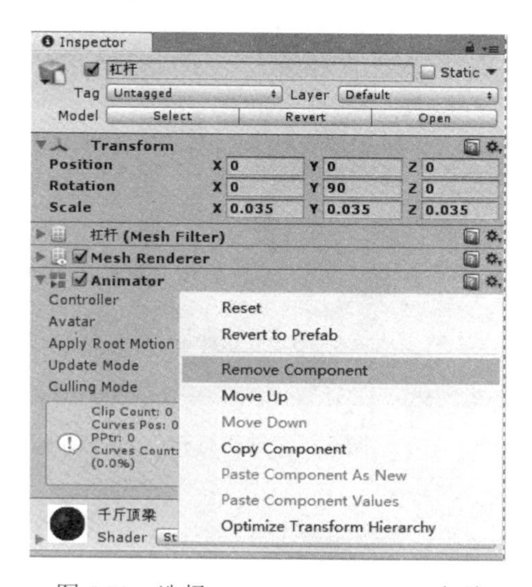

图 5.79　选择 Remove Component 选项

选择 Remove Component 选项后，将 Animator 组件从杠杆对象的组件列表中删除，最后的结果如图 5.80 所示。

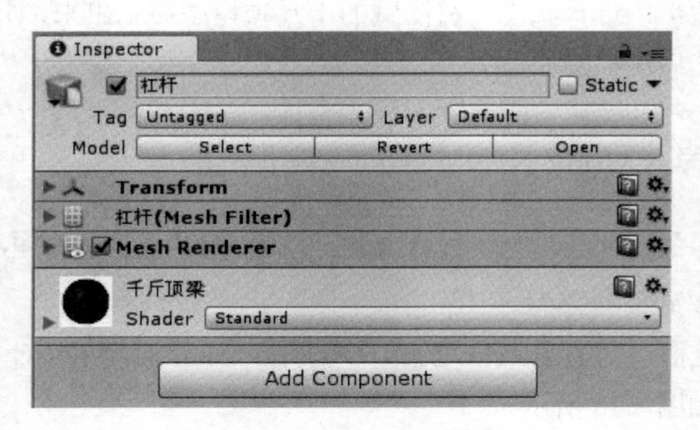

图 5.80　杠杆对象的组件列表

知识点： 由于杠杆对象没有动画信息，因此将 Animator 组件删除可以提高系统的运行效率。该对象在场景中的动画使用程序来实现。

（5）将杠杆对象从 Hierarchy 面板拖动到 Assets/Learning/Prefabs/文件夹中，创建杠杆预制体。然后，在 Scene 窗口中，将杠杆移动到汽车后备厢中千斤顶的旁边，结果如图 5.81 所示。

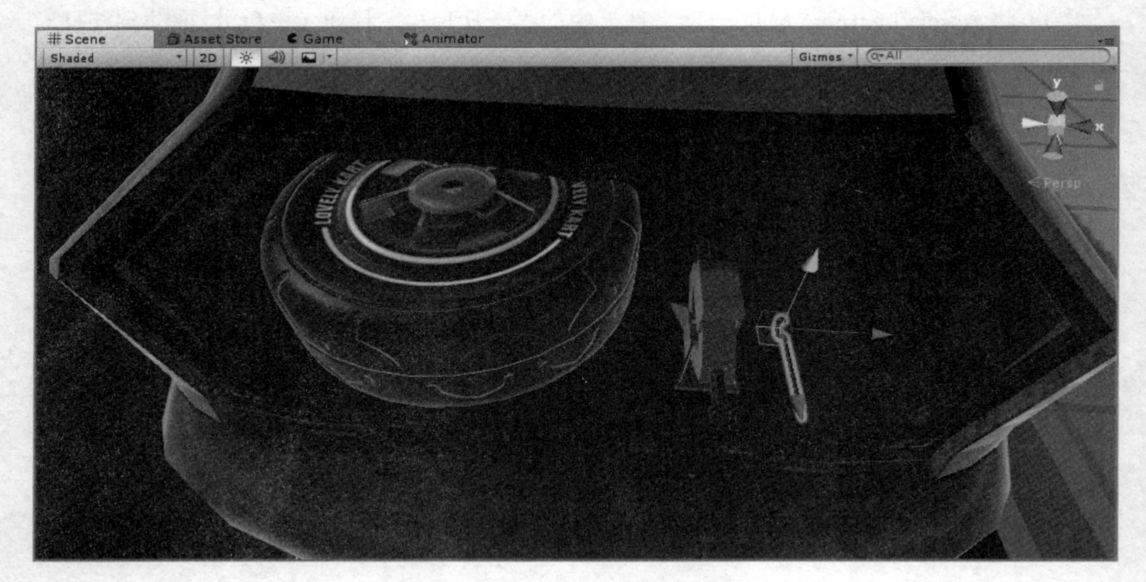

图 5.81　放置杠杆

（6）保存当前 Unity 场景。

5.6 扳手制作

本节使用 3ds Max 来制作扳手。

5.6.1 扳手模型制作

1. 扳手尾部模型

（1）使用 3ds Max 打开“杠杆.max”文件，创建一个长方体，将其重命名为“扳手”，调整至合适的尺寸，然后将文件另存为“扳手.max”。

（2）将扳手模型转换为可编辑多边形，在编辑窗口中单击鼠标右键，在弹出的快捷菜单中选择“快速切片”命令，如图 5.82 所示。

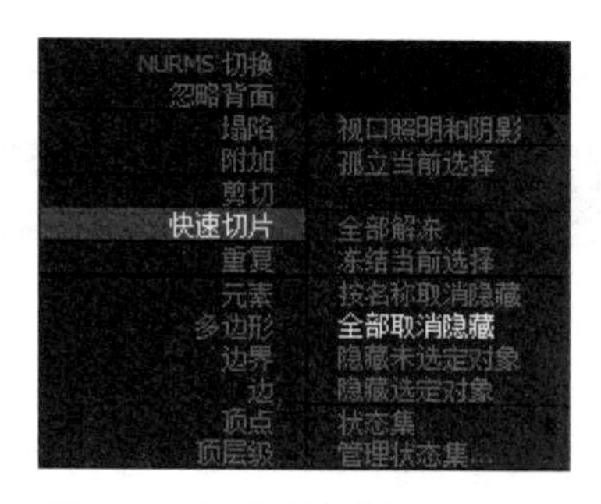

图 5.82　选择“快速切片”命令

（3）在编辑窗口中对扳手模型切割 2 次，结果如图 5.83 所示，然后单击鼠标右键，退出快速切片状态。

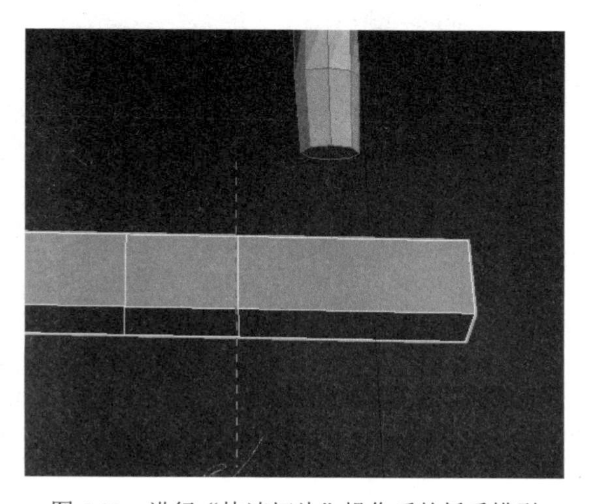

图 5.83　进行“快速切片”操作后的扳手模型

（4）使用“顶点”工具，采用框选的方式，将新切割出来的 8 个顶点全部选中，然后使用“移动”工具将它们移动到合适的位置，如图 5.84 所示。

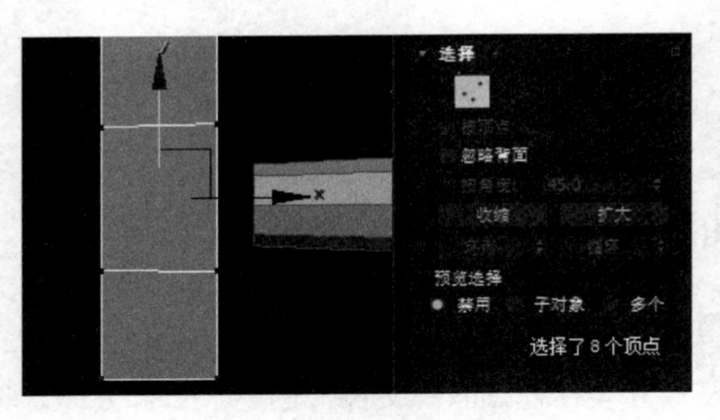

图 5.84　调整顶点的位置

技巧点： 直接使用“快速切片”工具切割出来的线段无法保证是水平的，用户需要进行手动处理以确保其和两个面平行。操作方法是先选中一侧的 4 个点，然后单击图标栏中的“缩放”图标，如图 5.85 所示。

图 5.85　单击“缩放”图标

切换到“顶点”模式，单击鼠标左键并按住 y 轴，然后向下拖动，反复几次，可以将左右两边的点压在一条直线上，这条直线与上下两个面是平行的，如图 5.86 所示，操作完毕后，退出“顶点”模式。

图 5.86　点的平行化操作

2. 模型挖孔

（1）切换到“透视”视图，选中扳手模型，进入“多边形”模式，在“编辑多边形”栏目下，单击“倒角”按钮右侧的图标，如图 5.87 所示。

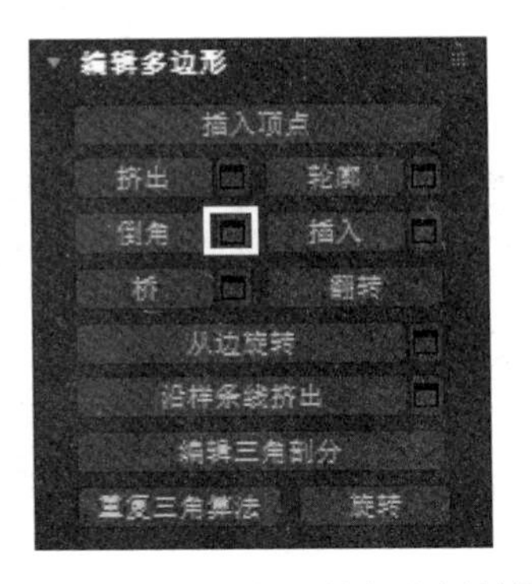

图 5.87　单击“倒角”按钮右侧的图标

（2）在编辑窗口中会出现“倒角”参数栏，进行参数设置，然后单击 √ 图标，如图 5.88 所示。

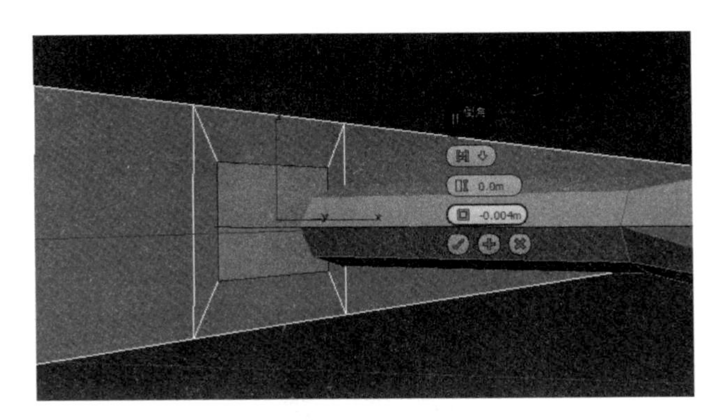

图 5.88　“倒角”参数栏

（3）将对称面也进行“倒角”操作。

（4）分别对这两个对称的面进行“挤出”操作，注意挤出的时候是向内挤出，而不是向外挤出的，并且挤出的时候不要打通，结果如图 5.89 所示。

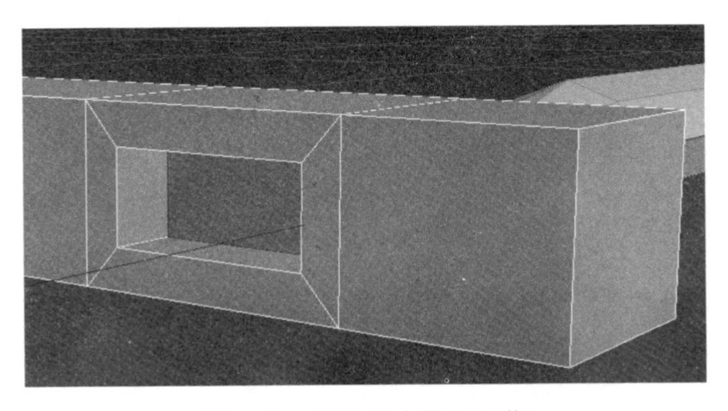

图 5.89　两边向内挤出操作

（5）分别选中这两个对称面，按 Delete 键将它们删除，得到如图 5.90 所示的效果。

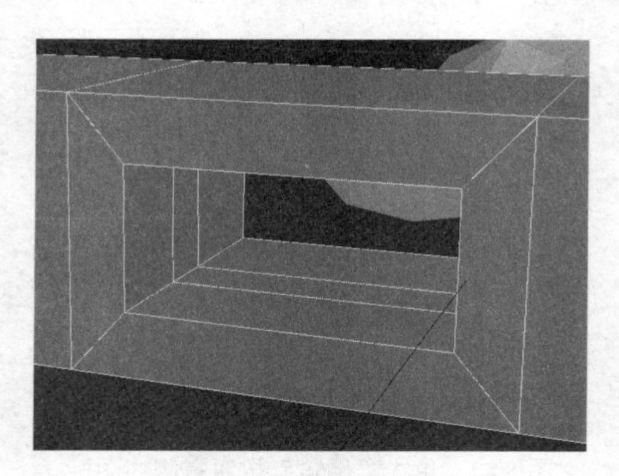

图 5.90　删除中间对称面后的效果

3．模型优化

通常完成上述步骤后就算完成任务了，但如果从减少模型多边形面数，提高渲染效率的角度来看，还可以进行一些优化操作，操作方法如下。

（1）在“选择”栏目下，单击“顶点”按钮，进入“顶点”模式。选中内壁左侧中间的两个顶点，单击鼠标右键，在弹出的快捷菜单中，选择“塌陷”命令，如图 5.91 所示。

图 5.91　选择“塌陷”命令

选择“塌陷”命令后，两个顶点被合并成一个顶点，结果如图 5.92 所示。

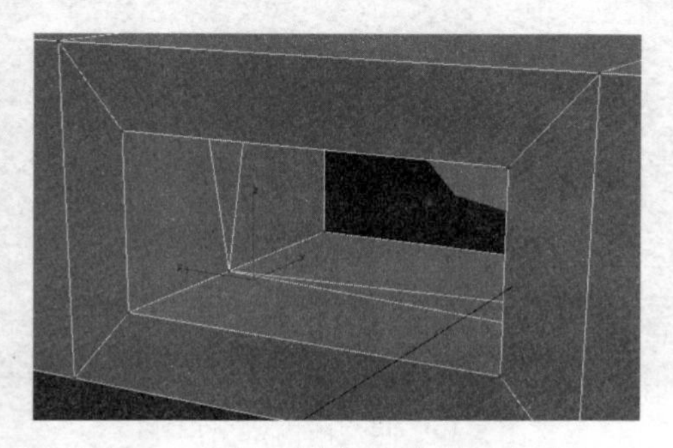

图 5.92　两个顶点被合并成一个顶点

（2）分别对其他三对类似的顶点进行“塌陷”操作（单击顶点并按住 Ctrl 键可以同时选取多个点），最终效果如图 5.93 所示。

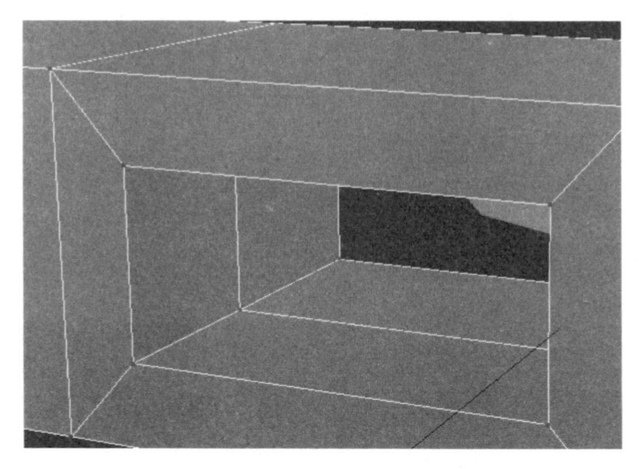

图 5.93　对多个顶点分别进行“塌陷”操作后的效果

通过上述的优化操作，我们将该模型减少了 4 个长方形的面。

知识点： 从计算机图形学的角度来说，1 个长方形的面是由 2 个三角形的面组成的。在渲染的过程中，一个长方形的面实际的绘制方式是绘制两个三角形的面，所以我们减少了 4 个长方形的面，就是减少了 8 个三角形的面。

如果想追求完美，我们还可以继续进行优化。

（3）进入“顶点”模式，在编辑窗口中单击鼠标右键，在弹出的快捷菜单中，选择“目标焊接”命令，如图 5.94 所示。

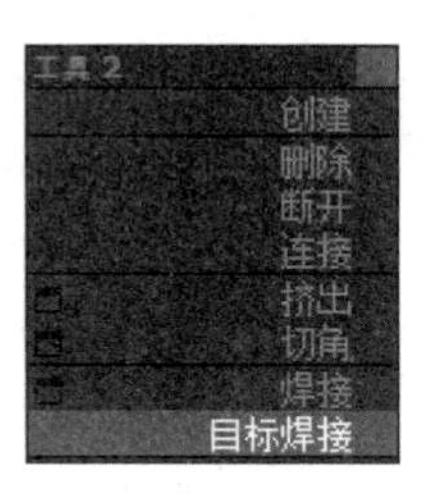

图 5.94　选择“目标焊接”命令

（4）在编辑窗口中，将鼠标指针放置到内壁左下方中间的顶点上时，鼠标指针变为“十字”形状，单击鼠标左键选中该顶点，然后移动鼠标，随着鼠标的移动，可以在编辑窗口中看到选中的顶点与鼠标指针之间有一条虚线。将鼠标指针放置到内壁左下方靠里面的顶点上，然后单击鼠标左键，就将第一次选中的顶点焊接到了第二次选中的顶点位置上，此时两个顶点变成了一个顶点，效果如图 5.95 所示。

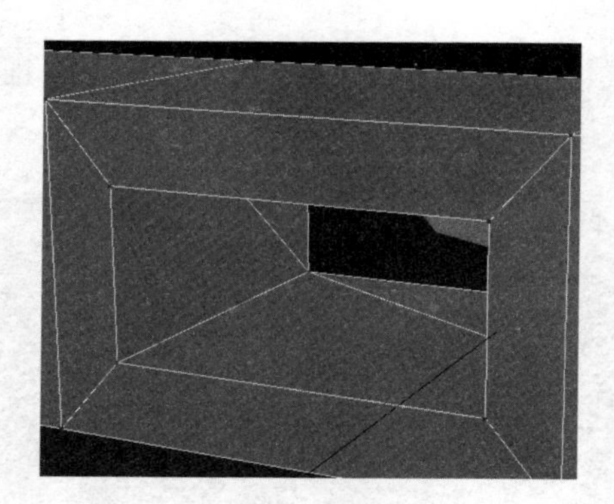

图 5.95　目标焊接顶点的效果

知识点：“塌陷”命令和“目标焊接”命令都是将两个顶点合并成一个顶点。区别在于，“塌陷”命令将两个顶点合并后，合并后的顶点的位置在原来两个顶点位置连线的中心点处；“目标焊接”命令使得合并后的顶点的位置就是第二个选中的顶点的位置。

（5）按照上述方法，将其他三个顶点进行“目标焊接”操作，最后得到如图 5.96 所示的效果，这样又减少了 8 个三角形的面。

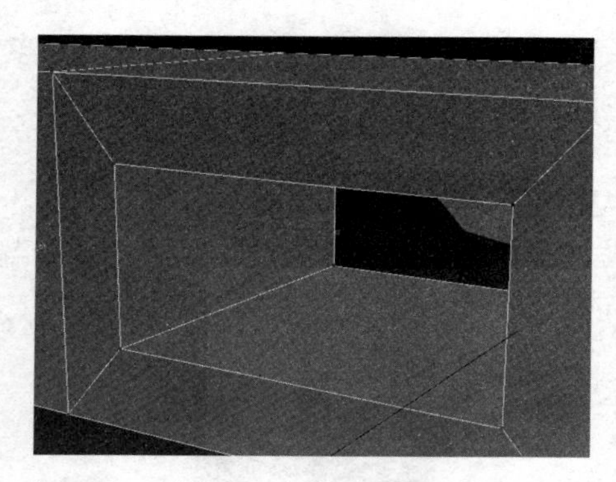

图 5.96　进行“目标焊接”操作后的模型

4．扳手头部模型

（1）退出“顶点”模式，进入“多边形”模式，然后选中如图 5.97 所示的面，进行“挤出”操作，连续挤出 4 个分段。

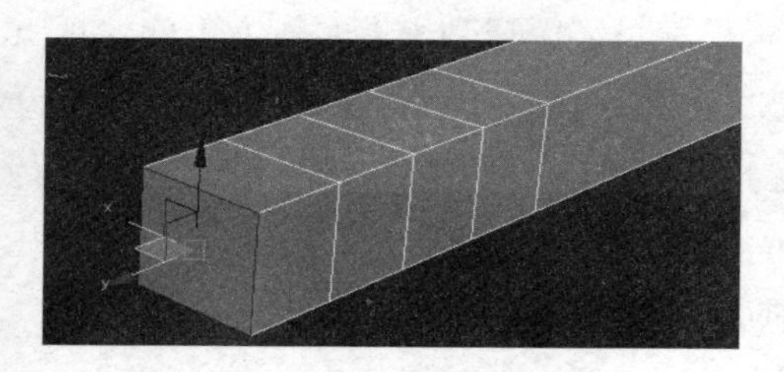

图 5.97　连续挤出 4 个分段

（2）将新增加的这些分段全部选中，如图 5.98 所示。

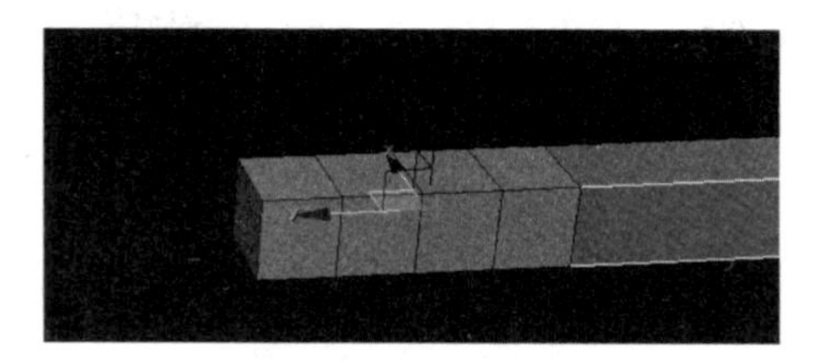

图 5.98　选中新增加的 4 个分段

在右侧面板中，找到“编辑几何体”栏目，单击“分离”按钮，在弹出的“分离”界面中直接单击“确定”按钮，如图 5.99 所示，将选中的这部分模型与原来的模型分开。

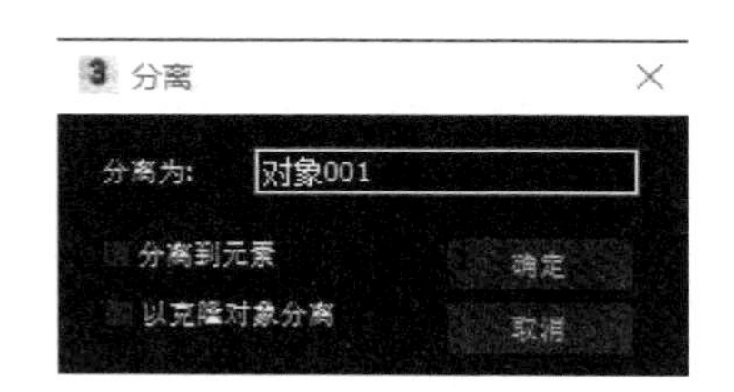

图 5.99　分离模型操作

（3）由于分离出来的长方体的轴不在几何中心，因此我们需要重置中心轴的位置。在右侧单击“层次”图标，然后依次单击“轴”和“仅影响轴”按钮，进入“仅影响轴”模式，接着在对齐方式上单击“居中到对象”按钮，这样中心轴就在几何中心了，结果如图 5.100 所示。

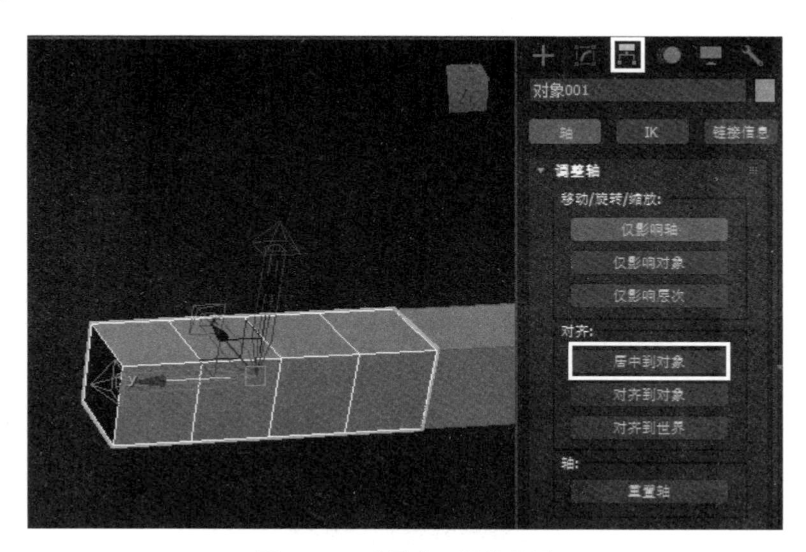

图 5.100　重置中心轴的位置

（4）再次单击“仅影响轴”按钮，退出“仅影响轴”模式。然后单击“实用程序”图标，并依次单击“重置变换”和“重置选定内容”按钮，操作过程如图 5.101 所示。

图 5.101　重置变换操作

操作完毕后，单击“修改”图标，将看到如图 5.102 所示的结果。

图 5.102　“修改器列表”内容

（5）在场景中选中分离出来的长方体，单击鼠标右键，在弹出的快捷菜单中，选择“转换为：转化为可编辑多边形”命令。

（6）退出“多边形”模式，选择分离出来的长方体，单击“修改器列表”右侧向下的三角形箭头，如图 5.103 所示。

图 5.103　单击“修改器列表”右侧向下的三角形箭头

在弹出的“修改器列表”下拉列表中，选择“弯曲”修改器，为分离出来的长方体添加“弯曲”修改器，如图 5.104 所示。

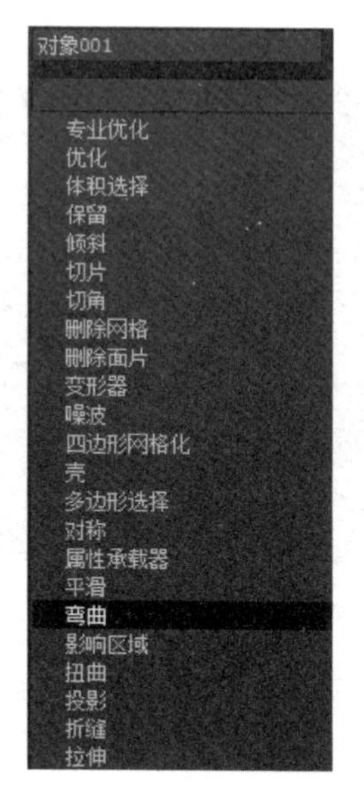

图 5.104　选择“弯曲”修改器

（7）在下方的“参数”栏目中，将“角度”设置为“90.0”，“弯曲轴”选择“Y”，如图 5.105 所示。

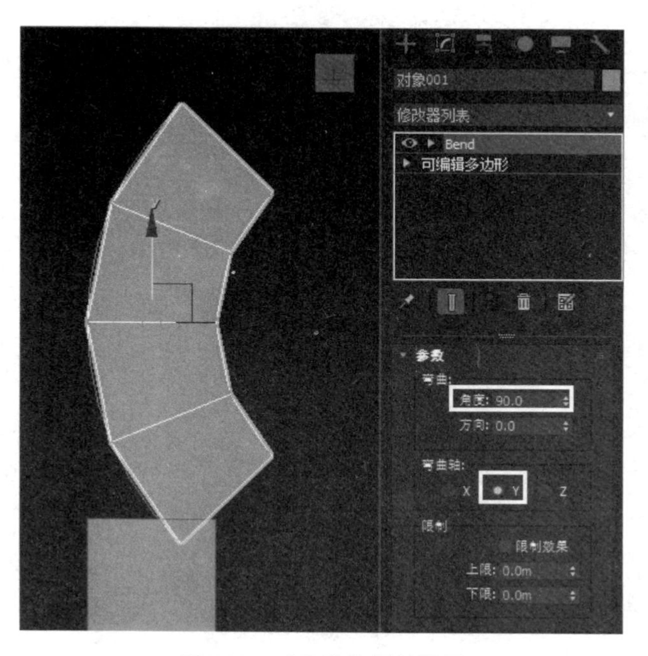

图 5.105 “参数”栏目设置

（8）选中分离出来的长方体，单击鼠标右键，在弹出的快捷菜单中选择“转换为：转化为可编辑多边形”命令。对进行“弯曲”操作后的模型继续进行“旋转”和“移动”操作，效果如图 5.106 所示。

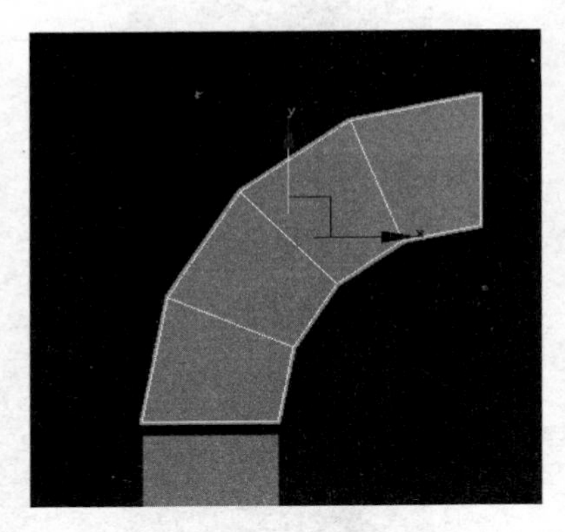

图 5.106　进行“旋转”和“移动”操作后的模型

（9）我们需要将分离出来的模型和原来的模型附加到一起变成一个模型。选中分离出来的模型，单击“修改”图标，在“编辑几何体”栏目下，单击“附加”按钮，然后将鼠标指针移动到扳手模型上，当鼠标指针变成“十字”形状后，单击鼠标左键，将两个模型合并为一个模型，如图 5.107 所示。

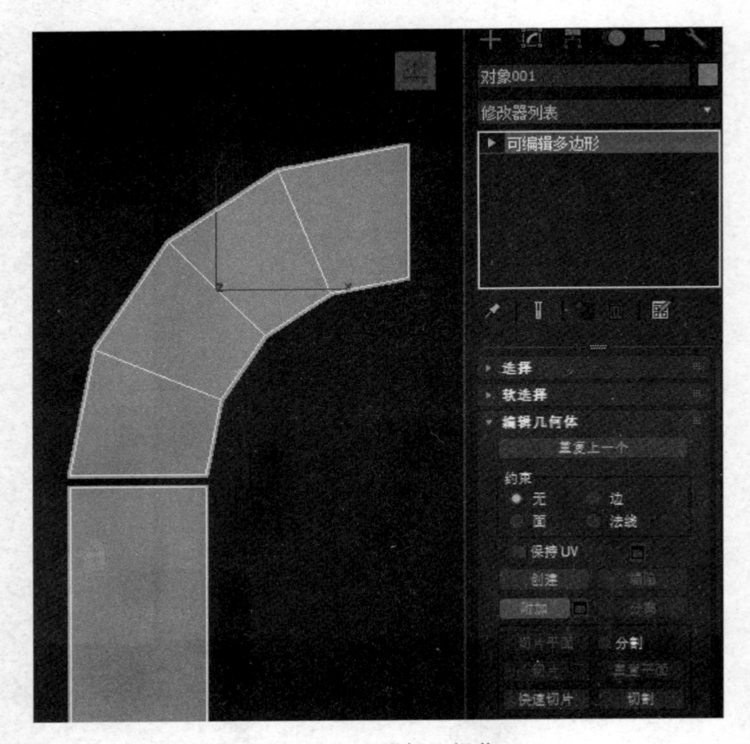

图 5.107　“附加”操作

（10）切换到“透视”视图，进入“顶点”模式，使用上面学习过的“目标焊接”方法，将断开的 8 个顶点按两个一组分别焊接到一起，效果如图 5.108 所示。

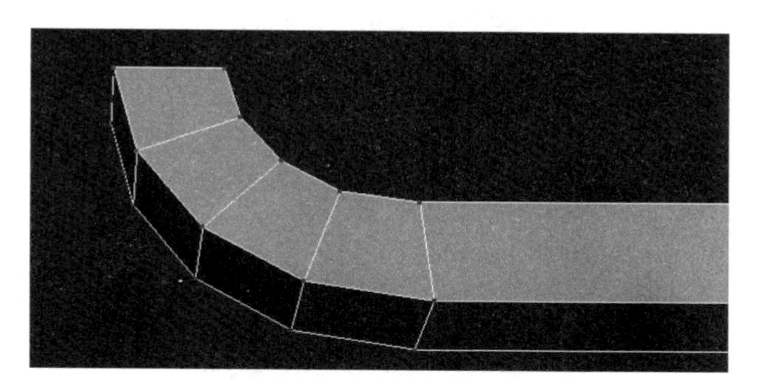

图 5.108　焊接顶点后的效果

5．扳手螺帽处模型

（1）退出“顶点”模式，进入“多边形”模式，选中如图 5.109 所示的面，进行“挤出”操作，挤出一段距离。

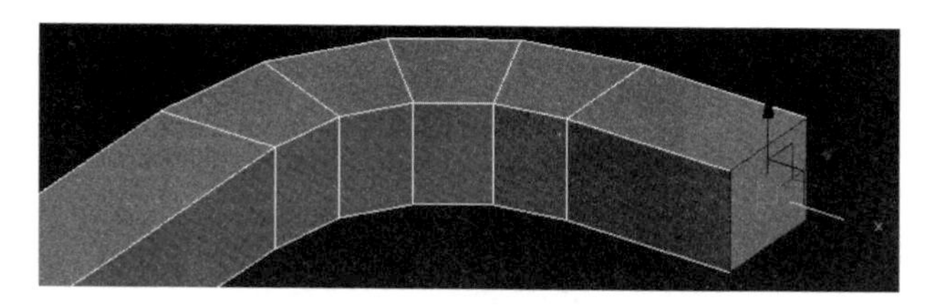

图 5.109　“挤出”操作

（2）单击“倒角”按钮旁边的方形图标，在弹出的“倒角”参数栏中，输入相应参数值，结果如图 5.110 所示。

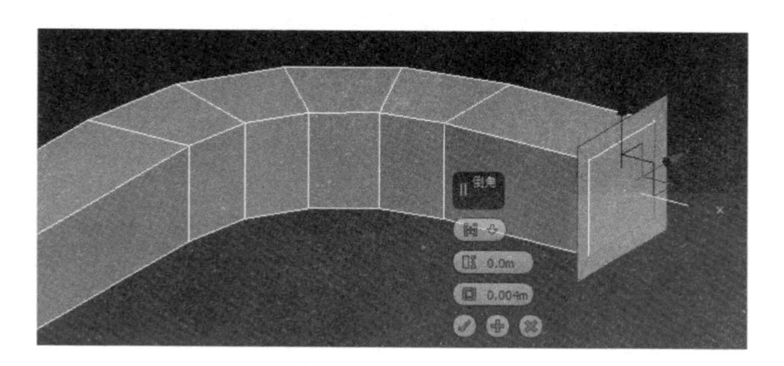

图 5.110　“倒角”参数栏

单击 √ 图标完成“倒角”操作。对当前面进行“挤出”操作后的效果如图 5.111 所示。

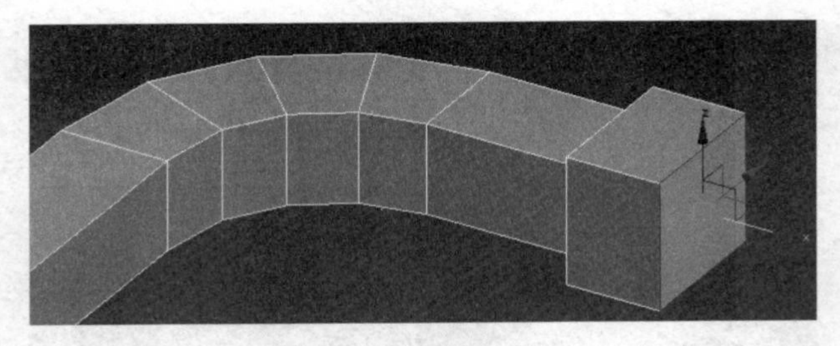

图 5.111　对当前面进行“挤出”操作后的效果

（3）再次进行“倒角”操作，得到如图 5.112 所示的效果。

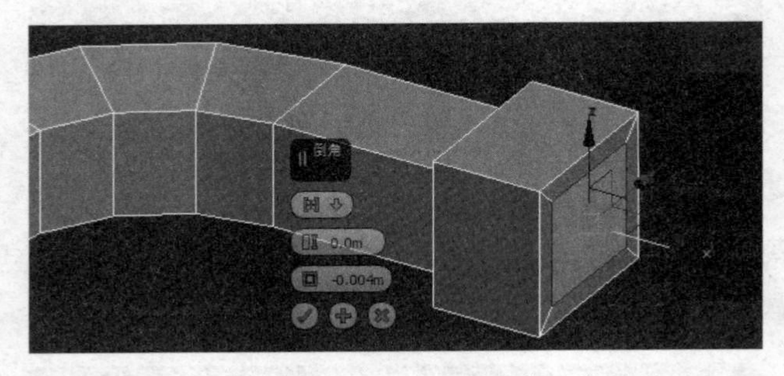

图 5.112　再次进行“倒角”操作后的效果

（4）再次进行“挤出”操作，得到如图 5.113 所示的结果。

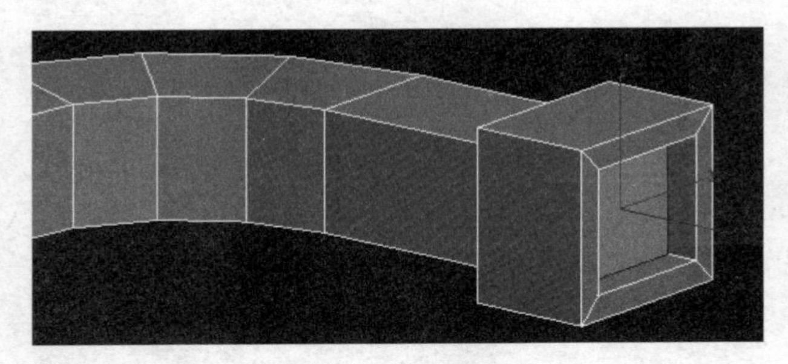

图 5.113　再次进行“挤出”操作后的效果

退出“多边形”模式，就完成了扳手螺帽处的建模工作。

说明： 这里制作了一个近似的扳手模型。如果要与真实的模型非常相似，则需要花费更多的时间和精力。读者可以从网上找一些更逼真的模型来使用。

（5）选中场景中的杠杆模型，按 Delete 键将其删除。选中扳手模型，首先对其进行“重置变换”操作，然后将其转换为可编辑多边形，接着单击“层次”图标，并依次单击“轴”“仅影响轴”“居中到对象”按钮，结果如图 5.114 所示。

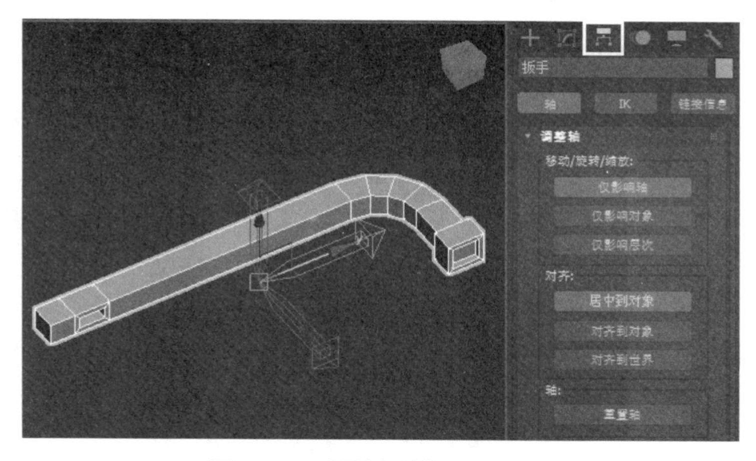

图 5.114　重置扳手模型的中心轴

（6）使用“移动”工具，将轴移动到如图 5.115 所示的位置，即与杠杆连接的插孔处的中心位置附近（不需要精确对准）。

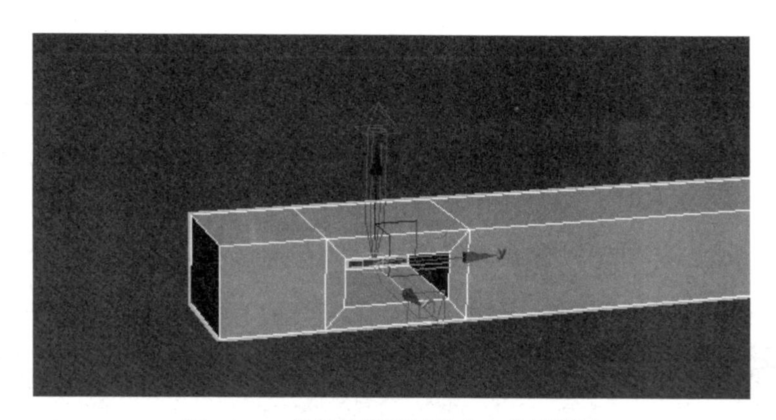

图 5.115　将轴放置到插孔中心位置附近

（7）再次单击“轴”按钮，退出“轴编辑”模式。将模型的轴与坐标原点对齐，如图 5.116 所示。

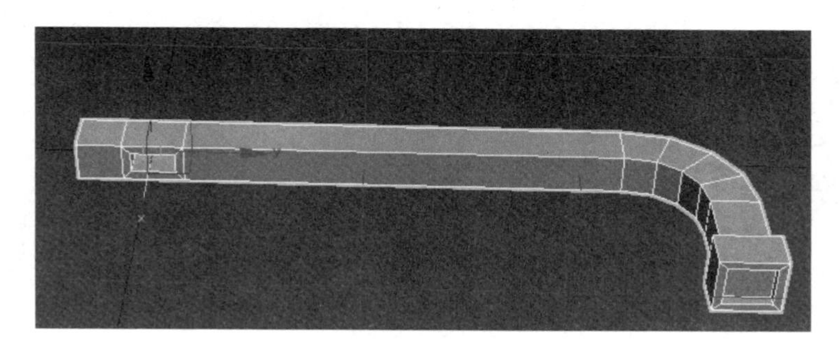

图 5.116　将模型的轴与坐标原点对齐

（8）将扳手模型导出，并命令为“扳手.fbx”。

5.6.2 扳手模型导入 Unity

（1）将“扳手.fbx”文件复制到项目工程 Assets/Learning/Prefabs/文件夹中，然后打开“轮胎更换教程”场景，将扳手对象拖动到 Hierarchy 面板中。

（2）在 Inspector 面板中，修改扳手对象的 Transform 属性的相关参数值，如图 5.117 所示。

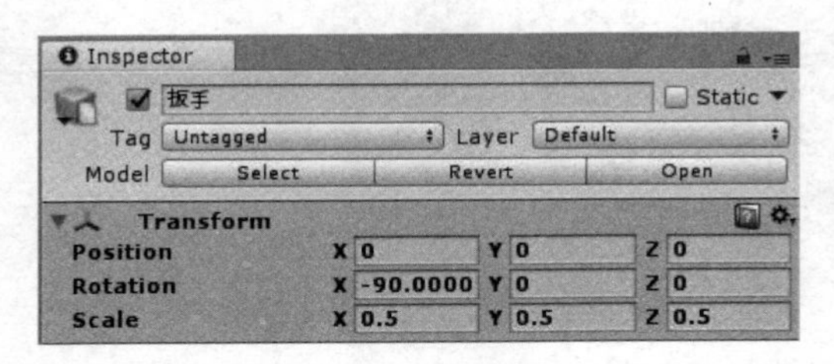

图 5.117　修改扳手对象的 Transform 属性的相关参数值

（3）将 Assets/Learning/Materials/文件夹中的“千斤顶梁”材质拖动到扳手对象的 Inspector 面板下，使其成为该对象的材质。

（4）将 Inspector 面板中的 Animator 组件删除。

（5）将扳手对象从 Hierarchy 面板拖动到 Assets/Learning/Prefabs/文件夹下，创建扳手预制体。

（6）将 Scene 窗口中的扳手移动到汽车后备厢的杠杆旁边，结果如图 5.118 所示。

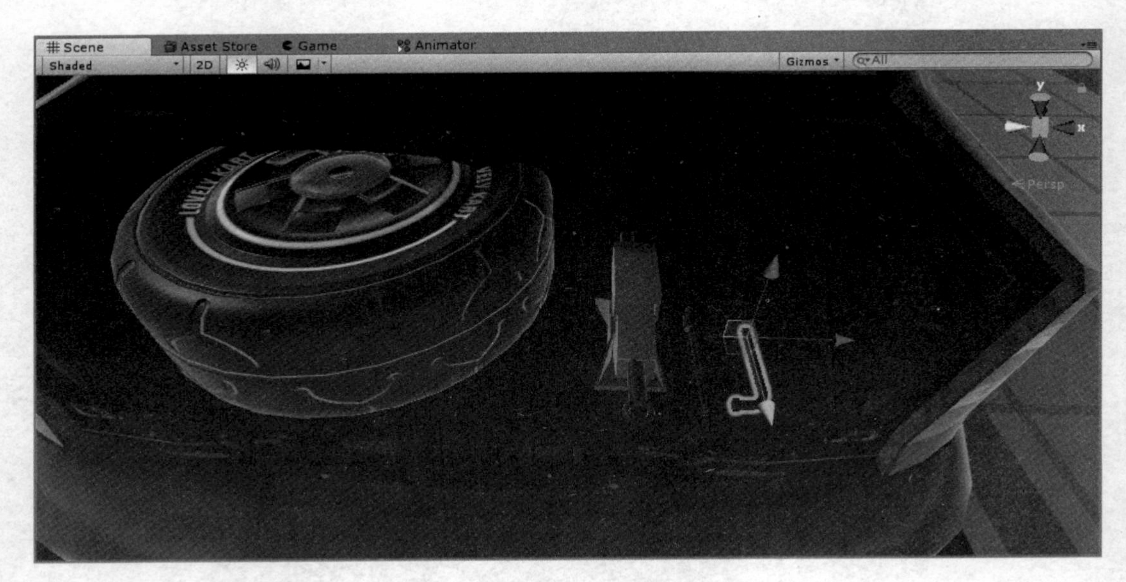

图 5.118　在 Scene 窗口中摆放扳手

（7）操作完毕后，保存当前场景文件。

5.7 语音设计和制作

5.7.1 音频内容设计

根据我们设计的教程流程内容，语音提示内容如下。

语音提示 0：亲爱的驾驶员您好，现在我们来学习如何为汽车更换轮胎。

语音提示 1：请按手柄上的圆盘键，按箭头提示，移动到汽车尾部位置。

语音提示 2：请按照提示，打开汽车后备厢盖。

语音提示 3：请取出千斤顶并放置到指定位置。

语音提示 4：请取出杠杆并放置到指定位置。

语音提示 5：请取出扳手并放置到指定位置。

语音提示 6：请按住手柄上的 Trigger 键，观看使用千斤顶将汽车顶起的动画。

语音提示 7：请按一下手柄上的握紧键，观看使用扳手拧松轮胎螺丝的动画。

语音提示 8：请将轮胎从后备厢取出，放置到左前轮位置。

语音提示 9：请按住手柄上的 Trigger 键，观看使用扳手拧紧轮胎螺丝的动画。

5.7.2 音频文件制作

（1）打开“朗读女”软件，将提示语音 0“亲爱的驾驶员您好，现在我们来学习如何为汽车更换轮胎。”输入文本框中。用户可以单击“播放”图标进行语音试听，然后单击“生成声音文件”按钮，如图 5.119 所示。

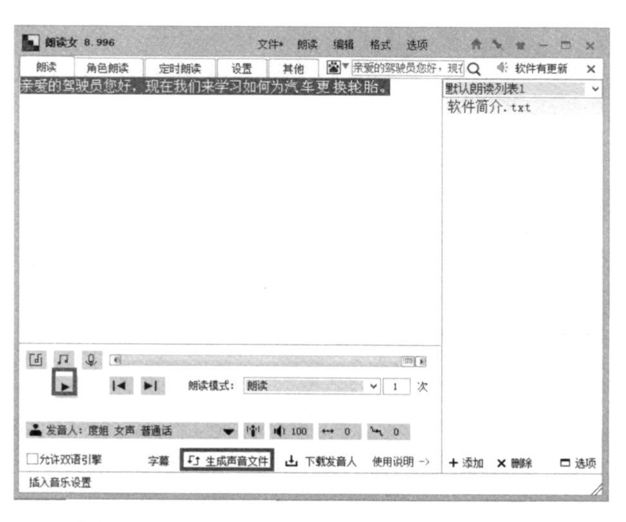

图 5.119　使用“朗读女”软件编辑语音文本

知识点： 单击“生成声音文件”按钮旁边的“下载发音人”按钮，可以打开朗读女官方网站，上面有其他语言的声音库文件可以下载，如果不喜欢当前使用的语音库文件，则用户可以选择喜欢的语音库文件替换当前的语音库文件。

（2）在弹出的下拉列表中选择“将当前内容转成音频文件”选项，然后在弹出的“文本转音频，另存为:”界面中，将文件名设置为“语音提示 0”，并设置好保存的位置，如图 5.120 所示。

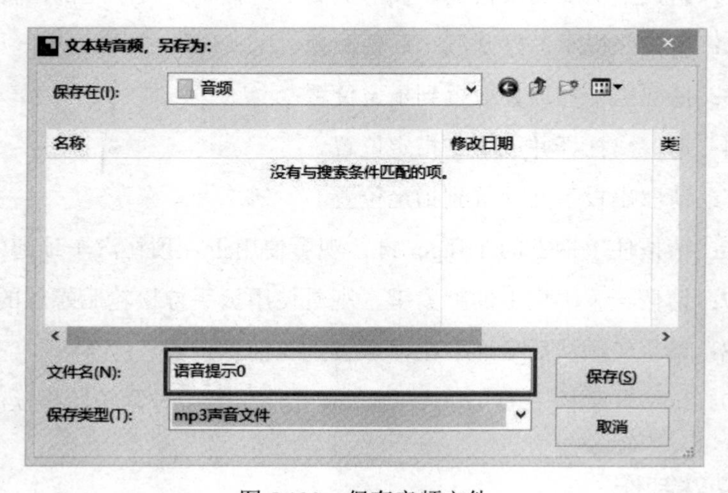

图 5.120 保存音频文件

（3）单击“保存”按钮，打开“朗读女 8.996-生成声音程序：单文件生成”窗口，保持默认设置，单击“开始生成”按钮，软件会在指定好的文件夹中创建音频文件，如图 5.121 所示。

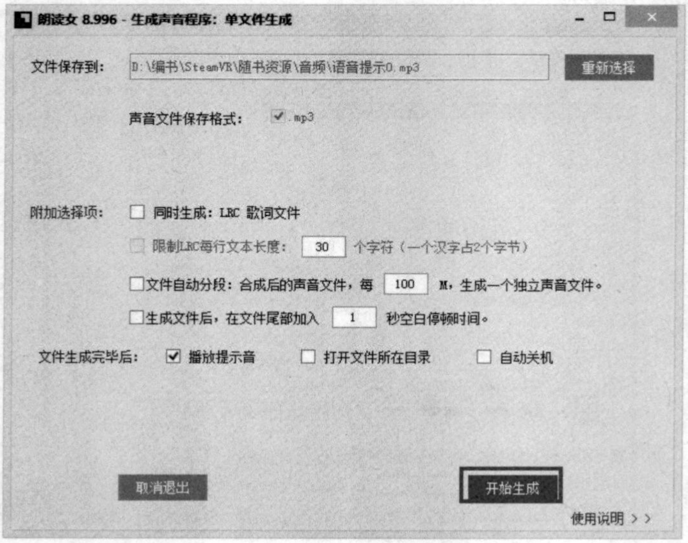

图 5.121 创建音频文件

（4）按照上面的方法，将其他的语音提示全部生成为.mp3 格式的声音文件，结果如图 5.122 所示。

图 5.122　创建好的全部语音提示文件

（5）在 Assets/Learning/Audio/文件夹中，新建一个名为“语音提示”的文件夹，然后将所有的语音提示文件复制到该文件夹中，结果如图 5.123 所示。

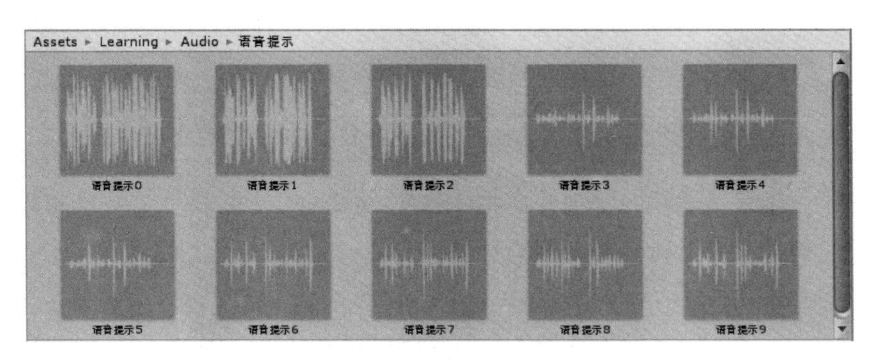

图 5.123　将音频文件复制到 Unity 工程中

5.8　UI 及动画制作

为了在场景中提示用户需要进行的操作，本项目需要制作一个带动画的提示 UI。我们使用 Photoshop 来制作 UI 的图片内容，然后在 Unity3D 中制作它的动画效果。

5.8.1　UI 制作

（1）运行 Photoshop，选择“文件→新建”命令，操作方法如图 5.124 所示。

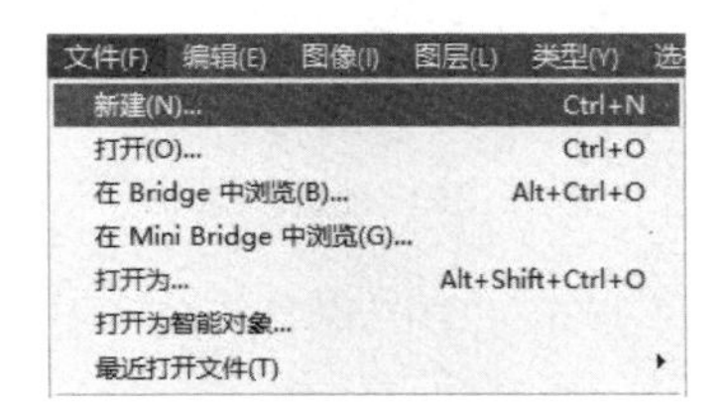

图 5.124　选择“文件→新建”命令

在弹出的“新建”界面中，按图 5.125 所示的参数进行设置，然后单击“确定”按钮。

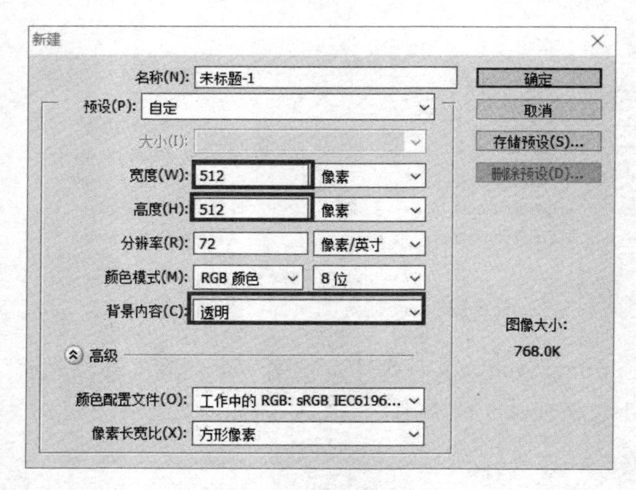

图 5.125　图片参数设置

这样，我们就创建了一张 512 像素×512 像素、背景为透明的正方形图片。

知识点： 通常，我们制作的图片的尺寸为 2^m 像素×2^n 像素（m、n 可以相等），这样计算机硬件处理图片的效率会更高。

（2）单击左侧工具栏中的“拾色器”图标，在弹出的“拾色器（前景色）”界面中，将“前景色”设置为红色（单击颜色选择区，拖动鼠标到右上角），如图 5.126 所示，然后单击“确定”按钮完成操作。

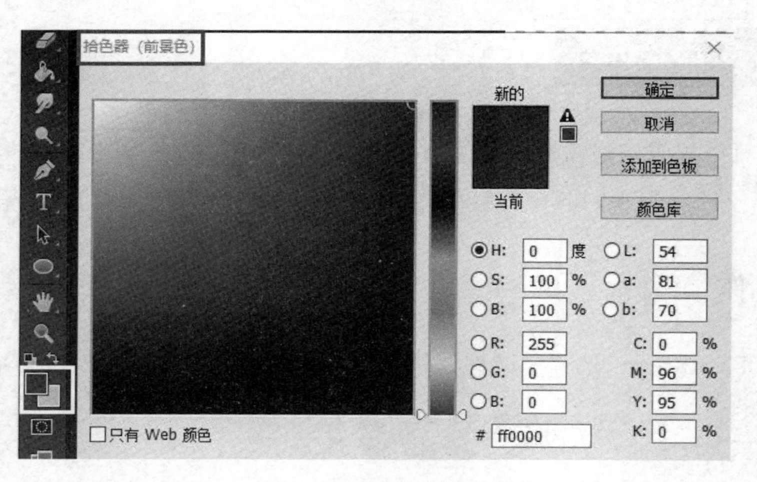

图 5.126　设置前景色

（3）在左侧工具栏中，单击“矩形工具”图标，在弹出的下拉列表中选择“椭圆工具”选项，操作步骤如图 5.127 所示。

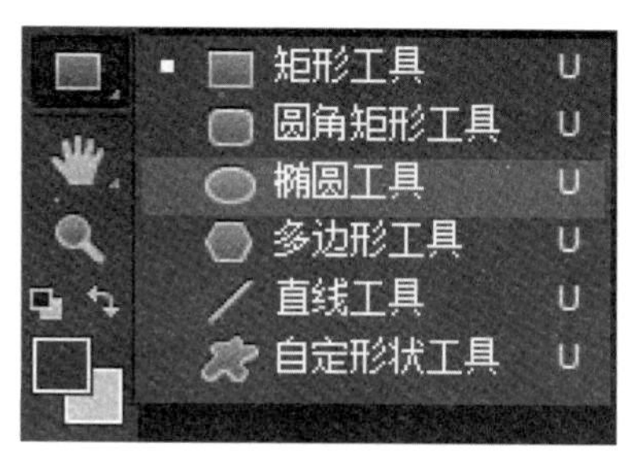

图 5.127　使用椭圆工具

（4）在按住 Shift 键的同时单击鼠标左键，在编辑区拖出一个红色的正圆形，然后在旁边弹出的“属性”面板中，按图 5.128 所示的参数进行设置，即可创建一个在图片中间的红色正圆形。

图 5.128　参数设置

（5）在右侧“图层”面板下，选中“椭圆 1”图层，如图 5.129 所示。

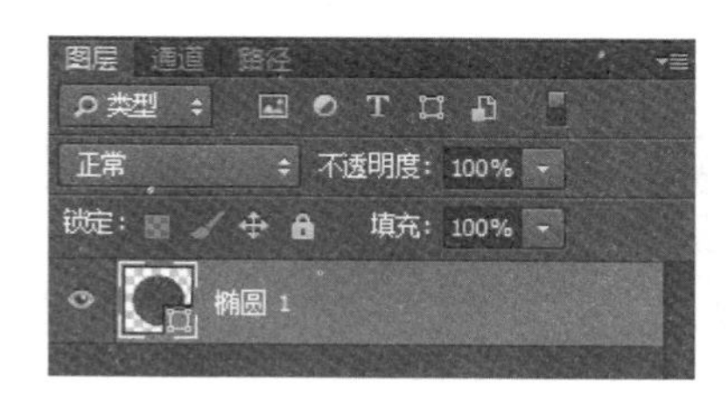

图 5.129　选中“椭圆 1”图层

选中“椭圆 1”图层，单击鼠标右键，在弹出的快捷菜单中选择“栅格化图层”命令，如图 5.130 所示。

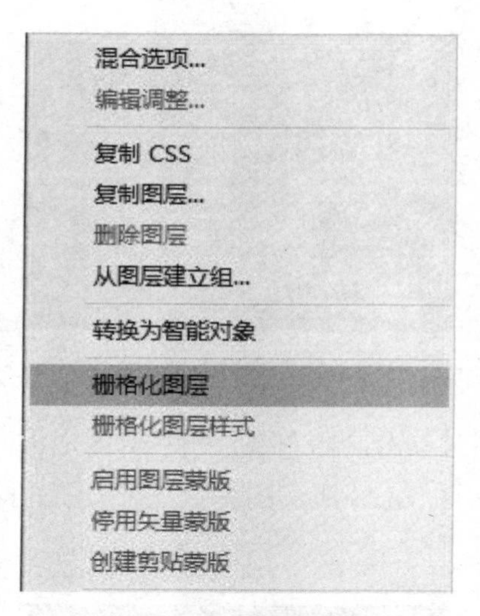

图 5.130　选择“栅格化图层”命令

知识点： 使用图形工具和文字工具创建的图层内容，需要进行“栅格化图层”操作之后，才可以进行正常的编辑操作。

（6）在左侧工具栏中，单击“矩形选框工具”图标，在弹出的下拉列表中选择“椭圆选框工具”选项，如图 5.131 所示。

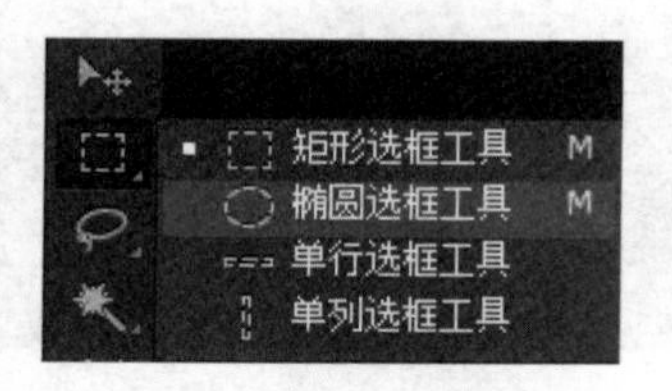

图 5.131　使用椭圆选框工具

在菜单栏下方的工具选项栏的“样式”下拉列表中选择“固定大小”选项，然后分别在“宽度”和“高度”文本框中输入“340 像素”，如图 5.132 所示。

图 5.132　设置样式

在要编辑的图片中单击鼠标右键，会创建出一个直径是 340 像素的圆形选框，调整其位置，使得这个圆形选框的中心与红色正圆形的中心重合，效果如图 5.133 所示。

图 5.133　创建圆形选框

按 Delete 键，将圆形选框包围的红色部分删除，只剩下一个圆环，效果如图 5.134 所示。

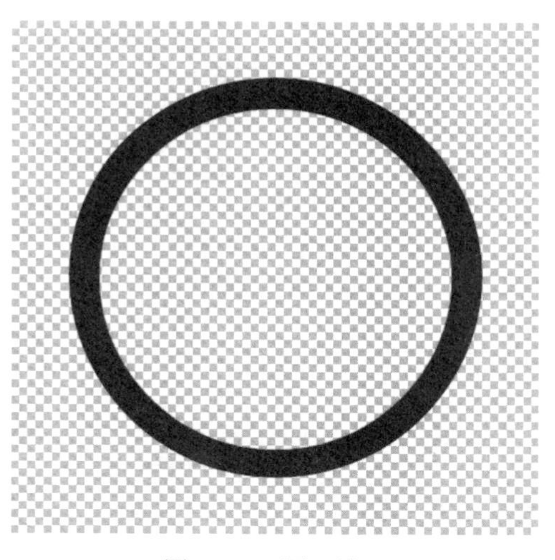

图 5.134　圆环效果

（7）选中右侧“图层”面板中的“椭圆 1”图层，单击鼠标右键，在弹出的快捷菜单中选择“复制图层”命令，如图 5.135 所示。

图 5.135　选择“复制图层”命令

在弹出的对话框中，单击“确定”按钮，得到一个新的图层，如图 5.136 所示。

图 5.136　复制图层结果

选择“编辑→变换→缩放”命令，操作步骤如图 5.137 所示。

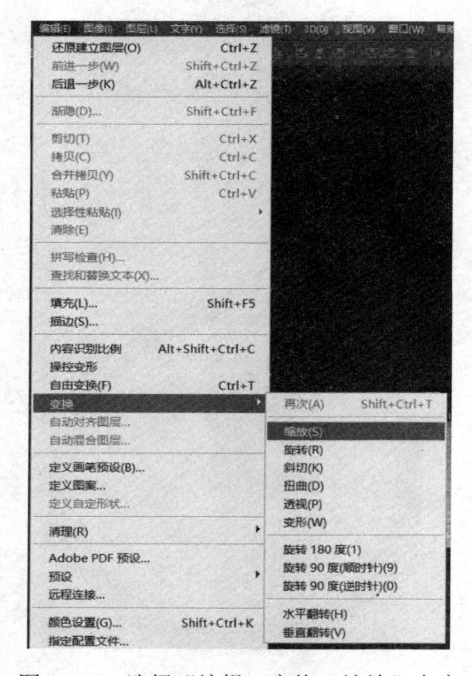

图 5.137　选择“编辑→变换→缩放”命令

在菜单栏下方的工具选项栏中，将 W 的值设为“50%”，将 H 的值设为“50.00%”，如图 5.138 所示。

图 5.138　设置相关参数值

按 Enter 键，对缩放操作进行确认，即可得到一大、一小两个同心的圆环。

（8）在右侧“图层”面板中单击“创建新图层”图标，创建一个新图层，结果如图 5.139 所示。

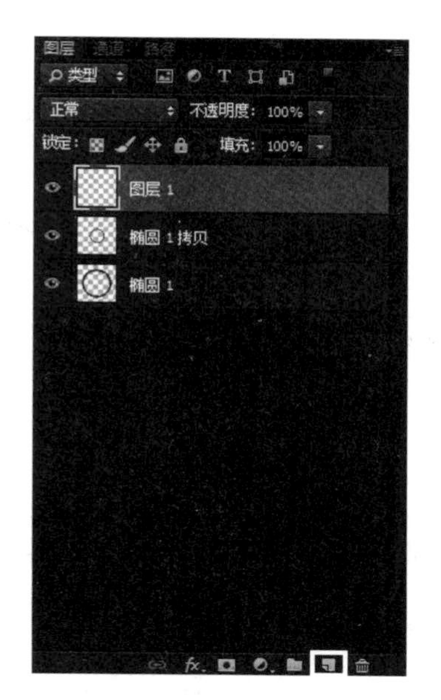

图 5.139 创建一个新图层

使用“矩形工具”，在图层 1 上创建一个矩形，在“属性”面板中，将 W 的值设为“30 像素”，将 H 的值设为“300 像素”，如图 5.140 所示。

图 5.140 设置矩形的参数值

选择“编辑→变换路径→旋转”命令，如图 5.141 所示（由于编辑菜单过长，此处只给出“变换路径→旋转”命令的截图）。

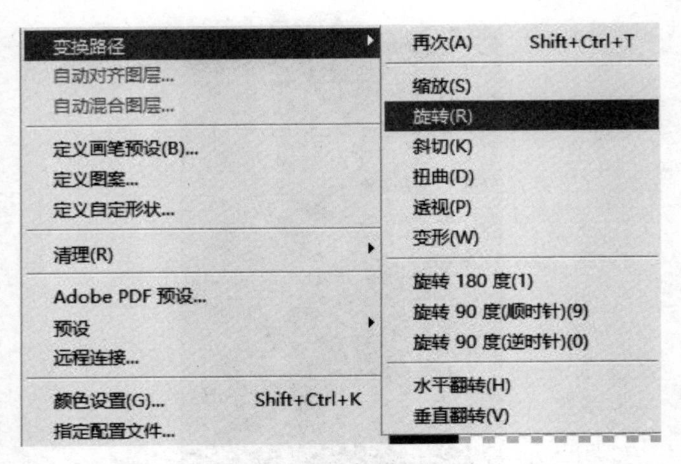

图 5.141　选择“编辑→变换路径→旋转”命令

在菜单栏下方的工具选项栏中，将角度设置为 45 度，如图 5.142 所示。

图 5.142　设置角度参数值

按 Enter 键对旋转操作进行确认，再使用“移动”工具将该矩形移动到如图 5.143 所示的位置。

图 5.143　移动矩形后的效果

（9）按照上述方法，再制作 3 个矩形，分别对其进行“旋转”和“移动”操作，放置到另外三个角上，效果如图 5.144 所示。

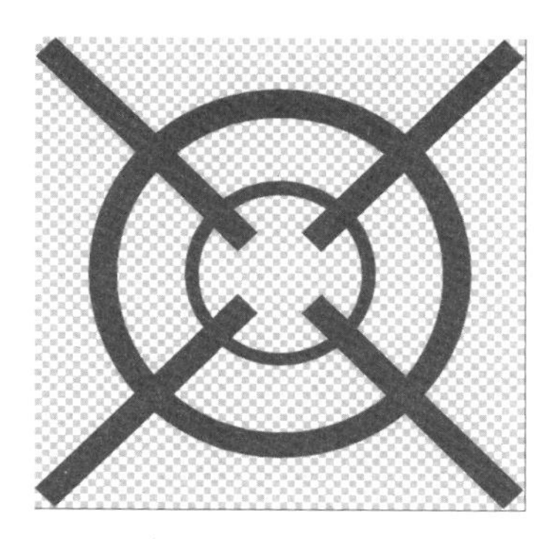

图 5.144　最终图片效果

（10）选择“文件→存储”命令，将制作好的图片保存为“提示图标”。然后选择“文件→另存为”命令，在弹出的界面中，将文件名设为“提示图标”，保存类型选择“PNG（*.PNG;*.PNS）”，如图 5.145 所示①，然后单击“保存”按钮。

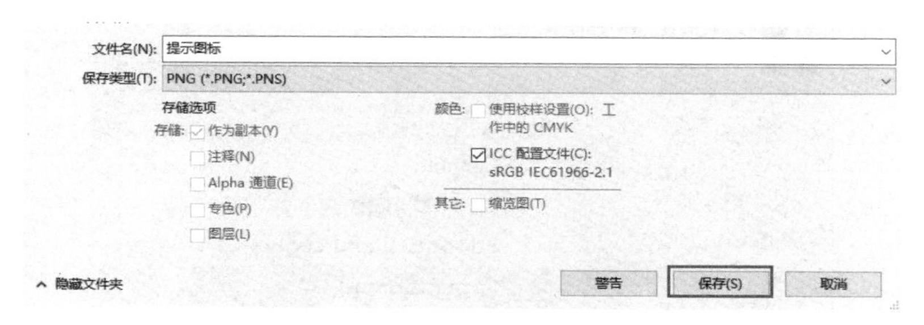

图 5.145　保存图片格式设置

在弹出的“PNG 选项”界面中，单击“确定”按钮，如图 5.146 所示。

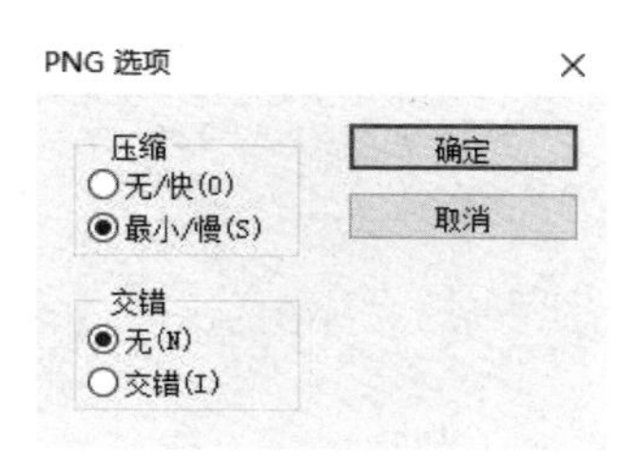

图 5.146　保存参数设置

知识点： PSD 格式的图片通常被称为源文件，里面保存了图层信息，各个图层是独立的。PNG 是 Unity3D 支持的带透明通道的一种图片格式，该格式将所有图层信息压缩到一个层中。所以我们需要保存 PSD 格式的图片，便于以后修改。

① 图 5.145 中“其它”的正确写法应为“其他”。

通过上面的操作，我们完成了提示图标的制作，该文件保存在随书资源/图标/文件夹中，读者可以直接使用。

5.8.2 动画制作

在 VR 场景中，具有动画效果的图片要比静态图片更有吸引力，所以我们将提示图标制作成具有动画效果的资源供以后使用。

（1）在 Unity3D 中打开工程文件，将上一节保存好的“提示图标.png”文件复制到 Assets/Learning/Sprites/文件夹中。

（2）在右侧 Inspector 面板中，将 Texture Type 属性值修改为“Sprite（2D and UI）”，如图 5.147 所示。

图 5.147 修改 Texture Type 属性值

将 Pixels Per Unit 属性值修改为“500”，如图 5.148 所示。

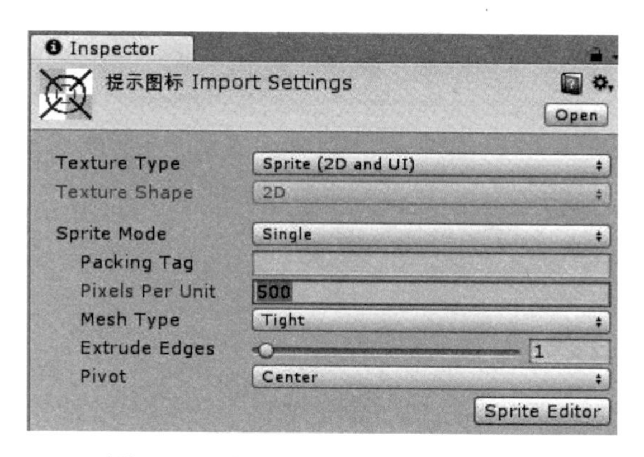

图 5.148　修改 Pixels Per Unit 属性值

单击下面的 Apply 按钮进行确认，如图 5.149 所示。

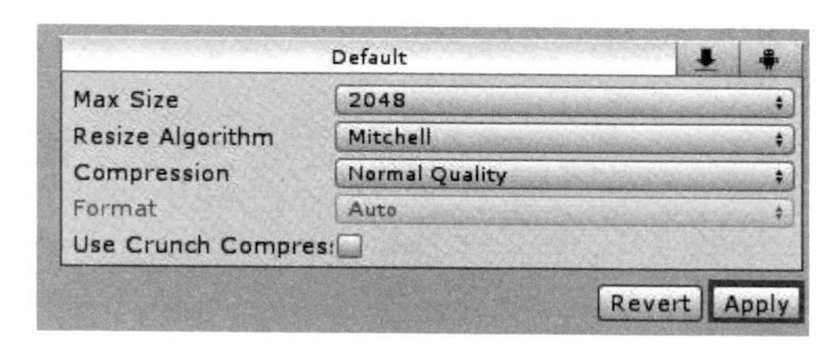

图 5.149　单击 Apply 按钮

（3）选择 File→New Scene 命令，新建一个场景，将提示图标对象拖动到 Hierarchy 面板下。确保 Hierarchy 面板下的提示图标对象处于选中状态，然后选择 Window→Animation 选项，如图 5.150 所示。

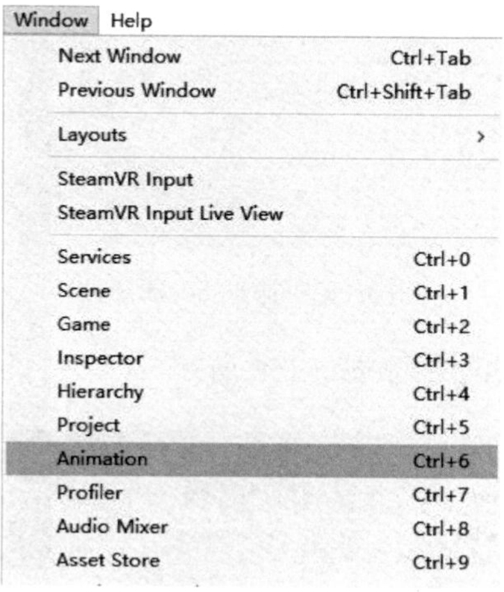

图 5.150　选择 Window→Animation 选项

在弹出的 Animation 面板中，单击 Create 按钮，在弹出的 Create New Animation 界面中，先单击“新建文件夹”按钮，创建一个名为 Animation 的文件夹，然后双击该文件夹，将文件名设为“提示动画”，最后单击“保存”按钮，如图 5.151 所示。

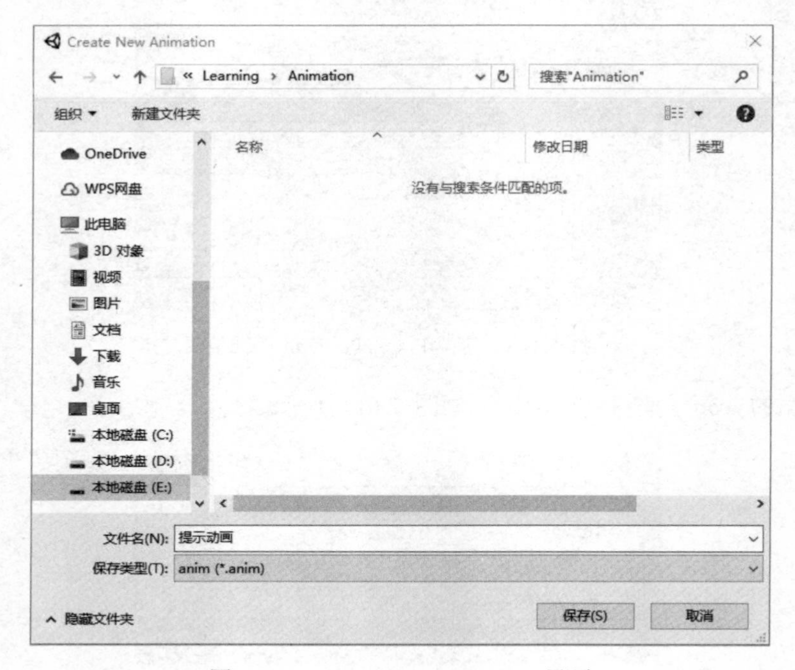

图 5.151　Create New Animation 界面

（4）保存完毕后，将出现 Animation 面板，单击 Add Property 按钮，在弹出的下拉列表中展开 Transform，然后单击 Scale 右边的⊕图标，如图 5.152 所示。

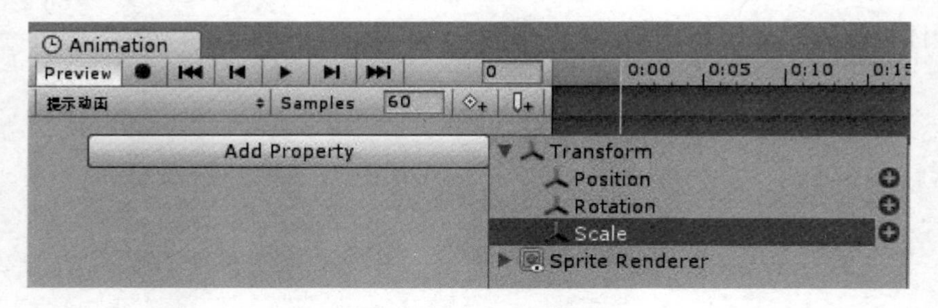

图 5.152　添加 Scale 属性

完成上述操作后，得到的结果如图 5.153 所示。

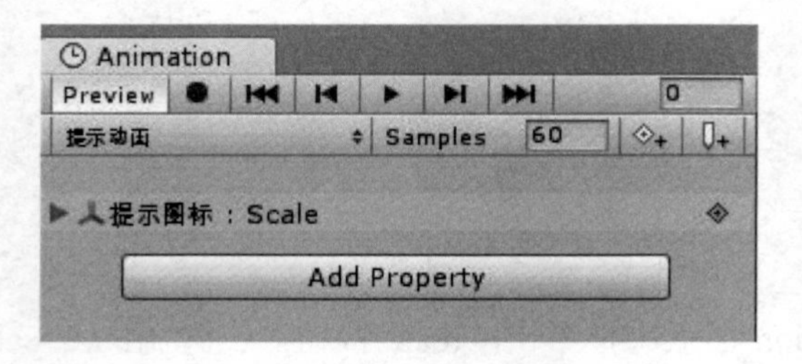

图 5.153　添加 Scale 属性后的 Animation 面板

（5）单击“录制”图标（红色圆圈），这时该图标处于选中状态，右侧“时间”面板上方的时间轴显示为红色。然后我们使用鼠标将时间线拖动到 0:30 处，并将 Scale.x、Scale.y 和 Scale.z 的值都修改为“0.5”，如图 5.154 和图 5.155 所示。

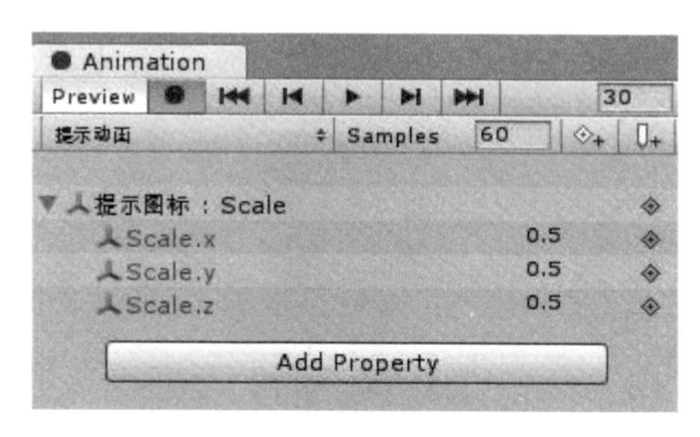

图 5.154　单击“录制”图标

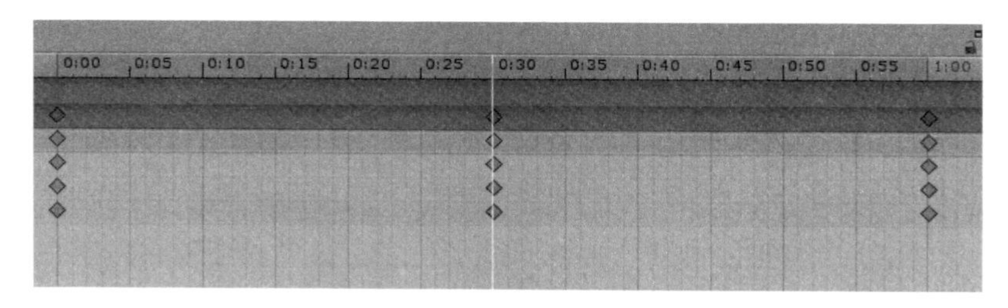

图 5.155　拖动时间线

再次单击“录制”图标，退出“录制”模式。这时，单击“播放”图标，可以在 Scene 窗口中看到提示图标缩小、放大的循环动画，然后关闭 Animation 面板。

技巧点： 在“录制”模式下，通过修改 Inspector 面板下 Transform 属性中 Scale 参数的值，也能实现与上面相同的效果，如图 5.156 所示。

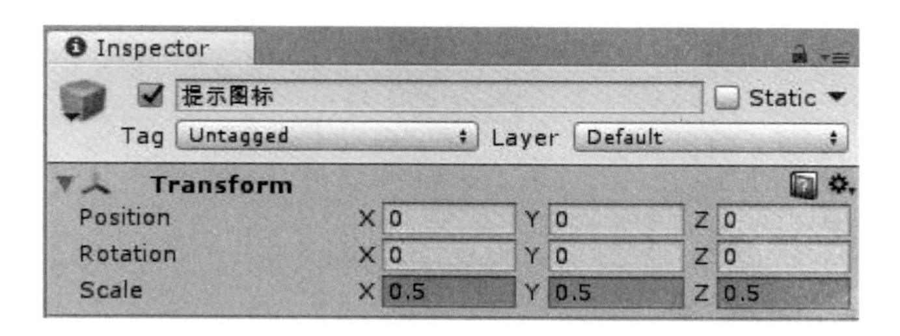

图 5.156　在 Inspector 面板下修改 Transform 属性中 Scale 参数的值

（6）将提示图标对象从 Hierarchy 面板拖动到 Assets/Learning/Prefabs/文件夹下，创建提示图标预制体。

至此我们就在 Unity3D 中完成了提示图标动画的制作工作。

5.9 教程系统实现

整个 VR 轮胎更换指导教程系统包含以下几个功能。

（1）引导语音播放功能。

（2）移动功能。

（3）任务流程指导功能。

5.9.1 放置移动点

（1）将 Assets/SteamVR/InteractionSystem/Core/Prefabs/文件夹中的 Player 预制体拖动到 Hierarchy 面板中，然后将 Hierarchy 面板中的 Main Camera 对象删除。

（2）将 Assets/SteamVR/InteractionSystem/Teleport/Prefabs/文件夹中的 Teleporting 预制体拖动到 Hierarchy 面板中。

（3）选择 GameObject→3D Object→Plane 选项，创建一个平面。在右侧的 Inspector 面板下单击 Add Component 按钮，在弹出的界面中输入 Teleport Area，然后将 Teleport Area 作为组件添加到 Plane 对象上，调整 Plane 对象的位置，最终结果参考图 5.157。

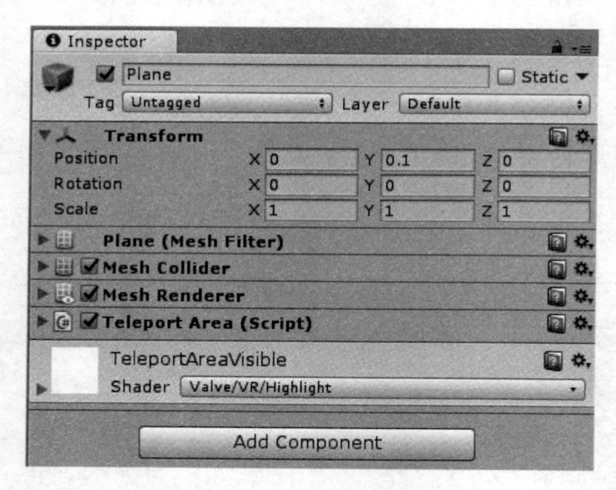

图 5.157 Plane 对象的组件列表

（4）拖动 Assets/SteamVR/InteractionSystem/Teleport/Prefabs/文件夹中的 3 个 TeleportPoint 预制体到 Hierarchy 面板下，将其中一个预制体放置到汽车的左前轮外侧，并将该预制体重命名为“换轮胎处”；将第二个预制体放置到第一个预制体的旁边，重命名为“千斤顶位置”；将最后一个预制体放置到汽车后备厢后面，重命名为“后备厢位置”，最终效果如图 5.158 所示。

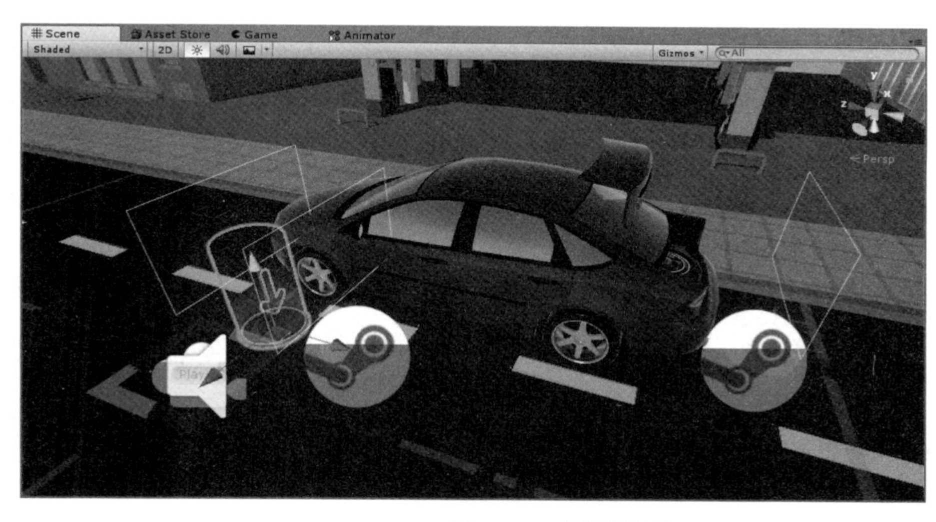

图 5.158　放置预制体

完成上述操作后，保存当前场景文件。

5.9.2　教程步骤控制

教程步骤控制是整个教程的核心功能，包含语音提示的播放、用户的操作、任务目标的达成、下一个任务开始等内容。直接编写代码，容易出现问题，所以，我们先对流程进行功能描述。

- 开始；
- 开始第 0 个任务；
- 播放语音提示 0；
- 用户操作；
- 第 0 个任务完成；
- 开始第 1 个任务；

……

- 第 1 个任务完成；

……

- 开始最后一个任务；

……

- 最后一个任务完成；
- 教程结束。

通过上面的功能描述，我们对所要做的任务有了比较清晰的了解，但如果直接编写一大段代码来实现上述功能，则可能会因为考虑不周全而出现一些 Bug。代码越多，修改 Bug 越困难，所以，我们先编写一个程序框架，然后将上面的功能分步骤实现，这样即使出现错误也容易查找和修改。

1．程序框架目标

程序框架预期实现的目标如下。

（1）程序运行后，等待 5 秒（读者可根据实际情况自行修改该时间长度），播放第一条语音提示。

（2）用户按空格键，代表当前任务完成，开始播放下一个任务的语音提示，音频播放期间，不可以按空格键进行下一个任务。

（3）循环操作，直到全部任务完成。

2．编写程序框架

（1）在 Unity3D 中打开“轮胎更换教程”场景，选择 GameObject→Create Empty 选项，在 Hierarchy 面板下创建一个空对象，将其默认的名字 GameObject 改为“教程进程控制”。

（2）在 Assets/Learning/Scripts/文件夹中，新建一个 C#文件，重命名为 Manager。然后将 Manager.cs 直接拖动到教程进程控制对象的 Inspector 面板上，使其成为该对象的组件。

（3）使用 Visual Studio 编译器打开 Manager.cs 文件，然后输入以下代码。

```
/****************************************
* 功能：管理教程进程                    *
****************************************/
//--------------------------------------------------------------
//引用命名空间开始
using System.Collections;
using System.Collections.Generic;
using UnityEngine;
//引用命名空间结束
//--------------------------------------------------------------
//--------------------------------------------------------------
//Learning 命名空间开始
namespace Learning                                    //命名空间
{
    public class Manager : MonoBehaviour              //Manager 类
    {
        //-------------------------------------------
        //变量声明开始
        public  AudioClip[] sounds;                   //语音提示片段
        private  AudioSource voice;                   //播放的音频
        private int missionNum;                       //任务总数
```

```
private int curMissionId;          //当前任务 ID
//变量声明结束
//-------------------------------------------------
//-------------------------------------------------
// Start()初始化工作开始
void Start()
{
    missionNum = 14;                 //任务总数初始化
    curMissionId = 0;                //当前任务 ID，初始为 0
    //找到 Player 对象
    var playerVoice = GameObject.FindGameObjectWithTag("Player");
    //保存 Player 对象上的 Audio Source 组件
    voice = playerVoice.GetComponent<Audio Source>();
    //等待 5 秒
   // StartCoroutine(WaitSeconds(second));
}
//Start()初始化工作结束
//-------------------------------------------------
//-------------------------------------------------
//程序主体循环开始
void Update()
{
    if (Input.GetKeyDown(KeyCode.Space)  //按空格键
    {
        if (voice.isPlaying)
        {
            return;
        }
        if(curMissionId < missionNum)
        {
            MissionVoicePlay(curMissionId);
            curMissionId++;
            if(curMissionId > missionNum)
            {
                curMissionId = missionNum;
            }
        }
    }
}
//程序主体循环结束
//-------------------------------------------------

//-------------------------------------------------
//MissionVoicePlay()方法开始
void MissionVoicePlay(int id)          //播放语音提示
{
```

```
            voice.clip = sounds[id];            //语音提示 = sounds[id]
            voice.Play();                       //播放语音提示
    Debug.Log("播放语音提示" + id);
          }
          //MissionVoicePlay()方法结束
          //------------------------------------------
          //------------------------------------------
      }
      //Manager 类结束
      //---------------------------------------------
  }
  //Learning 命名空间结束
  //------------------------------------------------
```

3．音频

（1）在 Hierarchy 面板下，选中教程进程控制对象，在右侧的 Inspector 面板下，找到 Manger 组件，将该组件中的 Sounds 属性展开，在 Size 文本框中输入“10”，然后按 Enter 键，得到如图 5.159 所示的结果。

图 5.159　设置 Sounds 属性的 Size 参数值

（2）单击 Element 0 右侧的⊙图标，在弹出的 Select AudioClip 界面中选择“语音提示 0”音频文件，操作方法如图 5.160 所示。

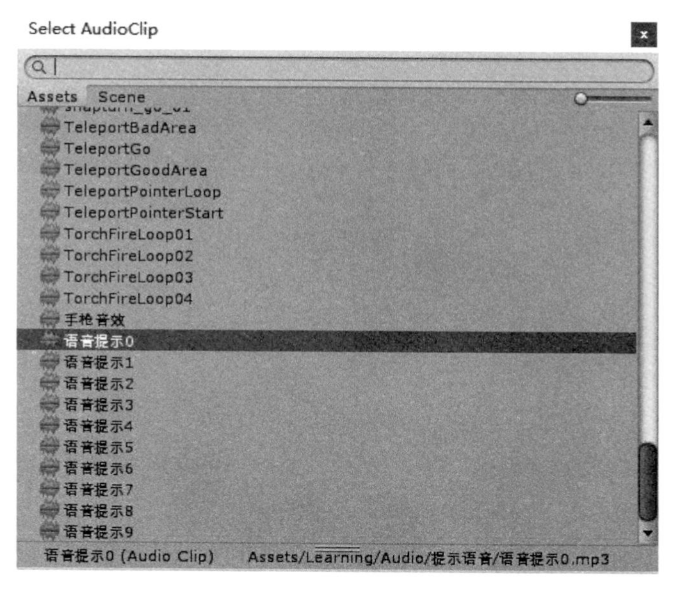

图 5.160　选择“语音提示 0”音频文件

技巧点：我们也可以在 Project 面板下定位到 Assets/Learning/Audio/语音提示/文件夹，然后将音频文件直接拖动到 Inspector 面板下 Sounds 属性的各个参数中，拖动后的结果如图 5.161 所示。

图 5.161　采用拖动方式指定音频文件

（3）将 Element 1～Element 9 依次指定为“语音提示 1”～“语音提示 9”，最终结果如图 5.162 所示。

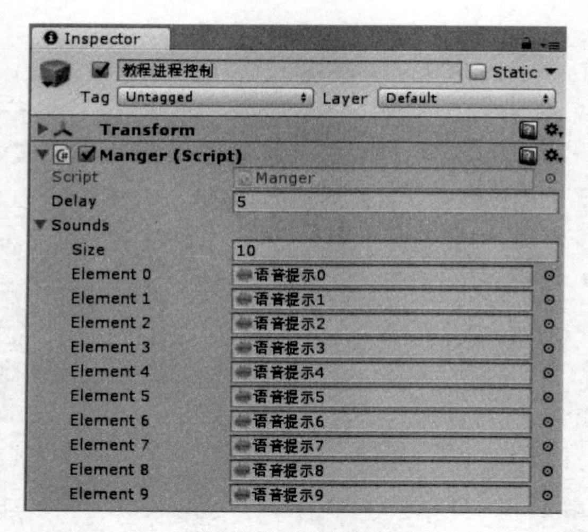

图 5.162　音频文件全部配置完毕

技巧点：在数组中，元素的索引值是从 0 开始的，所以我们之前在保存音频文件时，采用的命名方式也是从 0 开始的，这样在 Unity3D 中进行数组元素指定操作时，可读性更好。

（4）在 Hierarchy 面板下，选中 Player 对象，在右侧的 Inspector 面板下的 Tag 下拉列表中选择 Player 选项，如图 5.163 所示。

图 5.163　将 Player 对象的 Tag 指定为 Player

操作后的结果如图 5.164 所示。

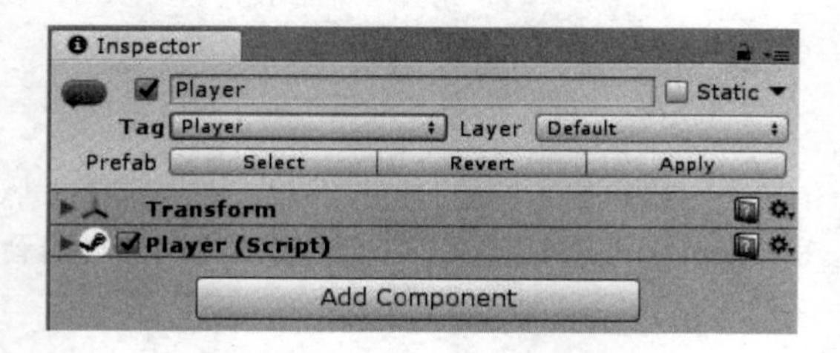

图 5.164　指定 Tag 后的 Player 对象

（5）单击 Add Component 按钮，在弹出的 Search 界面中输入 Audio Source，然后单击 Audio Source 按钮，为 Player 对象添加 Audio Source 组件。最终结果如图 5.165 所示。

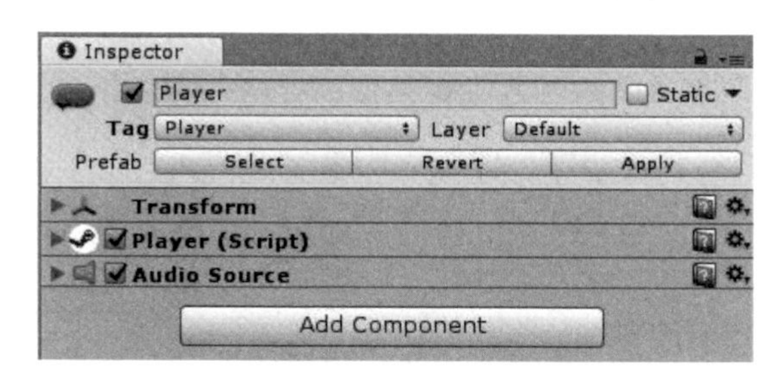

图 5.165　Player 对象添加 Audio Source 组件后的结果

（6）展开 Audio Source 组件，取消勾选 Play On Awake 复选框，结果如图 5.166 所示。

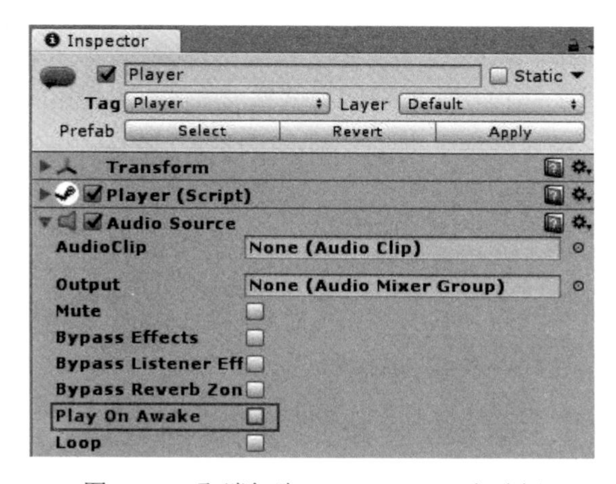

图 5.166　取消勾选 Play On Awake 复选框

知识点 1： 代码中使用了 FindGameObjectWithTag("Player")，该函数用于搜索场景中对象的 Tag 为 Player 的对象，所以我们将 Player 对象的 Tag 指定为 Player。FindGameObjectWithTag()函数的搜索效率要远高于 Find()函数。

知识点 2： 我们将 Audio Source 组件挂在 Player 对象上，而没有挂在教程进程控制对象上，是因为用来听声音的 Audio Listener 组件在 Player 对象的子对象 FollowHead 身上。如果声音是 3D 声音，声音源在 Player 身上可以确保用户听到的声音大小和方向不会随着用户的位置变化而变化。

（7）运行程序进行测试。按手柄上的圆盘键用户可以进行移动。按空格键，将会播放新的语音提示。在当前语音提示未播放完毕前，再次按空格键将不会触发下一条语音提示。

4．任务流程

经过上面的操作，我们搭建好了程序框架，并且暂时通过空格键来触发下一个任务。而实际情况是在前一个任务完成，到下一个任务开始，中间需要的触发条件每个任务各不相同，所以，我们对所有要完成的任务进行整理，任务与任务之间的触发条件总结如下。

语音提示 0：亲爱的驾驶员您好，现在我们来学习如何为汽车更换轮胎。

语音提示 1：请按手柄上的圆盘键，按箭头提示，移动到汽车尾部位置。

语音提示 0～语音提示 1 触发条件：等待 n 秒，n 由设计者指定，如 3 秒。

语音提示 1：请按手柄上的圆盘键，按箭头提示，移动到汽车尾部位置。

语音提示 2：请按照提示，打开汽车后备厢盖。

语音提示 1～语音提示 2 触发条件：用户移动到汽车尾部箭头提示的位置。

语音提示 2：请按照提示，打开汽车后备厢盖。

语音提示 3：请取出千斤顶并放置到指定位置。

语音提示 2～语音提示 3 触发条件：后备厢盖打开动画播放完毕。

语音提示 3：请取出千斤顶并放置到指定位置。

语音提示 4：请取出杠杆并放置到指定位置。

语音提示 3～语音提示 4 触发条件：千斤顶就位。

语音提示 4：请取出杠杆并放置到指定位置。

语音提示 5：请取出扳手并放置到指定位置。

语音提示 4～语音提示 5 触发条件：杠杆就位。

语音提示 5：请取出扳手并放置到指定位置。

语音提示 6：请按住手柄上的 Trigger 键，观看使用千斤顶将汽车顶起的动画。

语音提示 5～语音提示 6 触发条件：扳手就位。

语音提示 6：请按住手柄上的 Trigger 键，观看使用千斤顶将汽车顶起的动画。

语音提示 7：请按一下手柄上的握紧键，观看使用扳手拧松轮胎螺丝的动画。

语音提示 6～语音提示 7 触发条件：使用千斤顶将汽车顶起的动画播放完毕。

语音提示 7：请按一下手柄上的握紧键，观看使用扳手拧松轮胎螺丝的动画。

语音提示 8：请将轮胎从后备厢取出，放置到左前轮位置。

语音提示 7～语音提示 8 触发条件：使用扳手拧松轮胎螺丝的动画播放完毕。

语音提示 8：请将轮胎从后备厢取出，放置到左前轮位置。

语音提示 9：请按住手柄上的 Trigger 键，观看使用扳手拧紧轮胎螺丝的动画。

语音提示 8～语音提示 9 触发条件：轮胎就位。

对上面的语音提示和触发条件进行整理，并设计对应的解决方案，得到如表 5.1 所示的结果。

表 5.1　任务流程分析

任务衔接	触发条件	音频编号	实现方案
开始～语音提示 0	等待 5 秒	0	设置计时器，时间到触发
语音提示 0～语音提示 1	等待 3 秒	1	设置计时器，时间到触发
语音提示 1～语音提示 2	用户移动到汽车尾部箭头提示的位置	2	在指定位置放置碰撞体，用户进入后触发
语音提示 2～语音提示 3	后备厢盖打开动画播放完毕	3	后备厢盖打开动画播放完毕添加动画触发事件
语音提示 3～语音提示 4	千斤顶就位	4	千斤顶中心点距放置位置小于阈值距离后触发
语音提示 4～语音提示 5	杠杆就位	5	杠杆中心点距指定位置小于阈值距离后触发
语音提示 5～语音提示 6	扳手就位	6	扳手中心点距指定位置小于阈值距离后触发
语音提示 6～语音提示 7	使用千斤顶将汽车顶起的动画播放完毕	7	获得 Trigger 键按下事件、动画播放完毕
语音提示 7～语音提示 8	使用扳手拧松轮胎螺丝的动画播放完毕	8	获得 Button 键按下事件、动画播放完毕
语音提示 8～语音提示 9	轮胎就位	9	轮胎模型中心点距指定位置小于阈值距离后触发
语音提示 9	按手柄上的 Button 键	—	获得 Button 键按下事件

通过对不同任务的触发事件的整理和归纳，我们发现，每个新的任务，最核心的内容是触发播放语音提示。要实现这个功能，只需在对应的触发事件中调用 Manager.cs 文件中的 MissionVoicePlay(int id)函数，通过 id 传入对应的音频编号即可，这样程序更加简单，完全不需要使用 Update()方法，对 Manager.cs 文件进行修改，代码如下。

```
public class Manager : MonoBehaviour        //Manager类
    {
        //-----------------------------------------------
        //变量声明开始
        public  AudioClip[] sounds;          //语音提示片段
        private  AudioSource voice;          //播放的音频
        //变量声明结束
        //------------------------------------------------
        //------------------------------------------------
        // Start()初始化工作开始
        void Start()
        {
            //找到Player对象
            var playerVoice = GameObject.FindGameObjectWithTag("Player");
            //保存Player对象上的Audio Source组件
            voice = playerVoice.GetComponent<Audio Source>();
        }
```

```
        //Start()初始化工作结束
        //--------------------------------------------------
        //--------------------------------------------------
        //MissionVoicePlay()方法开始
        public void MissionVoicePlay(int id)     //播放语音提示
        {
            voice.clip = sounds[id];             //语音提示 = sounds[id]
            voice.Play();                        //播放语音提示
            Debug.Log("播放语音提示" + id);
        }
        //MissionVoicePlay()方法结束
        //--------------------------------------------------
    }
    //Manager类结束
    //--------------------------------------------------
}
//Learning命名空间结束
//--------------------------------------------------
```

对 Manager.cs 文件的代码进行修改后，我们只需对应任务的触发条件，在任务触发时，用任务的 id 作为参数，调用 MissionVoicePlay()方法即可。

5.9.3 整体任务实现

1. 任务 1：引导语音播放

任务目标

根据教程内容，程序运行后，等待 5 秒，自动开始播放语音提示 0。然后等待 3 秒，自动开始播放语音提示 1。

解决思路

（1）实现等时功能的方法有很多种：可以使用 StartCorountine()启用协程方法来实现；用户可以自己编写一个计时器方法来实现；可以使用 Invoke()方法实现，该方法只需要编写一行代码，简单直观。

（2）Invoke()方法包括两个参数：第一个参数是 String 类型的，传入的是要调用的方法名字，这里是 MissionVoicePlay；第二个参数是 float 类型的，传入的是等待的时间，单位是秒。这里面存在一个问题，就是 MissionVoicePlay()方法本身带有参数，这个参数无法传递给 Invoke()方法，即 Invoke()方法本身不支持带参数的方法，这该如何解决呢？

（3）一个很灵活的解决方案是，我们另外编写一个不带参数的方法 MissionVoice0Play()，这个方法只用来播放语音提示 0。这样就可以用 Invoke()方法来调用它了。

（4）因为语音提示 0 和语音提示 1 之间的触发条件也是等待一段时间，所以我们可以再编写一个不带参数的方法 MissionVoice1Play()，这个方法只用来播放语音提示 1，同样可以用 Invoke()方法来调用它。

程序实现

（1）使用 Visual Studio 编译器打开 Manager.cs 文件。

（2）对 Manager.cs 文件的代码进行修改，最终结果如下。

```
//---------------------------------------------------------------
//引用命名空间开始
using System.Collections;
using System.Collections.Generic;
using UnityEngine;
//引用命名空间结束
//---------------------------------------------------------------
//---------------------------------------------------------------
//Learning 命名空间开始
namespace Learning                                  //命名空间
{
    //----------------------------------------------------
    //Manager 类开始
    public class Manager : MonoBehaviour       //Manager 类
    {
        //----------------------------------------------
        //变量声明开始
        public float delay = 5.0f;                  //延迟时间
        public  AudioClip[] sounds;               //语音提示片段
        private  AudioSource voice;              //播放的音频
        //变量声明结束
        //-----------------------------------------------
        //-----------------------------------------------
        // Start()初始化工作开始
        void Start()
        {
            //找到 Player 对象
            var playerVoice = GameObject.FindGameObjectWithTag("Player");
            //保存 Player 对象上的 Audio Source 组件
            voice = playerVoice.GetComponent<Audio Source>();
            //等待 delay 秒，播放语音提示 0
            Invoke("MissionVoice0Play", delay);
            //等待 delay+7+3 秒，播放语音提示 1
            Invoke("MissionVoice1Play", delay + 7 +3);
        }
        //Start()初始化工作结束
```

```
        //----------------------------------------------------
        //----------------------------------------------------
        //MissionVoicePlay()方法开始
        public void MissionVoicePlay(int id)     //播放语音提示
        {
            voice.clip = sounds[id];             //语音提示 = sounds[id]
            voice.Play();                        //播放语音提示
            Debug.Log("播放语音提示" + id);
        }
        //MissionVoicePlay()方法结束
        //----------------------------------------------------

        //----------------------------------------------------------
        //MissionVoice0Play()方法开始
        public void MissionVoice0Play()      //播放语音提示 0
        {
            var id = 0;                      //临时变量 id = 0
            voice.clip = sounds[id];         //载入语音提示 0
            voice.Play();                    //播放语音提示 0
            Debug.Log("播放语音提示" + id);
        }
        //MissionVoice0Play()方法结束
        //----------------------------------------------------------

        //----------------------------------------------------------
        //MissionVoice1Play()方法开始
        public void MissionVoice1Play()      //播放语音提示 1
        {
            var id = 1;                      //临时变量 id = 1
            voice.clip = sounds[id];         //载入语音提示 1
            voice.Play();                    //播放语音提示 1
            Debug.Log("播放语音提示" + id);
        }
        //MissionVoice1Play()方法结束
        //----------------------------------------------------------
    }
    //Manager 类结束
    //----------------------------------------------------
}
//Learning 命名空间结束
//----------------------------------------------------
```

（3）运行程序进行测试。如果因设备故障而无法听到语音提示，则可以通过 Console 面板下的日志辅助判断，如图 5.167 所示。

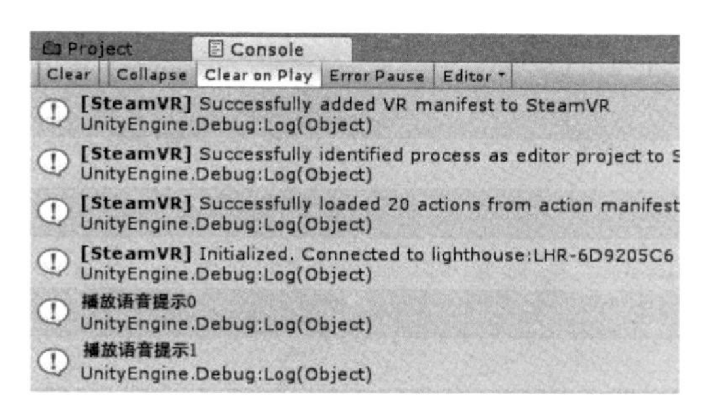

图 5.167　在 Console 面板下查看日志

代码说明

（1）delay 是从程序运行到播放语音提示 0 之间等待的时间，用户自己可以根据实际情况进行调整。

（2）delay+7+3 中的 7 是语音提示 0 大约播放的时间长度，该音频播放的时间长度可以从 Inspector 面板的“语音提示 0”界面下看到，如图 5.168 所示。后面的 3 表示语音提示 0 和语音提示 1 之间的时间间隔为 3 秒，这个值用户也可以根据实际情况进行调整。

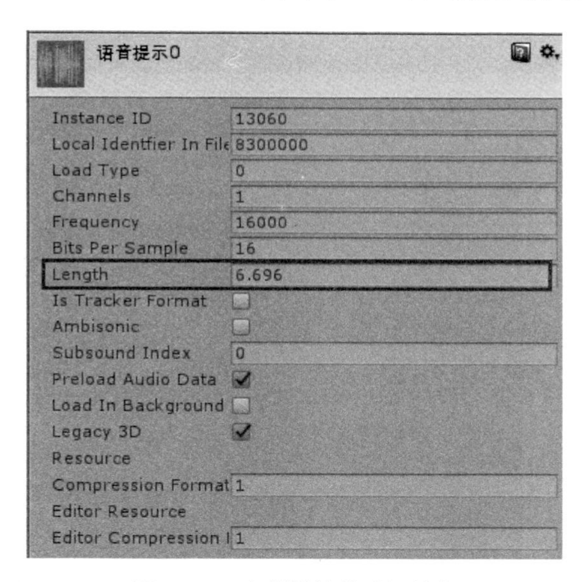

图 5.168　音频播放的时间长度

（3）删除了 Update()方法。

（4）新增加两个方法，分别是 MissionVoice0Play()和 MissionVoice1Play()。

2．任务 2：移动到车尾

任务目标

用户移动到汽车尾部箭头提示的位置，触发语音提示 2 播放。

解决思路

（1）在后备厢处对象上放置一个 Cylinder 子对象，使用碰撞检测功能来判断用户是否进入该位置。

（2）取消勾选 Cylinder 对象的 Mesh Renderer 组件，使其在场景中不进行渲染（不显示）。

（3）编写 OnTriggerEnter()方法，用于控制语音提示 2 的播放。

实现过程

（1）在 Hierarchy 面板下选中后备厢处对象，单击鼠标右键，在弹出的快捷菜单中选择“3D Object→Cylinder”命令，为该对象创建一个 Cylinder 子对象，并重命名为“碰撞监测点（后备厢）”，在 Hierarchy 面板下后备厢处对象的结构如图 5.169 所示。

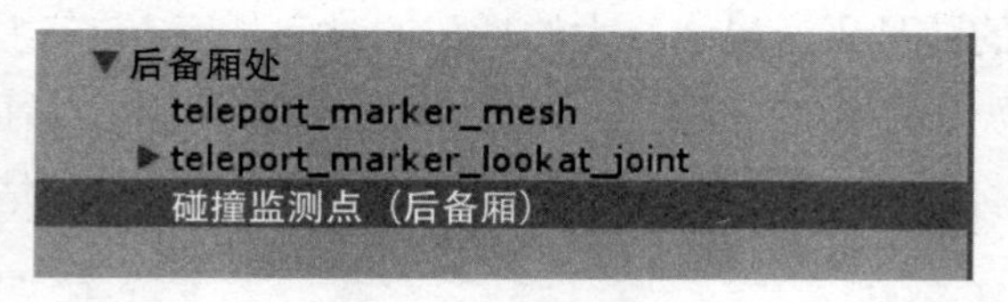

图 5.169　在 Hierarchy 面板下后备厢处对象的结构

（2）在 Inspector 面板下，取消勾选 Mesh Renderer 组件，再修改碰撞监测点（后备厢）对象的 Transform 属性的参数值，最终结果如图 5.170 所示。

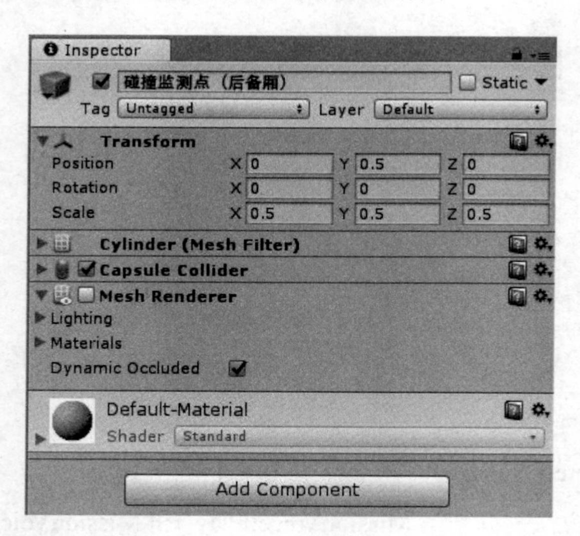

图 5.170　取消勾选 Mesh Renderer 组件并修改 Transform 属性的参数值

（3）在 Hierarchy 面板下，将碰撞监测点（后备厢）对象从后备厢处对象下拖动出来，使其与后备厢处对象平级，在 Inspector 面板下的结构关系如图 5.171 所示。

▶ 后备厢处
碰撞监测点（后备厢）

图 5.171　改变对象之间关系

技巧点： 将一个物体在场景中与另一个物体位置对齐，一个快速、有效的方法就是将这个物体作为要对齐物体的子对象，将其 Transform 属性中 Position 的参数值都设置为 0。然后将该物体从子对象中移出来，与要对齐的对象平级。

（4）在 Assets/Learning/Scripts/文件夹中，新建一个名为“Trigger”的 C#文件，编写如下代码。

```
/****************************************
* 功能：处理碰撞事件                    *
****************************************/

//-------------------------------------------------------------------
//引用命名空间开始
using System.Collections;
using System.Collections.Generic;
using UnityEngine;
//引用命名空间结束
//-------------------------------------------------------------------
//-------------------------------------------------------------------
//Learning 命名空间开始
namespace Learning
{
    //--------------------------------------------------------------
    //Trigger 类开始

    public class Trigger : MonoBehaviour
    {
        public Manager manager;                  //教程进程控制对象
        private bool hasEntered = false;         //是否进入过该位置

        //----------------------------------------------------------
        //OnTriggerEnter()方法开始
        void OnTriggerEnter(Collider col)
        {
            if (hasEntered)                      //如果进入过
            {
                return;
            }
            else
```

```
                {
                    manager.MissionVoicePlay(2);  //则播放语音提示 2
                    hasEntered = true;            //进入标识为 true
                }
            }
            //OnTriggerEnter()方法结束
            //------------------------------------------------------------
        }
        //Trigger 类结束
        //------------------------------------------------------------
    }
    //Learning 命名空间结束
    //------------------------------------------------------------
```

（5）在 Hierarchy 面板下选中碰撞监测点（后备厢）对象，将 Trigger.cs 作为组件添加到该对象中。然后在 Inspector 面板下展开 Trigger 组件，将 Manager 的值指定为 Hierarchy 面板中的教程进程控制对象，如图 5.172 所示。

图 5.172　将 Manager 指定为“教程进程控制”对象

（6）在 Inspector 面板下，展开 Capsule Collider 组件，勾选 Is Trigger 复选框，结果如图 5.173 所示。

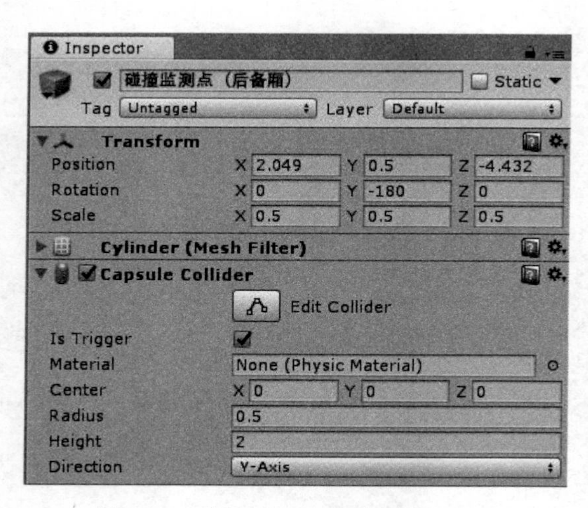

图 5.173　勾选 Is Trigger 复选框（1）

（7）在 Hierarchy 面板下，找到 Player 对象的子对象 BodyCollider（在 SteamVRObjects 对象下）。在 Inspector 面板下，勾选 Capsule Collider 组件，然后展开 Capsule Collider 组件，勾选 Is Trigger 复选框，结果如图 5.174 所示。

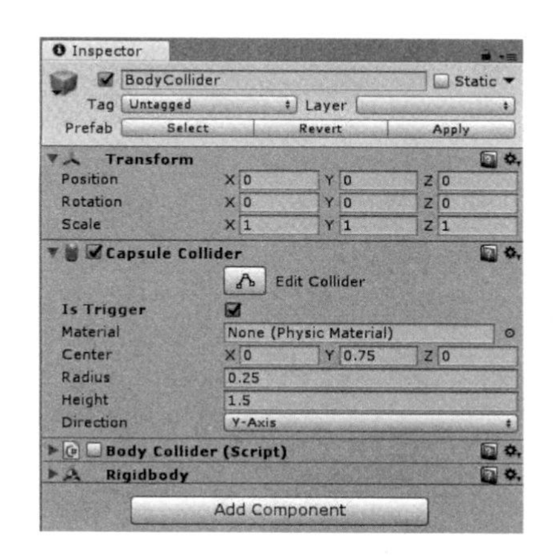

图 5.174　勾选 Is Trigger 复选框（2）

知识点： 两个物体想要产生碰撞，一个物体身上需要有 Collider 组件和 Rigidbody 组件，另一个物体身上需要有 Collider 组件。当 Collider 组件的 Is Trigger 属性被激活后，两个物体发生碰撞时不会产生位置变化，系统会自动调用 OnTriggerEnter()方法，而该方法的具体内容由用户自己编写。

代码说明

（1）该代码中没有 Start()和 Update()方法，所以直接删除系统自动生成的这两个方法。

（2）OnTriggerEnter()方法传入的参数是场景中对象的碰撞体，在碰撞发生时，与挂载了该组件的对象发生碰撞的对象（的碰撞体）会自动保存到 col 中，这个工作是由 Unity 自动完成的。

3．任务 3：打开后备厢盖

任务目标

用户使用手柄触碰汽车后备厢处的提示点，播放后备厢盖打开动画，动画播放完毕后，触发语音提示 3 播放。

解决思路

（1）在后备厢处放置一个不渲染的 Cube 对象，用以进行碰撞检测，触发后备厢盖打开动画。

（2）在 Unity3D 中，制作后备厢盖打开动画。

（3）制作后备厢盖打开动画的动画状态机。

（4）编写代码并完成相关工作。

实现过程

（1）在 Hierarchy 面板下，展开 Tocus 对象，选中 Tocus_Hood_Back（后备厢盖）对象。由于之前我们将后备厢盖打开，还没有复位，因此这里先将后备厢盖复位。在菜单栏下方的图标栏中，单击 Center 图标，如图 5.175 所示。

图 5.175　单击 Center 图标

注意：单击 Center 图标后，当前处于 Center 状态，但是图标栏上会显示 Pivot，如图 5.176 所示。

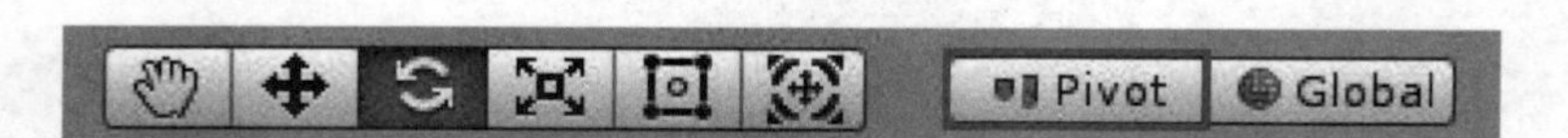

图 5.176　图标栏上显示的 Pivot

在 Inspector 面板下，Tocus_Hood_Back 对象的 Transform 属性参数设置如图 5.177 所示。

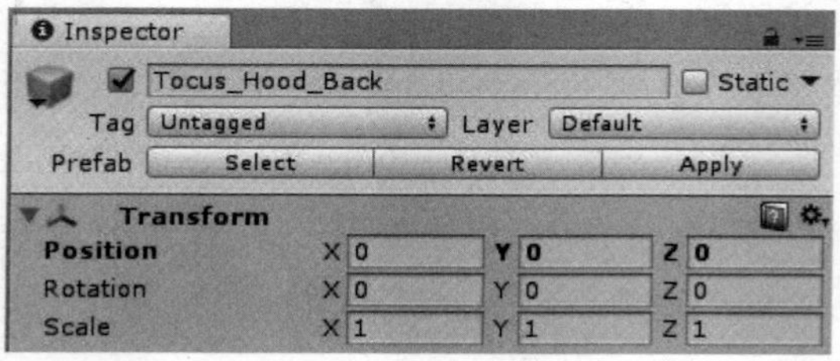

图 5.177　Tocus_Hood_Back 对象的 Transform 属性参数设置

最终，后备厢盖处于盖好状态，如图 5.178 所示。

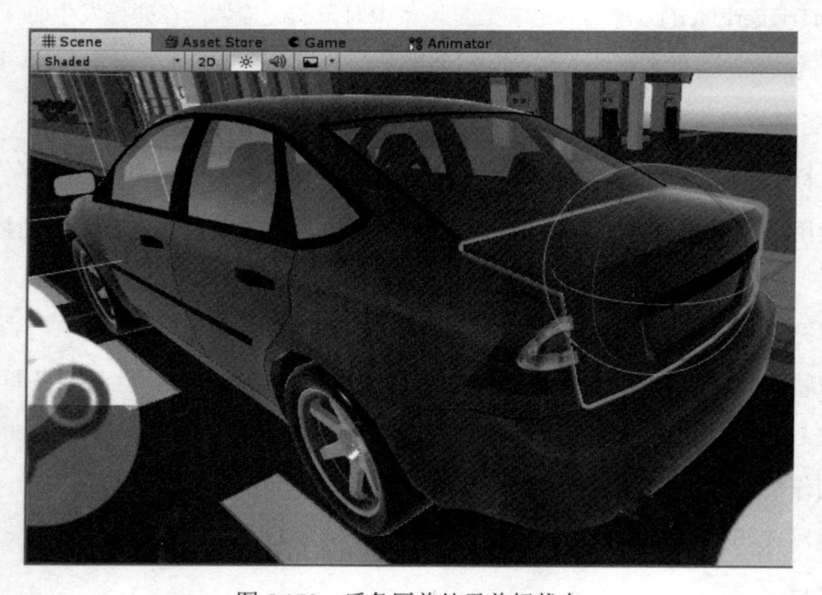

图 5.178　后备厢盖处于盖好状态

（2）在 Hierarchy 面板下，为 Tocus 对象创建一个 Cube 子对象，重命名为“后备厢盖转轴”，将其移动到后备厢附近，使它的中心点处于汽车后备厢盖翻起的轴线上，在 Scene 窗口中的效果如图 5.179 所示。

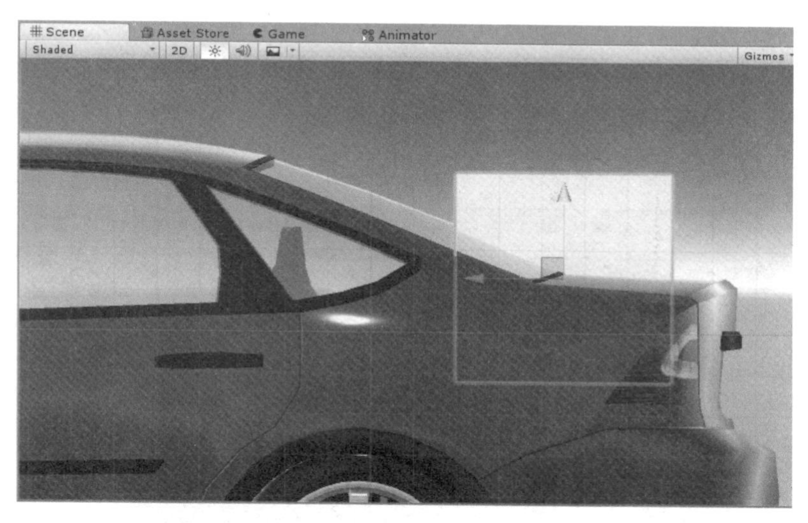

图 5.179　放置后备厢盖转轴对象

在 Inspector 面板下，后备厢盖转轴对象的 Transform 属性的参数值可参考如图 5.180 所示的结果。

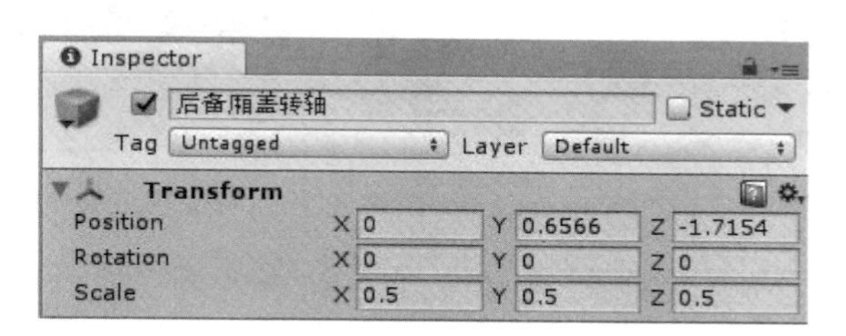

图 5.180　后备厢盖转轴对象的 Transform 属性的参数值

将 Tocus_Hood_Back 对象拖动到后备厢盖转轴对象下，使其成为该对象的子对象，在弹出的界面中单击 Continue 按钮，结果如图 5.181 所示。

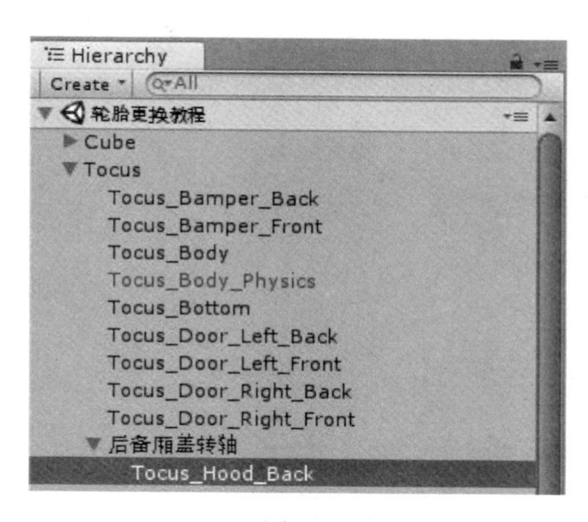

图 5.181　Tocus_Hood_Back 对象和后备厢盖转轴对象的层级关系

技巧点 1： 之所以进行上述操作，是因为 Tocus_Hood_Back 对象的中心轴位置在其几何中心，如果进行旋转操作，将得到如图 5.182 所示的结果，这并不是我们想要的结果。

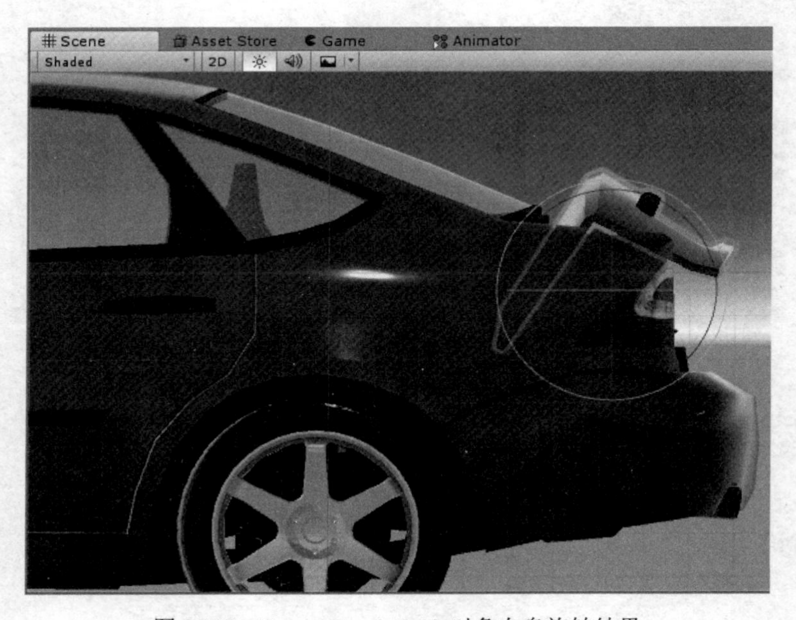

图 5.182　Tocus_Hood_Back 对象自身旋转结果

所以，我们为其创建一个父对象，转动父对象后，就得到了我们想要的结果，如图 5.183 所示，图中的结果已取消勾选 Cube 对象的 Mesh Renderer 组件。

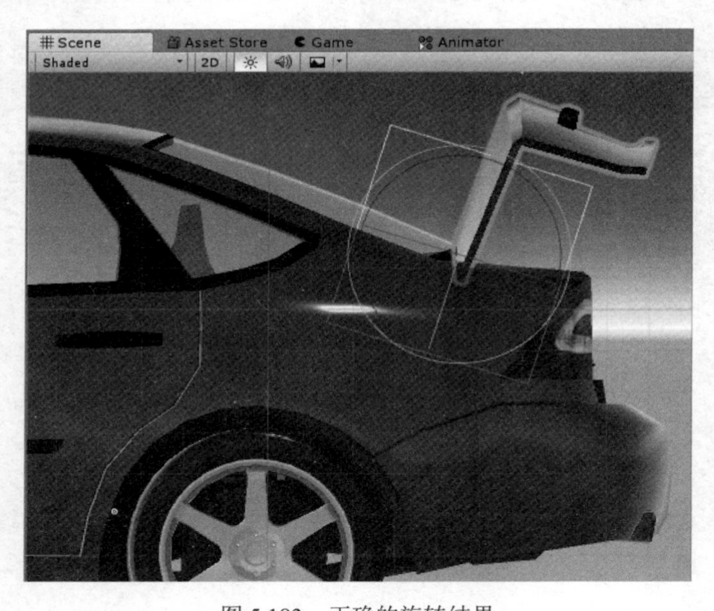

图 5.183　正确的旋转结果

技巧点 2： 用户可以创建 Empty GameObject（空对象）来替代 Cube 对象。这样做的优点是空对象本身不显示出来，缺点是在移动位置时不如 Cube 对象看得清晰。

技巧点 3： 如果不进行上述操作，那么还可以将该汽车模型在 3ds Max 中打开，然后将后备厢盖的轴的位置进行修改，并导出为.fbx 格式的文件放到工程文件夹中进行使用，不过这样的操作要花费更多的时间。

（3）选择 Window→Animation 选项，在弹出的 Animation 面板中，单击 Create 按钮，在新弹出的界面中，选择 Learning/Animation/文件夹作为保存位置，文件名设为“后备厢盖”，然后单击“确定”按钮。

（4）在弹出的 Animation 面板中，单击 Add Property 按钮，在弹出的下拉列表中，将“后备厢盖转轴”展开，如图 5.184 所示。

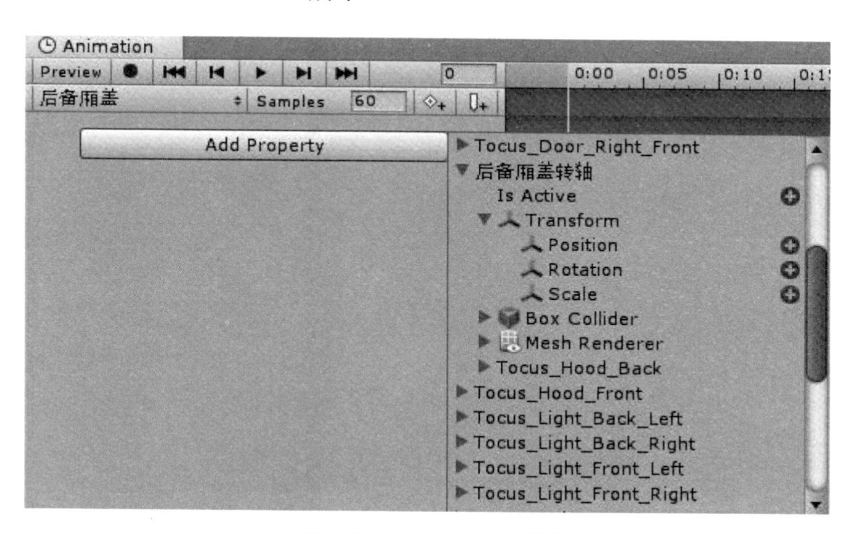

图 5.184　Animation 面板

单击 Transform 属性下 Rotation 右侧的“+”图标，将 Rotation 属性添加到左侧对象栏目中，结果如图 5.185 所示。

图 5.185　添加 Rotation 属性

（5）单击“录制”图标，将时间线拖动到时间轴的 1:00 处，展开“后备厢盖转轴：Rotation”栏目，将 Rotation.x 的值设置为“70”，或者直接在 Inspector 面板下的 Transform 属性中，将 Rotation 参数的 X 值设置为“70”，如图 5.186 所示。

图 5.186　动画参数设置

再次单击“录制”图标，退出“录制”模式。单击“播放”图标，可以看到后备厢盖向上翻开的动画。

在 Hierarchy 面板下选中后备厢盖转轴对象，在 Inspector 面板下，取消勾选 Mesh Renderer 组件，结果如图 5.187 所示。

图 5.187　取消勾选 Mesh Renderer 组件

（6）在 Hierarchy 面板下选中后备厢盖转轴对象，选择 GameObject→Cube 选项，为其创建一个名为“开盖监测点”的子对象。该对象用来与手柄进行碰撞交互，通过它来打开汽车后备厢盖。在 Inspector 面板下，取消勾选 Mesh Renderer 组件，修改 Transform 属性的参数值，最终的结果如图 5.188 所示。

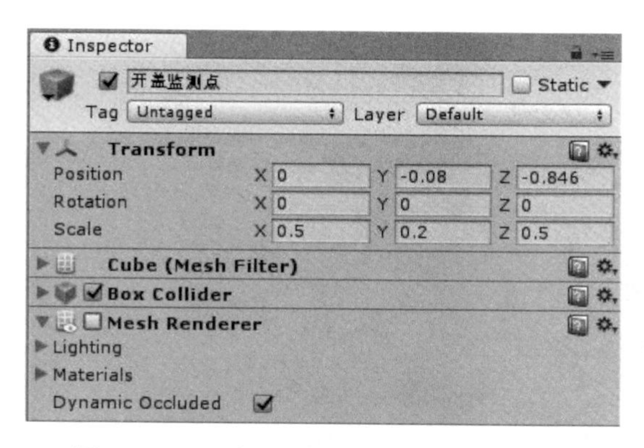

图 5.188　开盖监测点对象的组件参数设置

单击 Add Component 按钮，为开盖监测点对象添加 Interactable 组件，内容设置如图 5.189 所示。

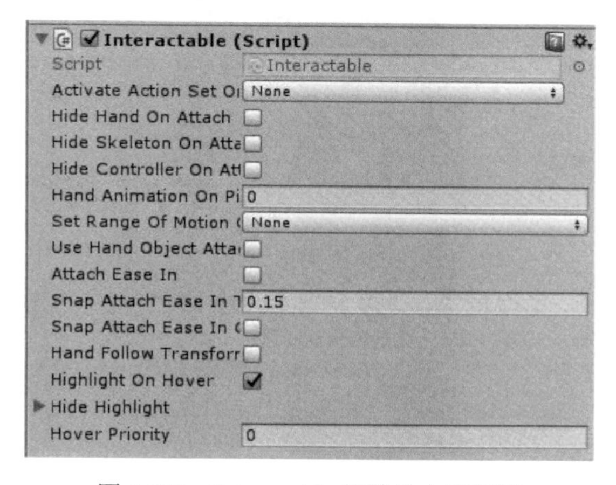

图 5.189　Interactable 组件的内容设置

（7）将 Assets/Learning/Sprites/文件夹中的提示图标对象，拖动到 Hierarchy 面板下的后备厢盖转轴对象上，使其成为该对象的子对象。在 Inspector 面板下修改提示图标对象的 Transform 属性的参数值，结果如图 5.190 所示。

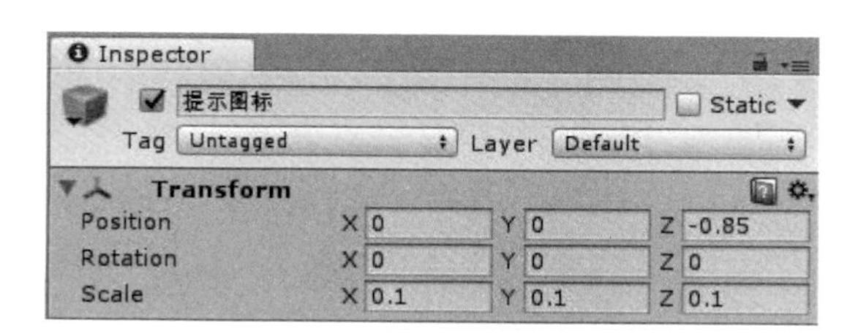

图 5.190　修改提示图标对象的 Transform 属性的参数值

在 Scene 窗口中提示图标对象的效果如图 5.191 所示。

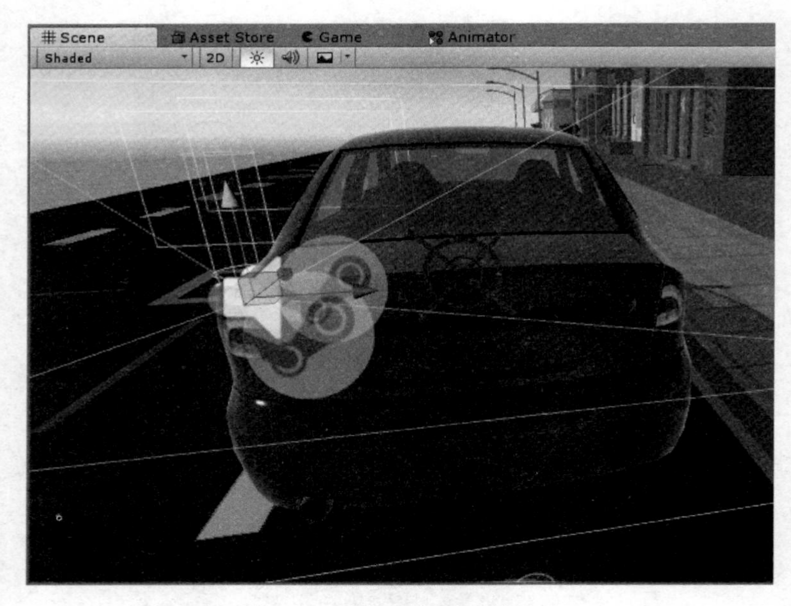

图 5.191　提示图标对象的效果

注意：提示图标对象的作用是提示用户使用手柄触碰该位置，按 Trigger 键后打开后备厢盖。

（8）选中提示图标对象，按照上面学习过的方法为其添加一个 Animator 组件，然后将 Assets/Learning/Animation/文件夹中的“提示图标”文件指定给 Controller，如图 5.192 所示。

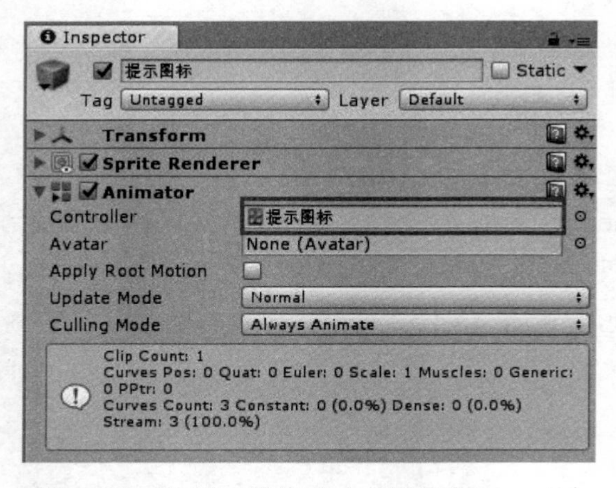

图 5.192　将“提示图标”文件指定给 Controller

程序实现

（1）在 Assets/Learning/Scripts/文件夹中，新建一个名为“Trigger_Hood_Back”的 C#文件。

（2）编写如下代码。

```
/****************************************
* 功能：处理碰撞事件                    *
```

```
*************************************/
//--------------------------------------------------------------
//引用命名空间开始
using System.Collections;
using System.Collections.Generic;
using UnityEngine;
//引用命名空间结束
//--------------------------------------------------------------
//--------------------------------------------------------------
//Learning 命名空间开始
namespace Learning
{
    //----------------------------------------------------------
    //Trigger_Hood_Back 类开始
    public class Trigger_Hood_Back : MonoBehaviour
    {
        public Manager manager;      //教程进程控制对象
        public GameObject torque;    //后备厢盖转轴对象
        public GameObject sprite;    //提示图标对象
        private Animator torqueAnim; //后备厢盖抬起动画
        private bool hasOpened;      //后备厢盖已经打开

        //------------------------------------------------------
        //Start()方法开始
        void Start()
        {
            //保存 Animator 组件
            torqueAnim = torque.GetComponent<Animator>();
            torqueAnim.speed = 0;     //动画播放速度为 0
        }
        //Start()方法结束
        //-----------------------------------------------------
        //------------------------------------------------------
        //Update()方法开始
        void Update()
        {
            if (!hasOpened)            //如果后备厢盖是关着的
            {
                AnimatorStateInfo info =
torqueAnim.GetCurrentAnimatorStateInfo(0);        //获取 torqueAnim 动画信息
                //如果动画播放完毕（动画播放的长度为 0.9）
                if (info.normalizedTime >= 0.9f)
                {
                    torqueAnim.speed = 0;           //动画停止播放
                    manager.MissionVoicePlay(3);   //播放语音提示 3
                    sprite.SetActive(false);       //隐藏提示图标
```

```
                    hasOpened = true;              //后备厢盖打开标识为 true
                }
            }
        }
        //Update()方法结束
        //--------------------------------------------------------
}
//----------------------------------------------------------
        //OnHandHoverBegin()方法开始
        private void OnHandHoverBegin(Hand hand)
        {
            torqueAnim.speed = 0.5f;               //动画播放速度为 0.5 帧每秒
        }
        //OnHandHoverBegin()方法结束
    //---------------------------------------------------------

    //Trigger_Hood_Back 类结束
    //---------------------------------------------------------
}

//Learning 命名空间结束
//-------------------------------------------------------------
```

在 Hierarchy 面板下，选中开盖监测点对象，在 Inspector 面板下找到 Mesh Renderer 组件，并取消勾选该组件。然后展开 Trigger_Hood_Back 组件，将 Manager、Torque 和 Sprite 三个属性值分别指定为如图 5.193 所示的内容。

图 5.193　关联相关对象

完成上述操作后，运行程序进行测试，结果和我们设计的一致。

代码说明

（1）torqueAnim.speed = 0，可以让动画停止播放。这样做可以少设置一个静止状态的动画状态机，同时不用处理静止状态到开门状态的过渡条件。

（2）info.normalizedTime 返回的值在[0,1]之间，表示将动画总长度标准化映射为 1.0，标准化映射后，代码中判断动画播放的长度大于或等于 0.9 时，触发事件；如果大于或等于 1.0，后备厢盖会被关上。

4．任务 4：取出/放置千斤顶

任务目标

将千斤顶从汽车后备厢中取出，并放置到指定位置。

解决思路

（1）为千斤顶添加 Rigidbody、Box Collider、Interactable 和 Throwable 组件。

（2）为千斤顶添加 Steam VR_Skeleton_Poser 组件，然后修改手的位置和姿势。

（3）在汽车左前轮后方放置一个半透明的千斤顶。

（4）在半透明的千斤顶附近松开手柄按键，将手中的千斤顶放置到半透明的千斤顶位置。

（5）放好后，播放语音提示 5。

技巧点： 在该教程中，后续还有很多任务需要进行阈值判断，如扳手、杠杆等，因此我们编写一个专门的 C#文件供以后重复使用，提高效率。

实现过程

（1）在 Hierarchy 面板下，选中后备厢盖转轴对象，然后在 Inspector 面板下取消勾选该对象，如图 5.194 所示。

图 5.194　取消勾选后备厢盖转轴对象

这样，在 Scene 窗口中将不显示后备厢盖，如图 5.195 所示，从而方便我们进行后续的操作。

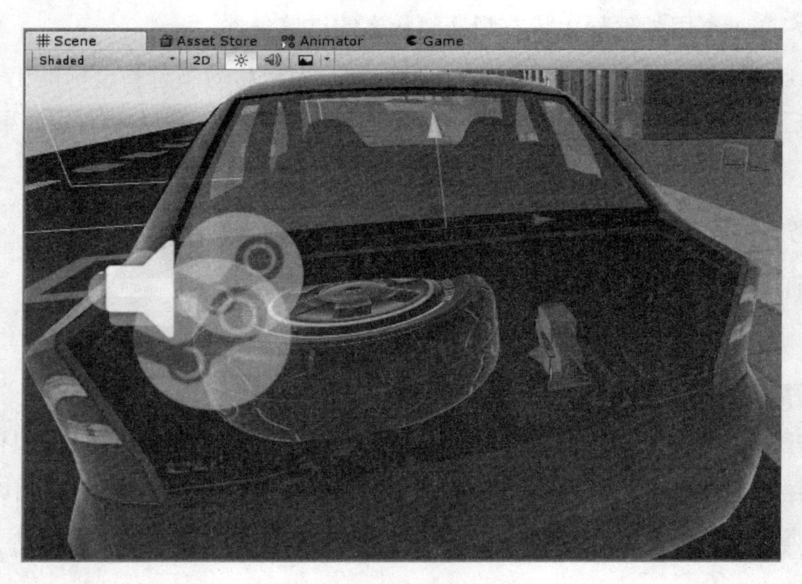

图 5.195　不显示后备厢盖

知识点： Scene 窗口中的对象处于“未激活状态”和“不渲染状态”时都表现为不显示，即在场景中看不到该对象，但这两种方式是有区别的。“未激活状态”是这个对象在场景中不存在，通过 GameObject.Find()方法无法找到该对象。“不渲染状态”是对象还在场景中，一些如触发点、空气墙等对象通常通过“不渲染状态”来实现。

（2）在 Hierarchy 面板下，选中千斤顶对象，先为其添加 Rigidbody 组件，然后取消勾选组件中的 Use Gravity 复选框，并勾选 Is Kinematic 复选框，结果如图 5.196 所示。

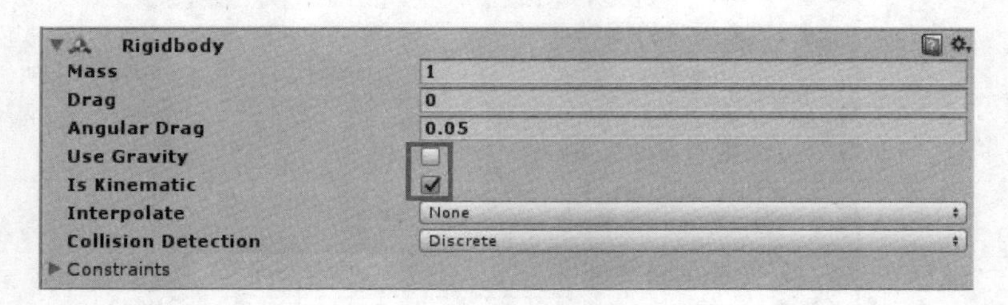

图 5.196　修改 Rigidbody 组件的内容

技巧点： 进行上述操作是为了方便测试，由于作者在编写本书时受到空间环境的限制，因此取消了重力影响，使得模型不会掉在地上，避免进行下蹲操作捡起模型，提高了测试的效率。

（3）为千斤顶对象添加 Box Collider 组件。添加完 Box Collider 组件后，对该组件进行编辑，使得碰撞体包住如图 5.197 所示的位置。

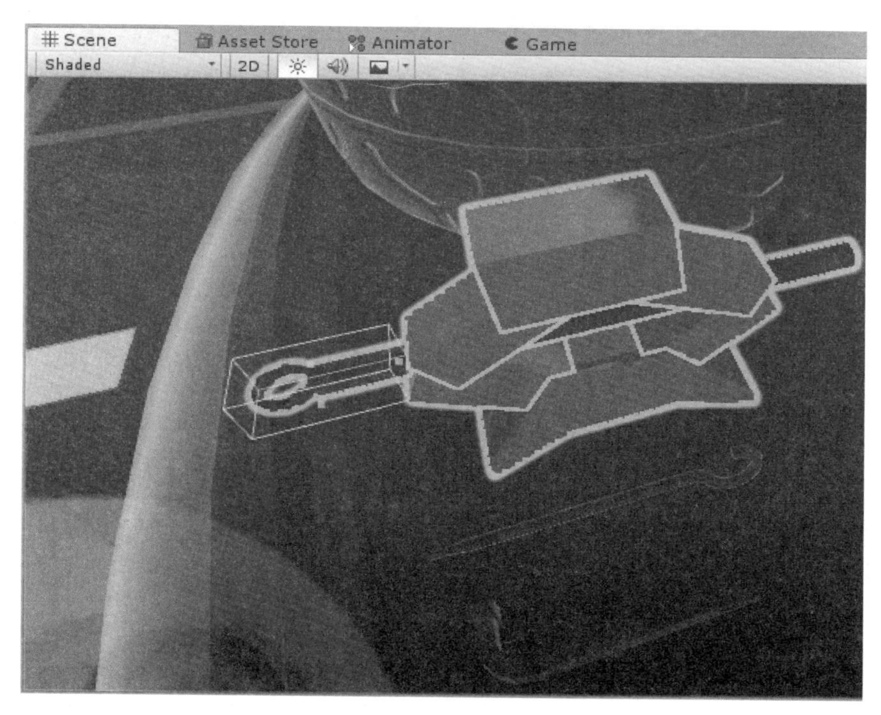

图 5.197　编辑 Box Collider 组件

（4）为千斤顶对象添加 Interactable 组件，内容设置如图 5.198 所示。

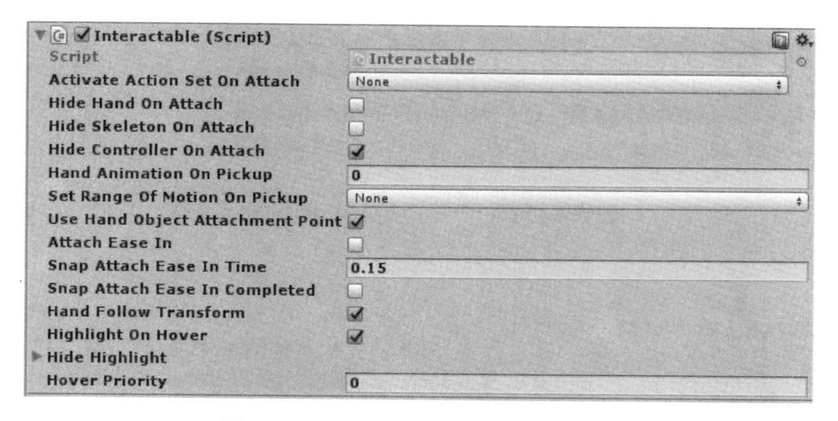

图 5.198　Interactable 组件的内容设置

（5）继续为千斤顶对象添加 Throwable 和 Steam VR_Skeleton_Poser 组件，展开 Steam VR_Skeleton_Poser 组件，在 Pose Editor 界面下，找到 Current Pose 属性，单击 None(Steam VR_Skeleton_Poser)右侧的⊙图标，在弹出的界面中选择 longbowPose 文件，然后对手的位置进行修改，最终效果如图 5.199 所示。

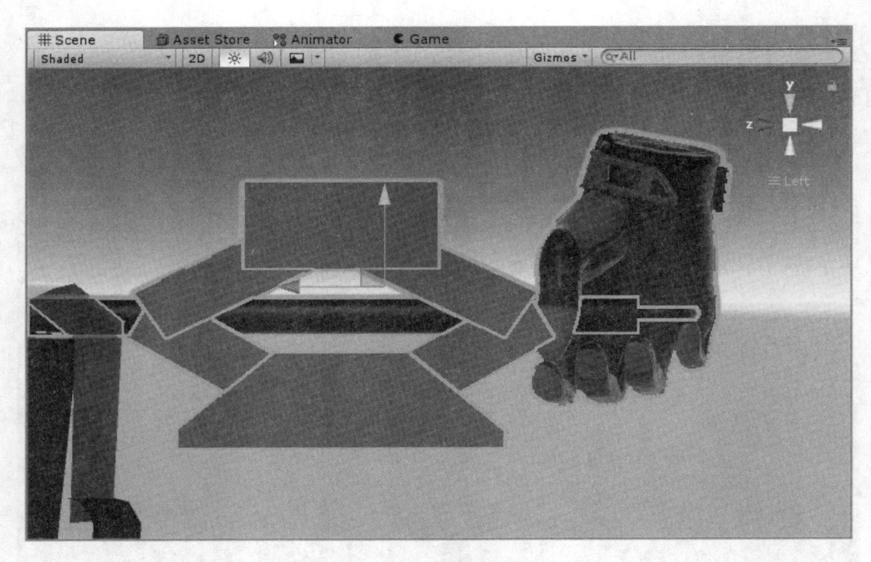

图 5.199　手拿千斤顶的姿势

注意：左右两只手都需要进行设置，因为用户可能使用左手，也可能使用右手拾取千斤顶。读者可以通过 Copy Right pose to Left hand 进行设置，然后单击 Save Pose 按钮进行保存。

（6）在 Assets/Learning/Materials/文件夹中，创建一个新的 Material 类型对象，将其重命名为“半透明”。然后在 Inspector 面板下，将其 Rendering Mode 属性值设置为 Fade，并将其颜色修改为黄色，调整其 A 属性为合适的值，结果如图 5.200 所示。

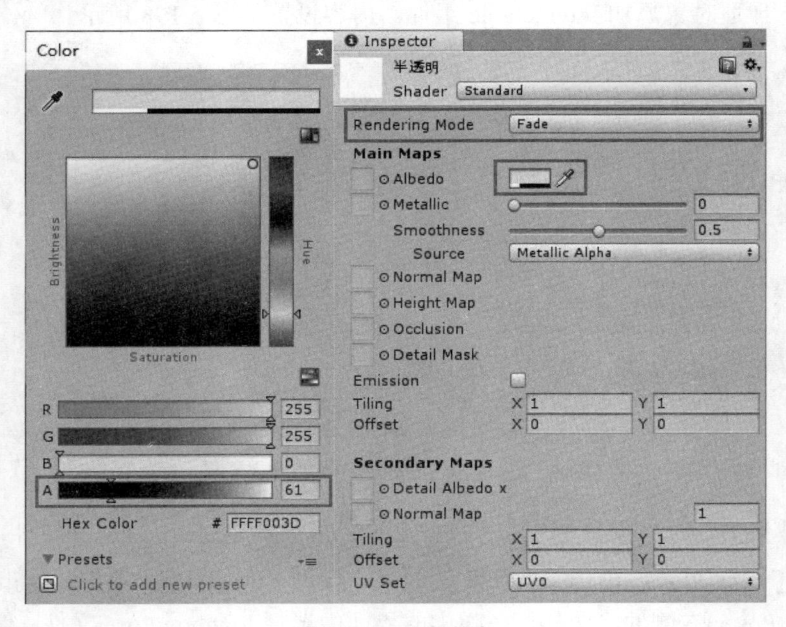

图 5.200　选择颜色

（7）将 Assets/Learning/Prefabs/文件夹中的千斤顶预制体拖动到 Scene 窗口中，将其重命名为“千斤顶放置位置”，再将其材质修改为 Assets/Learning/Prefabs/文件夹中的“半透明”材质，并将其放置到汽车左前轮后方合适的位置。然后在 Inspector 面板下，将该对象的 Animator 组件删除。最终结果如图 5.201 所示。

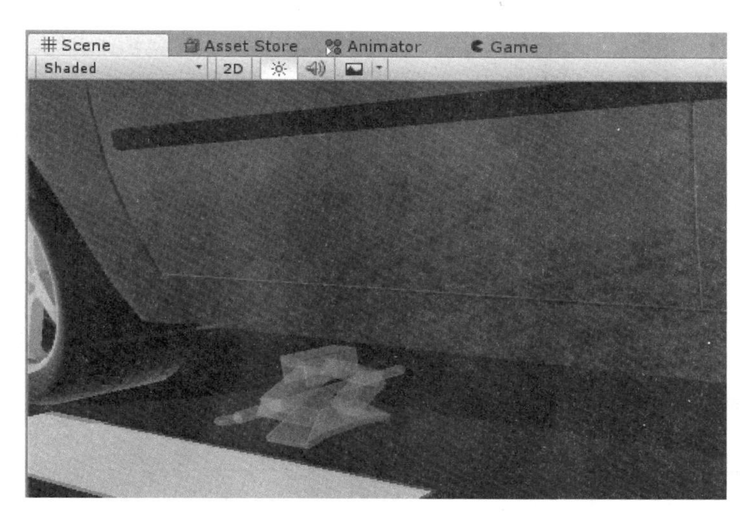

图 5.201　半透明千斤顶的放置位置

程序实现

（1）在 Assets/Learning/Scripts/文件夹中，创建一个名为“Align”的 C#文件，并编写如下代码。

```
/****************************************
 * 功能：控制物体与目标位置对齐          *
****************************************/

//-------------------------------------------------------------------
//引用命名空间开始

using System.Collections;
using System.Collections.Generic;
using UnityEngine;
//引用命名空间结束
//--------------------------------------------------------------------
//--------------------------------------------------------------------
//Learning 命名空间开始
namespace Learning
{
    //----------------------------------------------------------------
    //Align 类开始
    public class Align : MonoBehaviour
    {
```

```
//----------------------------------------------------------
//字段（变量）声明开始
public float alignDistance = 0.1f;        //物体距原始位置的距离阈值
public Manager manager;                   //Manager 实例对象
public Transform  target;                 //目标对象 Transform
private Vector3 targetPosition;           //目标对象位置
private bool hasDone;                     //音频播放完成标识
public int soundId;                       //播放语音提示的 ID

public KeyCode key;                       //自定义按键信息
//字段（变量）声明结束
//----------------------------------------------------------
//----------------------------------------------------------
//Start()方法开始
void Start()
{
   targetPosition = target.position;    //保存目标对象位置信息
}
//Start()方法结束
//----------------------------------------------------------
void Update()
{
   //测试用，最后可删除
   if (Input.GetKeyDown(key))
   {
      transform.position = targetPosition;
      transform.rotation = target.rotation;
   }
   //测试代码，用户可自己指定按键信息
}
//----------------------------------------------------------
//AlignJudge()方法开始
public void AlignJudge()
{
   var pos = transform.position;             //获取对象当前位置信息
   //计算当前位置和目标位置间的距离
   var dis = Vector3.Distance(pos, targetPosition);
   if (dis < alignDistance)   //如果当前位置和目标位置的距离小于阈值
   {
      //将模型放置到目标位置，使模型的角度与目标模型的角度一致
      transform.position = targetPosition;
      transform.rotation = target.rotation;
      target.gameObject.GetComponent<MeshRenderer>().enabled =
false;                                         //不显示半透明千斤顶
      if (!hasDone)
      {
```

```
                //播放语音提示，其中，soundId 的值应为“5”，表示播放语音提示 5
                manager.MissionVoicePlay(soundId);
                hasDone = true;                        //音频播放完成的标识为 true
            }
        }
    }
    //AlignJudge()方法结束
    //-------------------------------------------------------------------
    //-------------------------------------------------------------------
    //ShowMesh()方法开始
    public void ShowMesh()
    {
        //显示模型
        target.gameObject.GetComponent<MeshRenderer>().enabled = true;
    }
    //ShowMesh()方法结束
    //-------------------------------------------------------------------
}

//Align 类结束
//-------------------------------------------------------------------
}
//Learning 命名空间结束
//-------------------------------------------------------------------
```

（2）在 Hierarchy 面板下选中千斤顶对象，将 Align.cs 文件拖动到其 Inspector 面板下。将 Hierarchy 面板下的教程进程控制对象拖动到 Manager 右侧的空白槽中；将 Hierarchy 面板下的千斤顶放置位置对象拖动到 Target 右侧的空白槽中，其他内容如图 5.202 所示。

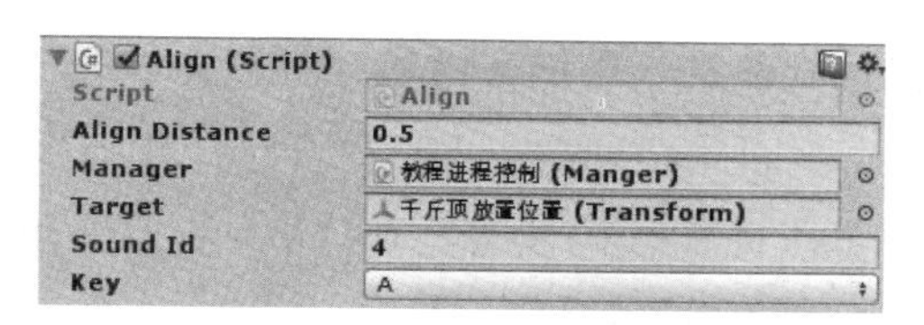

图 5.202　Align 组件关联的内容

技巧点：这里的 Key 值被设置为 A，当 Align.cs 文件在后面被杠杆和扳手复用时，可以设置其他不同的按键信息，方便进行测试。

（3）继续确保千斤顶对象处于选中状态，在 Inspector 面板下展开 Throwable 组件，在 On Detach From Hand()响应事件函数中，单击右下方的“+”图标，然后将 Hierarchy 面板下的千斤顶对象拖动到 Runtime Only 下方的空白槽中。将最右侧的 No Function 选择为 Align→AlignJudge()，如图 5.203 所示。

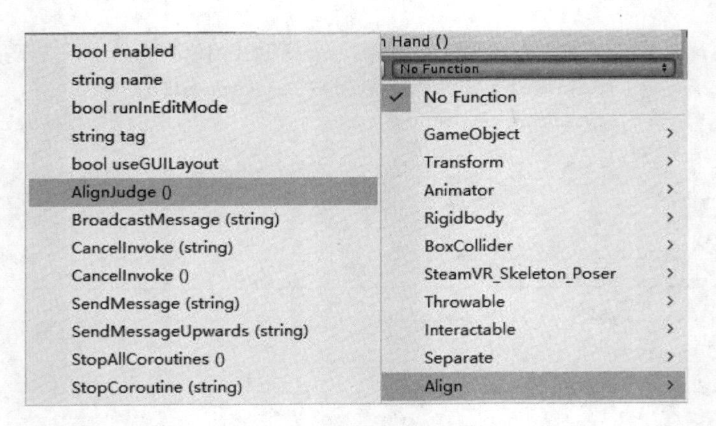

图 5.203　将 No Function 选择为 Align→AlignJudge()

最终的结果如图 5.204 所示。

图 5.204　On Detach From Hand()响应事件函数的结果

（4）保存场景，然后运行程序进行测试。

代码说明

（1）利用 Vector3.Distance(a,b)可以计算出 a、b 两点间的距离。

（2）target 为 Transform 类型的变量，使用 target.gameObject 可以返回 GameObject 类型的实体对象。

（3）AlignJudge()方法的功能是当手柄按键松开时，放下千斤顶，判断此时千斤顶和要放置的目标位置之间的距离。因此，只需在手柄松开时计算一次距离即可，并不需要每一帧都进行计算。所以，计算距离的代码没有写在 Update()方法中（所以 Align 类中没有 Update()方法），而是写在了 AlignJudge()方法中，该方法会在按键松开时调用一次。这样将极大地提高程序的运行效率。

（4）public KeyCode key 定义了一个按键信息，在 Update()方法中使用，这是一个测试用方法，通过指定某个按键，可以快速地将千斤顶等物品移动到指定位置，方便测试。

5．任务 5：取出/放置杠杆

任务目标

取出杠杆，将其放置到指定位置。

解决思路

（1）分别为杠杆添加 Rigidbody、Box Collider 组件。

（2）分别为杠杆添加 Interactable、Throwable 和 Steam VR_Skeleton_Poser 组件。

（3）为杠杆添加 Align 组件，这是我们自己编写的组件。

实现过程

（1）在 Hierarchy 面板下选中杠杆对象。在 Inspector 面板下，分别为其添加 Rigidbody 和 Box Collider 组件，并调整 Box Collider 组件，使其包住杠杆。

（2）为杠杆对象添加 Interactable 组件，相关内容设置如图 5.205 所示。

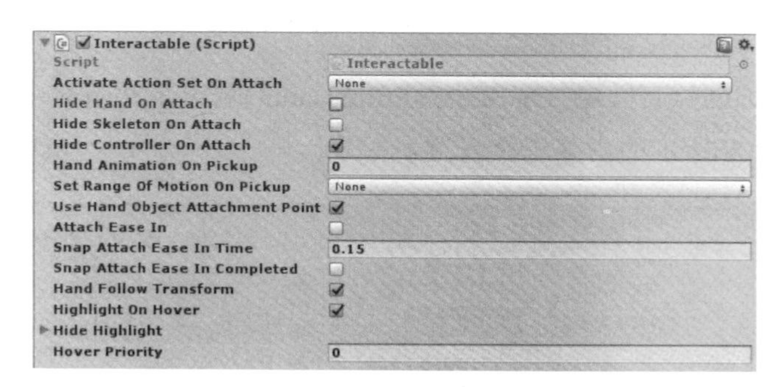

图 5.205 Interactable 组件的内容设置

然后，为杠杆对象添加 Throwable 组件，该组件在后面进行设置。

（3）为杠杆对象添加 Steam VR_Skeleton_Poser 组件。在 Pose Editor 界面中，将 Current Pose 属性值设置为 longbowPose，然后将左手和右手的位置分别调整好，单击 Save Pose 按钮进行保存。

（4）从 Assets/Learning/Prefabs/文件夹中将杠杆预制体拖动到 Scene 窗口中，将其重命名为“杠杆放置位置”，再将其材质修改为 Assets/Learning/Prefabs/文件夹中的“半透明”材质，最后将其放置到如图 5.206 所示的位置。

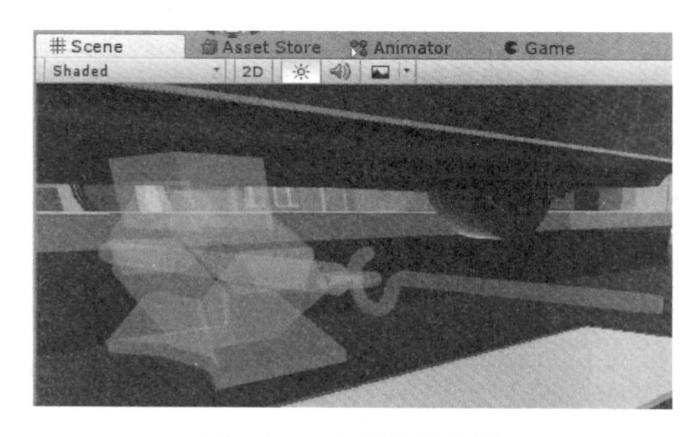

图 5.206 杠杆放置位置

（5）在 Hierarchy 面板下选中杠杆对象，为其添加 Align 组件。在 Inspector 面板下展开 Align 组件，将 Hierarchy 面板下的教程进程控制对象拖动到 Manager 右侧的空白槽中。再将杠杆放置位置对象拖动到 Target 右侧的空白槽中，并将 Sound Id 的值指定为“5”，将 Key 的值指定为 S。最终结果如图 5.207 所示。

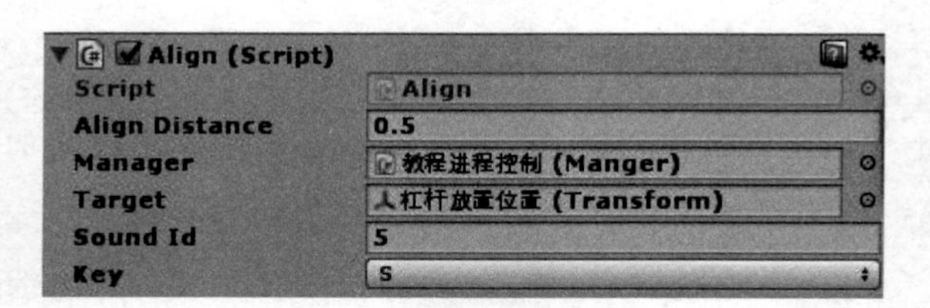

图 5.207　Align 组件的内容设置

（6）展开 Throwable 组件，在 On Detach From Hand()响应事件函数中单击右下角的“+”图标，然后按图 5.208 所示的内容进行设置。

图 5.208　On Detach From Hand()响应事件函数的结果

（7）运行程序进行测试。

6．任务 6：取出/放置扳手

任务目标

从汽车后备厢中取出扳手，将其放置到指定位置。

解决思路

（1）分别为扳手添加 Rigidbody、Box Collider 组件。

（2）分别为扳手添加 Interactable、Throwable 和 Steam VR_Skeleton_Poser 组件。

（3）为扳手添加 Align 组件，这是我们自己编写的组件。

实现过程

（1）在 Hierarchy 面板下选中扳手对象，分别为其添加 Rigidbody 和 Box Collider 组件。调整 Box Collider 组件的大小，使其包住扳手的手柄（长柄）部分。

（2）分别为扳手对象添加 Interactable 和 Throwable 组件，其中，Interactable 组件的内容设置参考前面杠杆对象的 Interactable 组件的内容设置。

（3）为扳手对象添加 Steam VR_Skeleton_Poser 组件。展开该组件，将 Current Pose 属性值设置为 longbowPose，然后在 Scene 窗口中调整手的位置，直到看起来合适为止，具体操作方法参考前面已经学习过的内容。

（4）将 Assets/Learning/Prefabs/文件夹中的扳手预制体拖动到 Hierarchy 面板下。将其材质修改为 Materials 文件夹中的“半透明”材质，然后对其位置进行调整，最终效果如图 5.209 所示。

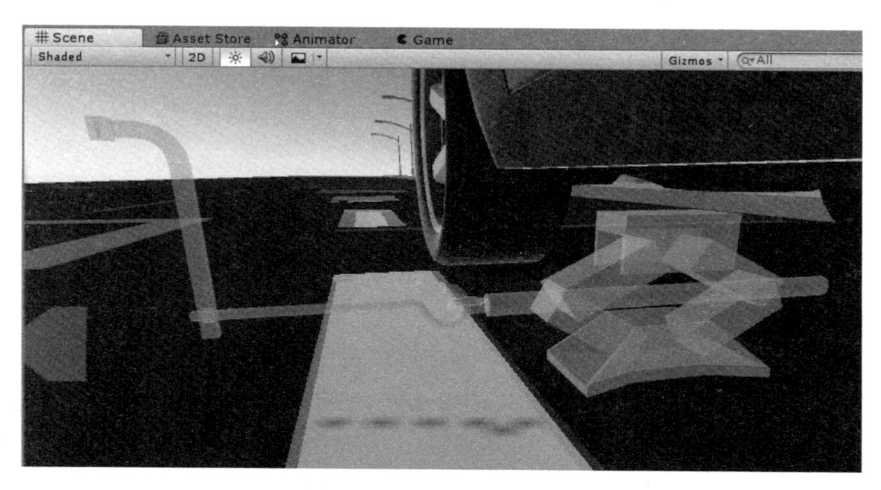

图 5.209　扳手的放置位置

（5）在 Hierarchy 面板下选中扳手对象。在 Inspector 面板下为其添加 Align 组件。展开 Align 组件，将 Hierarchy 面板下的教程进程控制对象拖动到 Manager 右侧的空白槽中；将扳手放置位置对象拖动到 Target 右侧的空白槽中；将 Sound Id 的值指定为“6”，将 Key 的值指定为 D。最终结果如图 5.210 所示。

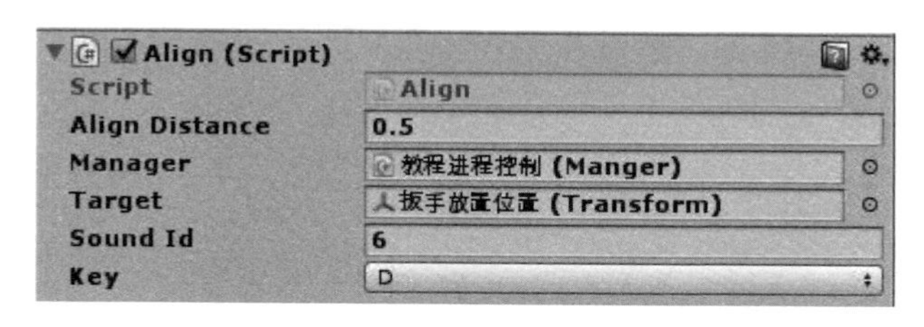

图 5.210　Align 组件的内容设置

（6）展开 Throwable 组件，在 On Detach From Hand()响应事件函数中单击右下角的“+”图标，然后按图 5.211 所示的内容进行设置。

图 5.211　On Detach From Hand()响应事件函数的结果

（7）运行程序进行测试。

7. 任务 7：转动千斤顶顶起汽车

任务目标

旋转千斤顶，将汽车顶起。

解决思路

（1）编写代码，实现扳手转动步调与千斤顶梁转动步调一致。

（2）实现千斤顶旋转。

实现过程

（1）在 Hierarchy 面板下，选择 GameObject→3D Object→Cube 选项，创建一个 Cube 对象，并重命名为“汽车转动支点”。

（2）移动汽车转动支点对象的位置，使其中心点位于汽车后轮轮胎与地面交汇处，效果如图 5.212 所示。

图 5.212 摆放汽车转动支点对象的位置

（3）在 Hierarchy 面板下拖动 Tocus 对象，使其成为汽车转动支点对象的子对象，结果如图 5.213 所示。

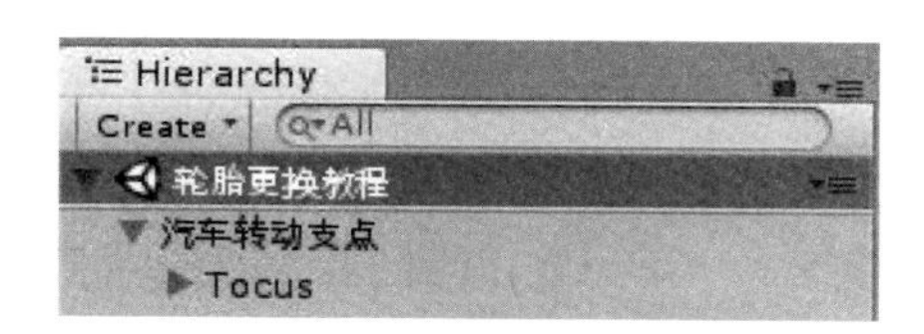

图 5.213　设置汽车转动支点对象和 Tocus 对象的层级关系

（4）选中汽车转动支点对象，在 Inspector 面板下，取消勾选 Mesh Renderer 组件，使该对象在场景中不显示。

（5）在 Assets/Learning/Animation/文件夹中，新建一个名为“千斤顶”的 AnimatorController 类型的对象。

（6）双击千斤顶对象，在 Animator 窗口中打开千斤顶对象。在空白处单击鼠标右键，在弹出的快捷菜单中选择 Create State→Empty 命令，创建一个新的状态，将该状态命名为“顶起”，结果如图 5.214 所示。

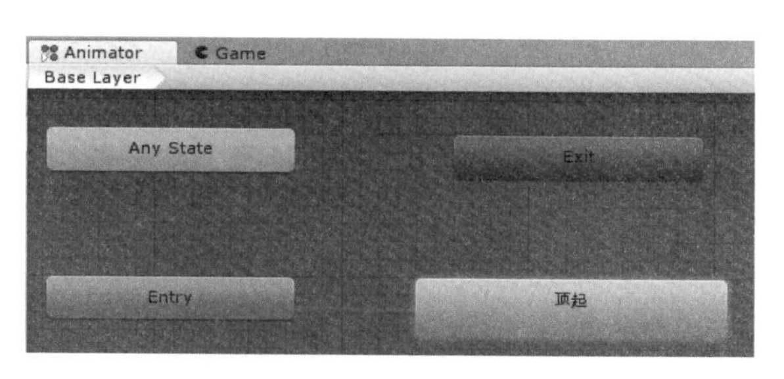

图 5.214　创建“顶起”状态

（7）在右侧的 Inspector 面板下，将 Motion 的值指定为“千斤顶动画”，结果如图 5.215 所示。

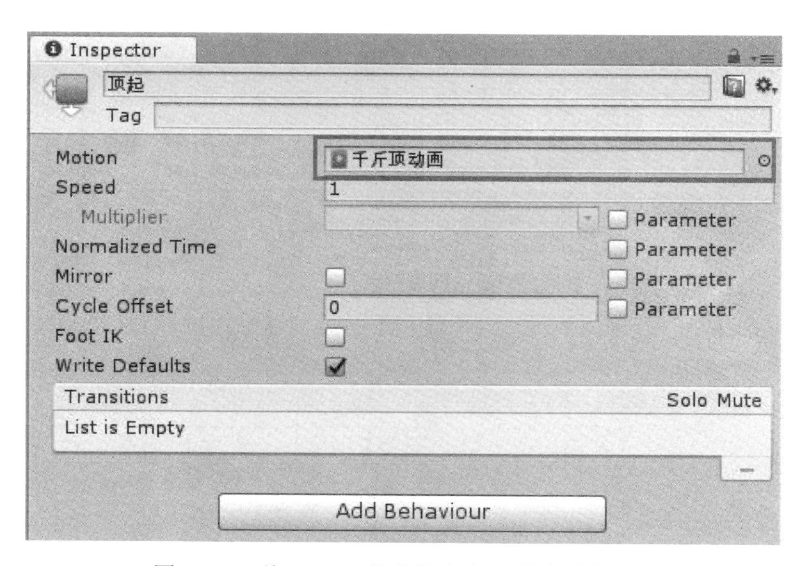

图 5.215　将 Motion 的值指定为“千斤顶动画”

（8）在 Hierarchy 面板下选中千斤顶对象，在 Inspector 面板下展开 Animator 组件，将 Controller 的值指定为“千斤顶”，结果如图 5.216 所示。

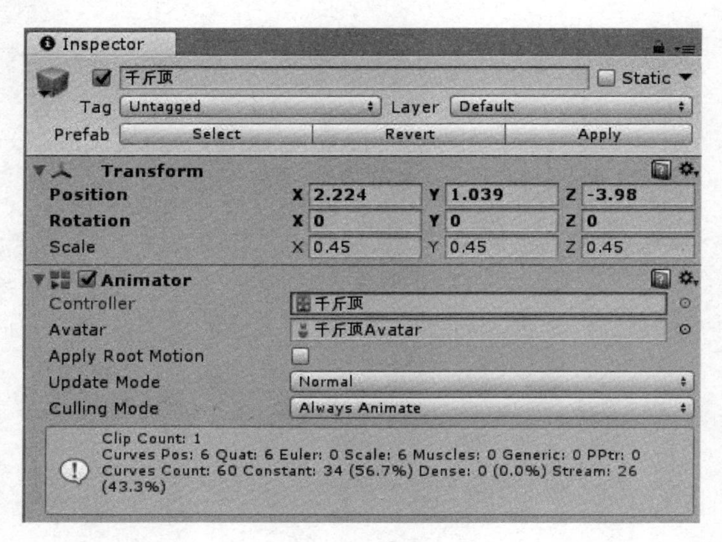

图 5.216　将 Controller 的值指定为“千斤顶”

程序实现

（1）在 Assets/Learning/Scripts/文件夹下新建一个名为 AnimationManager 的 C#文件，并编写如下代码。

```
/***************************************
 * 功能：处理动画事件                    *
***************************************/
//------------------------------------------------------------
//引用命名空间开始
using System.Collections;
using System.Collections.Generic;
using UnityEngine;
using Valve.VR;
using Valve.VR.InteractionSystem;
//引用命名空间结束
//------------------------------------------------------------
//-------------------------------------------------------------
//Learning 命名空间开始
namespace Learning
{
    //----------------------------------------------------------
    //AnimationManager 类开始

    public class AnimationManager : MonoBehaviour
    {
```

```
        //---------------------------------------------
        //变量声明开始
        public GameObject qianJinDing;        //千斤顶对象
        public GameObject gangGan;            //杠杆对象
        public GameObject banShou;            //扳手对象
        public GameObject qianJindingLiang; //千斤顶梁对象
        public GameObject carTorque;          //汽车转动支点
        public float animSpeed;               //动画播放速度
        public float rotateSpeed;             //汽车旋转速度
        private Animator qianJindingAnim;    //千斤顶对象的Animator组件
        private bool isPlayAnim;              //是否播放动画的标识
        public SteamVR_Action_Boolean GrabAction;       //Grab键
        public SteamVR_Action_Boolean TriggerAction;    //Trigger键
        //变量声明结束
        //---------------------------------------------
        //---------------------------------------------
        // Start()初始化工作
        void Start()
        {
            //获取千斤顶对象的Animator组件
            qianJindingAnim = qianJinDing.GetComponent<Animator>();
            qianJindingAnim.speed = 0;        //动画播放速度=0（暂停播放）
        }
        // 每运行一帧调用一次Update()方法
        void Update()
        {
            if (isPlayAnim)                   //如果开始播放千斤顶和扳手转动动画
            {
                carTorque.transform.Rotate(-rotateSpeed * Time.deltaTime,
0, 0); //汽车转动
                //如果动画播放完毕，则isPlayAnim = false


            }
            //如果按手柄上的Trigger键
            if (TriggerAction.GetStateDown(SteamVR_Input_Sources.Any))
            {
    AnimatorStateInfo stateInfo;
                stateInfo =
qianJindingAnim.GetCurrentAnimatorStateInfo(0);
                if (1 < stateInfo.normalizedTime)
                {
                    isPlayAnim = false;
                    Debug.Log("汽车停止上升。");
    GetComponent<Manager>().MissionVoicePlay(7);
                    return;
                }
```

```
                BeginPlayAnim();                    //开始播放千斤顶和扳手转动动画
            }
            else                                    //否则
            {
                isPlayAnim = false;                 //汽车不转动
                qianJindingAnim.speed = 0;          //停止播放千斤顶和扳手转动动画
            }
            //下面是键盘测试代码，按空格键可播放动画
            if (Input.GetKey(KeyCode.Space))
            {
                AnimatorStateInfo stateInfo;
                stateInfo =
qianJindingAnim.GetCurrentAnimatorStateInfo(0);
                if (1 < stateInfo.normalizedTime)
                {
                    isPlayAnim = false;
                    Debug.Log("汽车停止上升。");
    GetComponent<Manager>().MissionVoicePlay(7);
                    return;
                }
                BeginPlayAnim();
            }
            else
            {
                isPlayAnim = false;
                qianJindingAnim.speed = 0;
            }
            //上面是键盘测试代码

        }

        //-----------------------------------------------------------------
        //InitTransform()方法开始
        public void InitTransform() //初始化扳手位置
        {
            //将杠杆设为千斤顶梁对象的子对象（千斤顶梁旋转移动带动杠杆旋转移动）
            gangGan.transform.parent = qianJindingLiang.transform;
            //将扳手设为千斤顶梁对象的子对象（千斤顶梁旋转移动带动扳手旋转移动）
            banShou.transform.parent = qianJindingLiang.transform;
        }
        //InitTransform()方法结束
        //-----------------------------------------------------------------
```

```
        //------------------------------------------------------------------
        //BeginPlayAnim()方法开始
        public void BeginPlayAnim()                     //播放千斤顶和扳手转动动画
        {
            InitTransform();                            //方法调用
            qianJindingAnim.speed = animSpeed;          //设置动画播放速度
            isPlayAnim = true;                          //播放动画

        }


        //BeginPlayAnim()方法结束
        //-------------------------------------------------------------
    }
    //AnimationManager 类结束
    //-------------------------------------------------------------
}
//Learning 命名空间结束
//------------------------------------------------------------------
```

（2）将 Animation Manager 组件拖动到教程进程控制对象下，结果如图 5.217 所示。

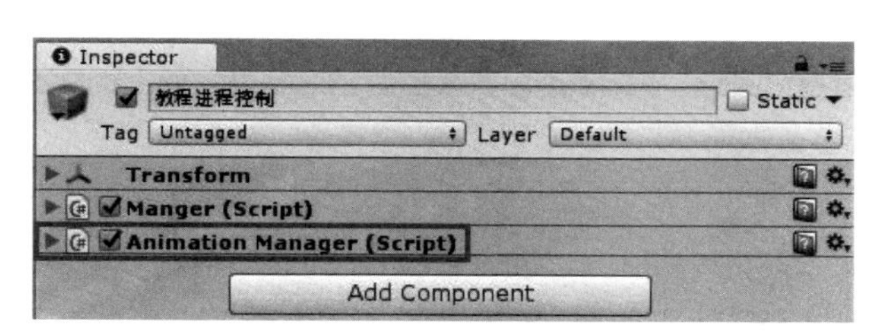

图 5.217　为教程进程控制对象添加 Animation Manager 组件

（3）展开 Animation Manager 组件，对其内容进行设置，最终结果如图 5.218 所示。

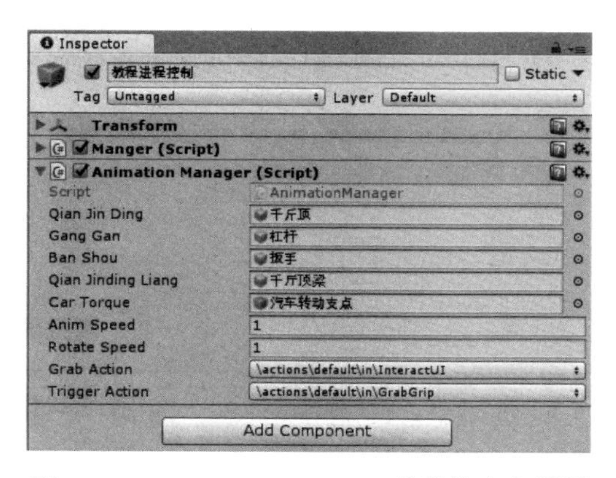

图 5.218　Animation Manager 组件的内容设置

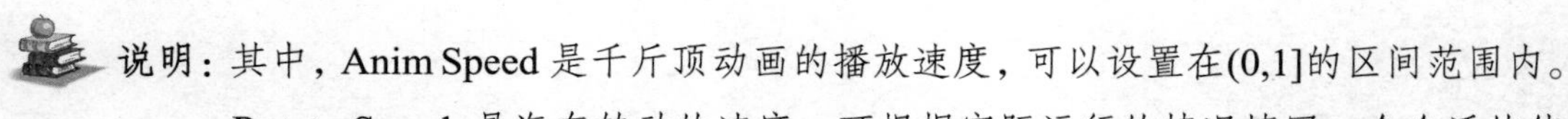

说明：其中，Anim Speed 是千斤顶动画的播放速度，可以设置在(0,1]的区间范围内。Rotate Speed 是汽车转动的速度，可根据实际运行的情况填写一个合适的值，使得千斤顶向上移动的位移和汽车被顶起的位移相匹配。

代码说明

（1）InitTransform()方法用于将杠杆对象和扳手对象指定为千斤顶梁对象的子对象，这样当播放千斤顶动画时，随着千斤顶梁的转动和升高，杠杆和扳手也随着转动和升高。

（2）stateInfo.normalizedTime 可以获得动画播放的长度，用该方法可以判断动画是否播放完毕，并用代码进行相应的控制。

Bug 修复

在实际测试过程中，作者发现一个 Bug，就是当千斤顶、杠杆和扳手未就位时，按 Trigger 键，就开始播放千斤顶和扳手转动动画，所以我们需要修复这个 Bug。

（1）打开 Align.cs 文件，修改后的代码如下。

```
/***************************************
 * 功能：控制物体与目标位置对齐         *
***************************************/

//------------------------------------------------------------------
//引用命名空间开始

using System.Collections;
using System.Collections.Generic;
using UnityEngine;
//引用命名空间结束
//------------------------------------------------------------------
//------------------------------------------------------------------
//Learning 命名空间开始
namespace Learning
{
    //--------------------------------------------------------------
    //Align 类开始

    public class Align : MonoBehaviour
    {
        //---------------------------------------------------------
        //字段（变量）声明开始

        public float alignDistance = 0.1f;         //物体距原始位置的距离阈值
        public Manager manager;                    //Manager 实例对象
        public Transform  target;                  //目标对象 Transform
        private Vector3 targetPosition;            //目标对象位置
```

```
private bool hasDone;                          //音频播放完成标识
public int soundId;                            //播放语音提示的 ID

public KeyCode key;                            //自定义按键信息

public bool isEquipted;                        //物体是否已就位
//字段（变量）声明结束
//---------------------------------------------------------

//-------------------------------------------------------------------
//Start()方法开始
void Start()
{
    targetPosition = target.position;      //保存目标对象位置信息
}
//Start()方法结束
//---------------------------------------------------------
void Update()
{
    //测试用，最后可删除
    if (Input.GetKeyDown(key))
    {
        transform.position = targetPosition;
        transform.rotation = target.rotation;
        if (!hasDone)
        {
            //播放语音提示，其中，soundId 的值应为“5”，表示播放语音提示 5
            manager.MissionVoicePlay(soundId);
            hasDone = true;                    //音频播放完成的标识为 true
            isEquipted = true;                 //物体已就位
        }
    }
    //测试用代码，用户可自己指定按键信息
}

//---------------------------------------------------------
//AlignJudge()方法开始
public void AlignJudge()
{
    var pos = transform.position; //获取对象当前位置信息
    //计算当前位置和目标位置间的距离
    var dis = Vector3.Distance(pos, targetPosition);
    if (dis < alignDistance)  //如果当前位置和目标位置的距离小于阈值
    {
        //将模型放置到目标位置，使模型的角度与目标模型的角度一致
        transform.position = targetPosition;
```

```
                transform.rotation = target.rotation;
                target.gameObject.GetComponent<MeshRenderer>().enabled =
false;//不显示半透明千斤顶
                if (!hasDone)
                {
                    //播放语音提示，其中，soundId的值应为“5”，表示播放语音提示5
                    manager.MissionVoicePlay(soundId);
                    hasDone = true;              //音频播放完成的标识为true
                    isEquipted = true;           //物体已就位
                }
            }
        }
        //AlignJudge()方法结束
        //-----------------------------------------------------------
        //-----------------------------------------------------------
        //ShowMesh()方法开始
        public void ShowMesh()
        {
            //显示模型
            target.gameObject.GetComponent<MeshRenderer>().enabled = true;
        }
        //ShowMesh()方法结束
        //-----------------------------------------------------------
    }

    //Align类结束
    //---------------------------------------------------------------
}
//Learning命名空间结束
//-------------------------------------------------------------------
```

代码说明

① 在字段（变量）声明部分，增加了 bool 类型的变量 isEquipted，用来标识物体是否已就位。

② 在 Update()方法和 AlignJudge()方法中对 isEquipted 变量进行赋值。

（2）打开 AnimationManager.cs 文件，更新 Update()方法，代码如下。

```
void Update()
    {
        if (banShou.GetComponent<Align>().isEquipted)
        {
            if (isPlayAnim)      //如果开始播放千斤顶和扳手转动动画
            {
                carTorque.transform.Rotate(-rotateSpeed *
Time.deltaTime, 0, 0); //汽车转动
                //如果动画播放完毕，则isPlayAnim = false
```

```
            }
            //如果按手柄上的 Trigger 键
            if (TriggerAction.GetStateDown(SteamVR_Input_Sources.Any))
            {
                AnimatorStateInfo stateInfo =
qianJindingAnim.GetCurrentAnimatorStateInfo(0);//临时变量，用于保存动画信息
                if (1 < stateInfo.normalizedTime)
                {
                    isPlayAnim = false;
                    Debug.Log("汽车停止上升。");
                    return;
                }
                BeginPlayAnim();                     //开始播放千斤顶和扳手转动动画
            }
            else                                     //否则
            {
                isPlayAnim = false;                  //汽车不转动
                qianJindingAnim.speed = 0;           //停止播放千斤顶和扳手转动动画
            }
            //下面是键盘测试代码，按空格键可播放动画
            if (Input.GetKey(KeyCode.Space))
            {
                AnimatorStateInfo stateInfo =
qianJindingAnim.GetCurrentAnimatorStateInfo(0);
                if (1 < stateInfo.normalizedTime)
                {
                    isPlayAnim = false;
                    Debug.Log("汽车停止上升。");
                    //播放语音提示 7
                    GetComponent<Manager>().MissionVoicePlay(7);
                    return;
                }
                BeginPlayAnim();         //汽车升起
            }
            else
            {
                isPlayAnim = false;
                qianJindingAnim.speed = 0;
            }
            //上面是键盘测试代码
        }
    }
```

代码说明

在 Update()方法中，加入了物体是否就位的判断，如果物体就位，则按手柄上的 Trigger 键，可以播放千斤顶、杠杆和扳手及汽车顶起的动画，否则不会播放。

8．任务 8：拧松轮胎螺丝

任务目标

按 Button 键，播放使用扳手拧松轮胎螺丝的动画。

解决思路

（1）按一下手柄上的 Button 键，播放扳手逆时针转动的动画。

（2）扳手按照十字交叉位置，一共转动 4 次。

（3）隐藏轮胎对象。

实现过程

（1）创建轮胎螺丝转动点。在 Hierarchy 面板下，选择 GameObject→Create Empty 选项，创建一个空对象，将其重命名为“轮胎螺丝”，并将其放置到汽车左前轮中心位置。

（2）为轮胎螺丝对象创建 4 个 Cube 类型的子对象，分别重命名为“螺丝 1”“螺丝 2”“螺丝 3”“螺丝 4”，调整它们的 Scale 参数值为（0.02,0.02,0.02），并调整它们的位置，使其呈十字形分布，如图 5.219 所示。

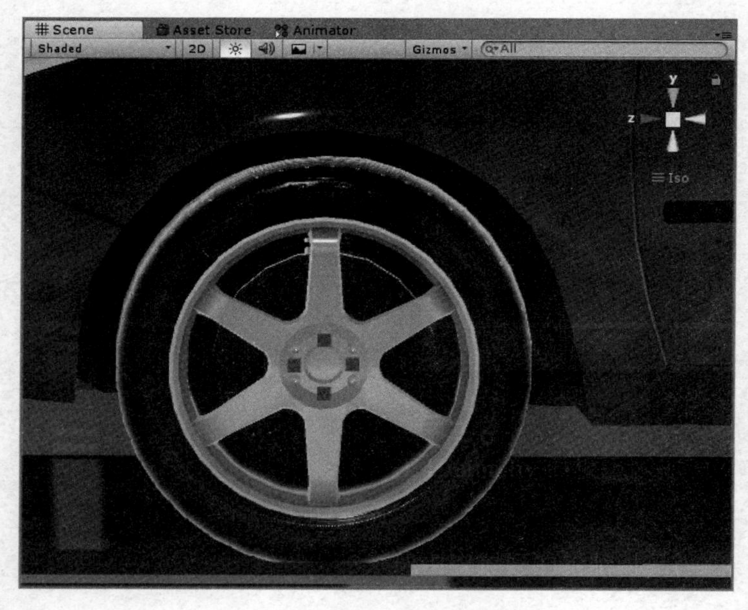

图 5.219　4 个螺丝对象的放置位置

（3）放置转动的扳手。在 Hierarchy 面板下选中扳手对象，分别按 Ctrl+C 和 Ctrl+V 快捷键复制出一个新的扳手对象，将其重命名为“拧螺丝扳手”。然后将 Inspector 面板下的 Align、Interactable、Throwable 和 Steam VR_Skeleton_Poser 组件删除（单击右侧的齿轮图标，在弹出的下拉列表中，选择 Remove Component 选项），最后的结果如图 5.220 所示。

图 5.220　拧螺丝扳手对象的组件列表

（4）将拧螺丝扳手对象移动到汽车左前轮位置，与最上面的螺丝对象对齐，结果如图 5.221 所示。

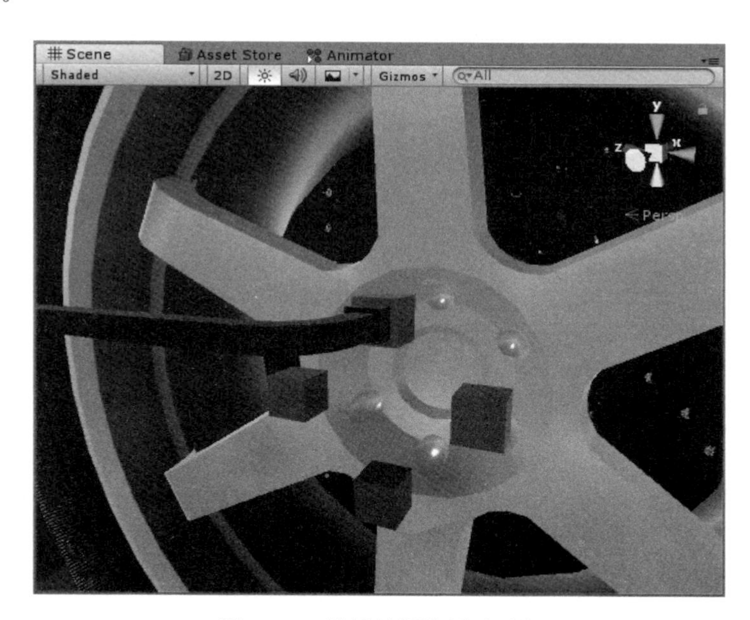

图 5.221　放置拧螺丝扳手对象

（5）再复制出一个螺丝对象，将其重命名为“拧螺丝扳手父对象”，然后将拧螺丝扳手对象变为其子对象。

（6）取消勾选 4 个螺丝对象和拧螺丝扳手父对象 Inspector 面板下的 Mesh Renderer 组件，即在场景中不显示，结果如图 5.222 所示。

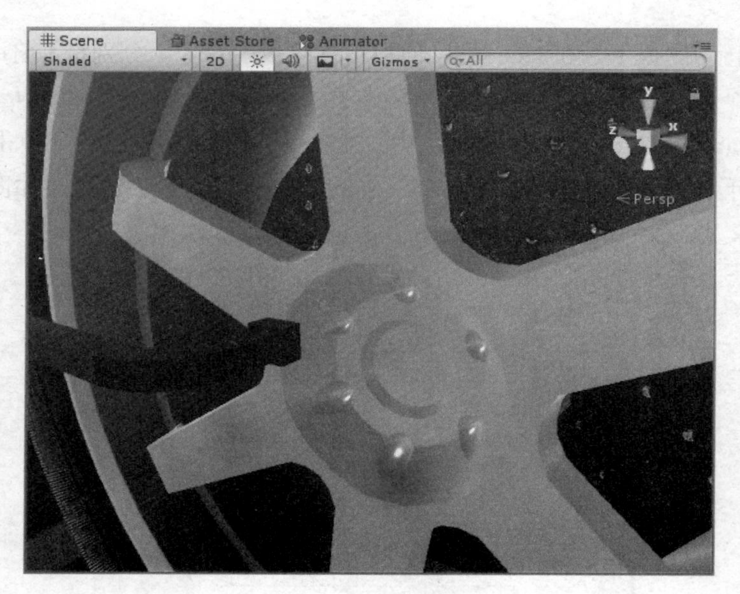

图 5.222　隐藏 4 个螺丝对象和拧螺丝扳手父对象

（7）在 Hierarchy 面板下选中拧螺丝扳手父对象，在 Inspector 面板下取消勾选该对象。

程序实现

（1）在 Assets/Learning/Scripts/文件夹中，新建一个名为“Screw”的 C#文件，并编写如下代码。

```
/***************************************
 * 功能：判断物体是否被拾取              *
***************************************/

//-----------------------------------------------------------------
//引用命名空间开始

using System.Collections;
using System.Collections.Generic;
using UnityEngine;

//引用命名空间结束
//-----------------------------------------------------------------
//-----------------------------------------------------------------
//Learning 命名空间开始
namespace Learning
{
    //------------------------------------------------------------
    //Screw 类开始

    public class Screw : MonoBehaviour {
```

```
    //--------------------------------------------------------
    //字段（变量）声明开始
    public Transform[] screwPoints;      //数组，保存 4 个螺丝点的位置信息
    public GameObject banShouPos;        //扳手位置
    public GameObject TireChanged;       //左前轮待换轮胎
    public int pointId;                  //编号
    public bool isComplete;              //是否结束
    public float angle;                  //选择角度
    public int soundId;                  //播放语音提示的 ID


    //字段（变量）声明结束
    //--------------------------------------------------------
    void Start()
    {
        banShouPos.SetActive(true);

    }
    // 每运行一帧调用一次 Update()方法
    void Update() {
        if (!isComplete)
        {
            RotateBanShou();
        }
}
    //--------------------------------------------------------
    //RotateBanShou()方法开始
    public void RotateBanShou()  //旋转扳手
    {
        //将扳手移动到螺丝点位置
        banShouPos.transform.position = screwPoints[pointId].position;
        //旋转扳手
        banShouPos.transform.Rotate(60 * Time.deltaTime, 0, 0);
        //获得螺丝对象旋转角度
        angle += 60 * Time.deltaTime ;
        if (360 <= angle )         //判断是否旋转一圈
        {
            pointId++;             //下一个点
            angle = 0;             //angle 归零
            if(3<pointId )         //如果 pointId>3
            {
                pointId = 0;       //归零
                isComplete = true; //停止旋转
GetComponent<Manager>().MissionVoicePlay(soundId);     //播放语音提示 8
                banShouPos.gameObject.SetActive(false);   //隐藏扳手
TireChanged.GetComponent<MeshRenderer>().enabled = false; //隐藏左前轮轮胎
```

```
                }
            }
        }
        //RotateBanShou()方法结束
        //------------------------------------------------------------
    }
    //Screw类结束
    //------------------------------------------------------------
}
//Learning命名空间结束
//------------------------------------------------------------
```

（2）在 Hierarchy 面板下选中教程进程控制对象，将 Screw 组件拖动到该对象的 Inspector 面板下，使其成为该对象的组件。

（3）在 Inspector 面板下展开 Screw 组件，在 Size 右侧的文本框中输入“4”并按 Enter 键，会自动出现 4 个对象 Element 0～Element 3，为其分别指定对象螺丝 1～螺丝 4。将 Ban Shou Pos 的值指定为“拧螺丝扳手父对象”，Tire Changed 的值指定为 Tocus_Wheel_Left_Font（左前轮）对象，Sound Id 的值指定为“8”，最终结果如图 5.223 所示。

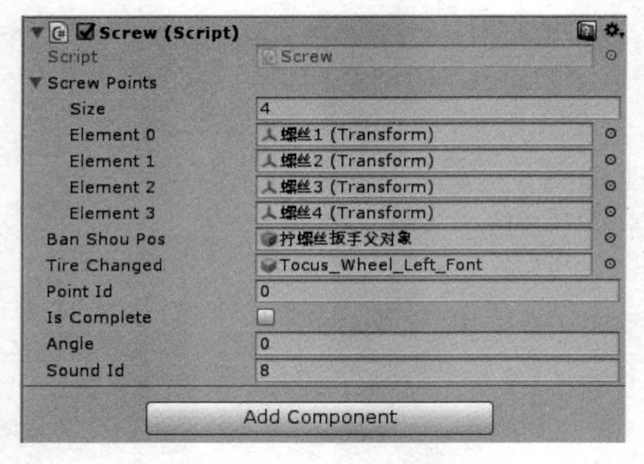

图 5.223 Screw 组件的内容设置

（4）取消勾选 Screw 组件。

（5）打开 AnimationManager.cs 文件，添加部分新的代码，最终结果如下。

```
/*****************************************
 * 功能：处理动画事件                    *
*****************************************/

//------------------------------------------------------------
//引用命名空间开始
using System.Collections;
using System.Collections.Generic;
```

```
using UnityEngine;
using Valve.VR;
using Valve.VR.InteractionSystem;
//引用命名空间结束
//----------------------------------------------------------------
//----------------------------------------------------------------
//Learning 命名空间开始
namespace Learning
{
    //-------------------------------------------------------------
    //AnimationManager 类开始
    public class AnimationManager : MonoBehaviour
    {
        //----------------------------------------------
        //变量声明开始
        public GameObject qianJinDing;        //千斤顶对象
        public GameObject gangGan;            //杠杆对象
        public GameObject banShou;            //扳手对象
        public GameObject qianJindingLiang; //千斤顶梁对象
        public GameObject carTorque;          //汽车转动支点
        public float animSpeed;               //动画播放速度
        public float rotateSpeed;             //汽车旋转速度
        private Animator qianJindingAnim;    //千斤顶对象的 Animator 组件
        private bool isPlayAnim;              //是否播放动画的标识
        public SteamVR_Action_Boolean GrabAction;       //Grab 键
        public SteamVR_Action_Boolean TriggerAction;    //Trigger 键
        //变量声明结束
        //-----------------------------------------------
        //-----------------------------------------------
        // Start()初始化工作
        void Start()
        {
            //获取千斤顶对象的 Animator 组件
            qianJindingAnim = qianJinDing.GetComponent<Animator>();
            qianJindingAnim.speed = 0;          //动画播放速度=0（暂停播放）
        }
        // 每运行一帧调用一次 Update()方法
        void Update()
        {
            if (banShou.GetComponent<Align>().isEquipted)
            {
                if (isPlayAnim)                 //如果开始播放千斤顶和扳手转动动画
                {
                    carTorque.transform.Rotate(-rotateSpeed * 
Time.deltaTime, 0, 0); //汽车转动
                }
```

```
            //如果按手柄上的 Trigger 键
            if (TriggerAction.GetStateDown(SteamVR_Input_Sources.Any))
            {
                AnimatorStateInfo stateInfo =
qianJindingAnim.GetCurrentAnimatorStateInfo(0);      //临时变量，用于保存动画信息
                if (1 < stateInfo.normalizedTime)
                {
                    isPlayAnim = false;
                    Debug.Log("汽车停止上升。");
                    //播放语音提示 7
                    GetComponent<Manager>().MissionVoicePlay(7);
                    return;
                }
                BeginPlayAnim();                //开始播放千斤顶和扳手转动动画
            }
            else        //否则
            {
                isPlayAnim = false;             //汽车不转动
                qianJindingAnim.speed = 0;      //停止播放千斤顶动画
            }
            //如果按手柄上的 Trigger 键
            if (GrabAction.GetStateDown(SteamVR_Input_Sources.Any))
            {
                this.GetComponent<Screw>().enabled = true;//激活 Screw 组件
            }
                //下面是键盘测试代码，按空格键可播放动画
                if (Input.GetKey(KeyCode.Space))
            {
                AnimatorStateInfo stateInfo =
qianJindingAnim.GetCurrentAnimatorStateInfo(0);
                if (1 < stateInfo.normalizedTime)
                {
                    isPlayAnim = false;
                    Debug.Log("汽车停止上升。");
                    //播放语音提示 7
                    GetComponent<Manager>().MissionVoicePlay(7);

                    //激活 Screw 组件
                    this.GetComponent<Screw>().enabled = true;
                    return;
                }
                BeginPlayAnim();        //汽车升起
            }
            else
            {
                isPlayAnim = false;
```

```
                qianJindingAnim.speed = 0;
            }
            //上面是键盘测试代码
        }
    }
    //--------------------------------------------------------------
    //InitTransform()方法开始
    public void InitTransform() //初始化扳手位置
    {
        //将杠杆设为千斤顶梁对象的子对象（千斤顶梁旋转移动带动杠杆旋转移动）
        gangGan.transform.parent = qianJindingLiang.transform;
        //将扳手设为千斤顶梁对象的子对象（千斤顶梁旋转移动带动扳手旋转移动）
        banShou.transform.parent = qianJindingLiang.transform;
    }
    //InitTransform()方法结束
    //--------------------------------------------------------------
    //--------------------------------------------------------------
    //BeginPlayAnim()方法开始

    public void BeginPlayAnim()                    //播放千斤顶和扳手转动动画
    {
        InitTransform();                           //方法调用
        qianJindingAnim.speed = animSpeed;         //设置动画播放速度
        isPlayAnim = true;                         //播放动画
    }


    //BeginPlayAnim()方法结束
    //--------------------------------------------------------------
  }
  //AnimationManager 类结束
  //--------------------------------------------------------------
}
//Learning 命名空间结束
//--------------------------------------------------------------
```

知识点： 若取消勾选物体上的某个组件，则在程序运行时该组件将不起作用。在需要时，可通过代码 GetComponent<>().enabled = true 激活组件（在<>中放置组件的名称）。

（6）运行程序进行测试。

9. 任务 9：取出轮胎并进行安装

任务目标

将轮胎从后备厢中取出，放置到左前轮位置。

解决思路

（1）在左前轮位置放置一个轮胎，该轮胎开始不显示，当将后备厢中的轮胎放置到该位置时，显示这个轮胎，隐藏从后备厢中拿出来的轮胎。

（2）为后备厢中的轮胎对象依次添加 Interactable、Throwable、Steam VR_Skeleton_Poser 组件，并对组件内容进行设置。

（3）编写 AlignTire 组件，实现更换功能。

实现过程

（1）将 Assets/Learning/Prefabs/文件夹中的轮胎对象，拖动到当前项目场景中，并将其重命名为“安置好的轮胎”，调整其大小和位置，使其与汽车的左前轮重合，效果如图 5.224 所示。

图 5.224　放置安置好的轮胎对象

（2）在 Hierarchy 面板下，拖动安置好的轮胎对象到 Tocus 对象下，使其成为 Tocus 对象的子对象。

（3）选中安置好的轮胎对象，在 Inspector 面板下取消勾选 Mesh Renderer 组件，使该对象在场景中不显示。

（4）在 Hierarchy 面板下选中轮胎对象（汽车后备厢中的轮胎），依次为其添加 Interactable、Throwable 和 Steam VR_Skeleton_Poser 组件。

（5）在 Assets/Learning/Scripts/文件夹中，创建一个名为“AlignTire”的 C#文件。

（6）使用 Visual Studio 编译器打开 AlignTire.cs 文件，并编写如下代码。

```
/***************************************
 * 功能：控制物体与目标位置对齐          *
***************************************/

//-------------------------------------------------------------
//引用命名空间开始

using System.Collections;
using System.Collections.Generic;
using UnityEngine;
//引用命名空间结束
//-------------------------------------------------------------
//-------------------------------------------------------------
//Learning 命名空间开始
namespace Learning
{
   //-----------------------------------------------------------
   //AlignTire 类开始
   using System.Collections;
   using System.Collections.Generic;
   using UnityEngine;
   public class AlignTire : MonoBehaviour
   {
      //--------------------------------------------------------
      //字段（变量）声明开始
      public float alignDistance = 0.5f;          //物体距原始位置的距离阈值
      public Manager manager;                     //Manager 实例对象
      public Transform target;                    //安装好的轮胎位置
      private Vector3 targetPosition;             //目标对象位置
      private bool hasDone;                       //音频播放完成的标识
      public int soundId;                         //播放语音提示的 ID

      public KeyCode key;                         //自定义按键信息
      public bool isEquipted;                     //是否匹配好
      //字段（变量）声明结束
      //--------------------------------------------------------
      //--------------------------------------------------------
      //Start()方法开始
      void Start()
      {
         targetPosition = target.position;        //保存目标对象位置信息
      }
      //Start()方法结束
```

```
        //----------------------------------------------------------
        void Update()
        {
            //测试用，最后可删除
            if (Input.GetKeyDown(key))
            {
                target.gameObject.GetComponent<MeshRenderer>().enabled =
true;  //显示放置好的轮胎
                this.gameObject.SetActive(false); //隐藏从后备厢中拿出来的轮胎
                if (!hasDone)
                {
                    //播放语音提示，其中，soundId 的值应为"9"，表示播放语音提示 9
                    manager.MissionVoicePlay(soundId);
                    hasDone = true;              //音频播放完成的标识为 true
                    isEquipted = true;           //就位了
                }
            }
            //测试用代码，用户可自己指定按键信息
        }
        //----------------------------------------------------------
        //AlignTireJudge()方法开始
        public void AlignTireJudge()
        {
            var pos = transform.position;     //获取对象当前位置信息
            //计算当前位置和目标位置间的距离
            var dis = Vector3.Distance(pos, targetPosition);
            if (dis < alignDistance)     //如果当前位置和目标位置间的距离小于阈值
            {
                target.gameObject.GetComponent<MeshRenderer>().enabled =
true;  //显示放置好的轮胎
                this.gameObject.SetActive(false); //隐藏从后备厢中拿出来的轮胎
                if (!hasDone)
                {
                    //播放语音提示，其中，soundId 的值应为"9"，表示播放语音提示 9
                    manager.MissionVoicePlay(soundId);
                    hasDone = true;         //音频播放完成的标识为 true
                    isEquipted = true;      //就位了
                }
            }
        }
        //AlignTireJudge()方法结束
        //----------------------------------------------------------
    }
    //AlignTire 类结束
    //--------------------------------------------------------------
}
```

```
//Learning 命名空间结束
//----------------------------------------------------------------
```

知识点： 由于这里实现轮胎放置的方法和前面几个物体的放置方法有些不同，因此作者新编写了一个 C#文件。当然读者也可以使用继承的方式，重构相关方法的内容。

（7）将 AlignTire.cs 文件拖动到轮胎对象下，使其成为该对象的组件。在 Inspector 面板下，展开 Align Tire 组件，设置为如图 5.225 所示的内容。

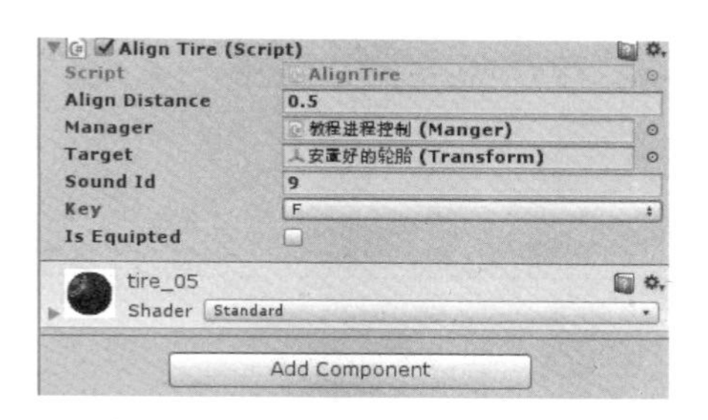

图 5.225　Align Tire 组件的内容设置

（8）在 Inspector 面板下展开 Throwable 组件，在 On Detach From Hand()响应事件函数下，单击右下角的"+"图标添加事件，设置结果如图 5.226 所示。

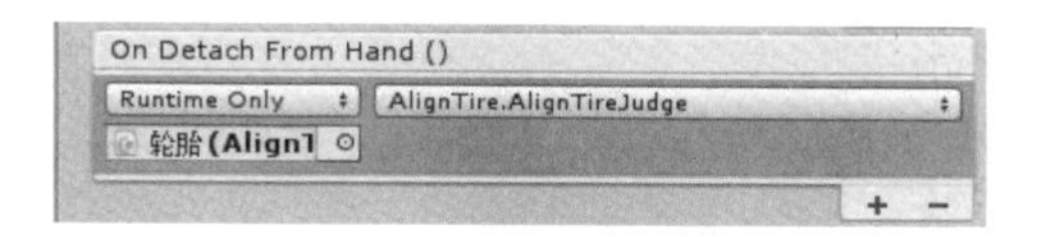

图 5.226　On Detach From Hand()响应事件函数的结果

（9）运行程序进行测试，当按手柄上的 Button 键（或测试用的 F 键）后，得到的结果如图 5.227 所示。

图 5.227　测试效果

10．任务 10：拧紧轮胎螺丝

任务目标

按 Trigger 键，实现扳手依次在 4 个螺丝的位置顺时针旋转。

解决思路

参考任务 8，将扳手逆时针旋转的方向改成顺时针旋转。

程序实现

（1）打开 Screw.cs 文件，更新代码，最终结果如下。

```
/***************************************
 * 功能：判断物体是否被拾取              *
***************************************/

//------------------------------------------------------------
//引用命名空间开始

using System.Collections;
using System.Collections.Generic;
using UnityEngine;
using Valve.VR;

//引用命名空间结束
//------------------------------------------------------------
//------------------------------------------------------------
//Learning 命名空间开始
namespace Learning
{
    //------------------------------------------------------------
    //Screw 类开始

    public class Screw : MonoBehaviour {

        //------------------------------------------------------------
        //字段（变量）声明开始
        public Transform[] screwPoints;      //数组，保存 4 个螺丝点的位置信息
        public GameObject banShouPos;        //扳手位置
        public GameObject TireChanged;       //左前轮待换轮胎
        public int pointId;                  //编号
        public bool isCompleteA;             //逆时针是否结束（拧松螺丝）
        public bool isCompleteB;             //顺时针是否结束（拧紧螺丝）
        public float angle;                  //选择角度
        public int soundId;                  //播放语音提示的 ID
        public AlignTire tire;               //轮胎对象
        public SteamVR_Action_Boolean TriggerAction;   //Trigger 键
```

```
//字段（变量）声明结束
//------------------------------------------------------------

void Start()
{
    banShouPos.SetActive(true);
    isCompleteB = true;

}
// 每运行一帧调用一次 Update()方法
void Update() {

    if (!isCompleteA)
    {
        RotateBanShouA();
    }

    if (!isCompleteB)
    {
        RotateBanShouB();
    }

    //如果按手柄上的 Trigger 键
    if (TriggerAction.GetStateDown(SteamVR_Input_Sources.Any))
    {
        if (tire.isEquipted)
        {
            banShouPos.SetActive(true);
            isCompleteB = false;
        }
    }

        //下面是测试用代码，用空格键控制

        if (Input.GetKeyDown(KeyCode.Space))
    {
        if (tire.isEquipted)
        {
            banShouPos.SetActive(true);
            isCompleteB = false;
        }
    }

    //上面是测试用代码

}
```

```
        //----------------------------------------------------------
        //RotateBanShouA()方法开始

        public void RotateBanShouA()         //逆时针（拧松）旋转扳手
        {

            //将扳手移动到螺丝点位置
            banShouPos.transform.position = screwPoints[pointId].position;
            //旋转扳手
            banShouPos.transform.Rotate(60 * Time.deltaTime, 0, 0);
            //获得螺丝对象旋转角度
            angle += 60 * Time.deltaTime ;
            if (360 <= angle )                   //判断是否旋转一圈
            {
                pointId++;                       //下一个点
                angle = 0;                       //angle 归零
                if(3<pointId )                   //如果 pointId>3
                {
                    pointId = 0;                 //归零
                    isCompleteA = true;          //停止旋转
                    //播放语音提示 8
                    GetComponent<Manager>().MissionVoicePlay(soundId);
                    banShouPos.gameObject.SetActive(false); //隐藏扳手
                    TireChanged.GetComponent<MeshRenderer>().enabled =
false;  //隐藏左前轮轮胎
                }
            }
        }
        //RotateBanShouA()方法结束
        //----------------------------------------------------------
        public void RotateBanShouB()     //顺时针（拧紧）旋转扳手
        {
            //将扳手移动到螺丝点位置
            banShouPos.transform.position = screwPoints[pointId].position;
            //旋转扳手
            banShouPos.transform.Rotate(-60 * Time.deltaTime, 0, 0);
            //获得螺丝对象旋转角度
            angle += 60 * Time.deltaTime;
            if (360 <= angle)                //判断是否旋转一圈
            {
                pointId++;                   //下一个点
                angle = 0;                   //angle 归零
                if (3 < pointId)             //如果 pointId>3
                {
                    pointId = 0;             //归零
                    isCompleteB = true;      //停止旋转
```

```
                    //播放语音提示 9
                    GetComponent<Manager>().MissionVoicePlay(soundId+2);
                    banShouPos.gameObject.SetActive(false); //隐藏扳手
                }
            }
        }
        //RotateBanShouB()方法结束
        //------------------------------------------------------------
    }
    //Screw 类结束
    //------------------------------------------------------------
}
//Learning 命名空间结束
//----------------------------------------------------------------
```

（2）在 Hierarchy 面板下选中教程进程控制对象，在右侧的 Inspector 面板下，对 Screw 组件的内容进行设置，结果如图 5.228 所示。

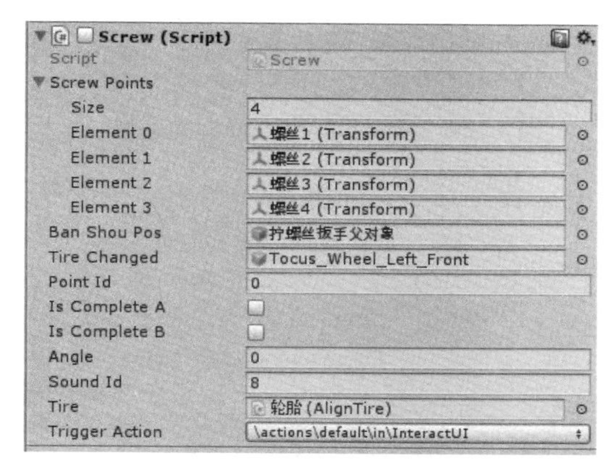

图 5.228　Screw 组件的内容设置

（3）运行程序进行测试。

代码说明

（1）在字段（变量）声明部分，增加了 AlignTire 类型的 tire 变量，通过访问轮胎对象中 isEquipted 的值来确定是否播放扳手旋转的动画。

（2）将扳手旋转动画的实现方法分别写在了 RotateBanShouA()和 RotateBanShouB()两个方法中。

（3）在 RotateBanShouB()方法的结尾部分，在 MissionVoicePlay()方法中传入的参数是 soundId+2，即语音提示 9。

通过上面的所有内容，我们就完成了在虚拟现实场景中更换轮胎的全部工作。

5.10 项目导出

（1）确保 Unity3D 中运行的当前场景是“轮胎更换教程”，然后选择 File→Build Settings 命令，操作方法如图 5.229 所示。

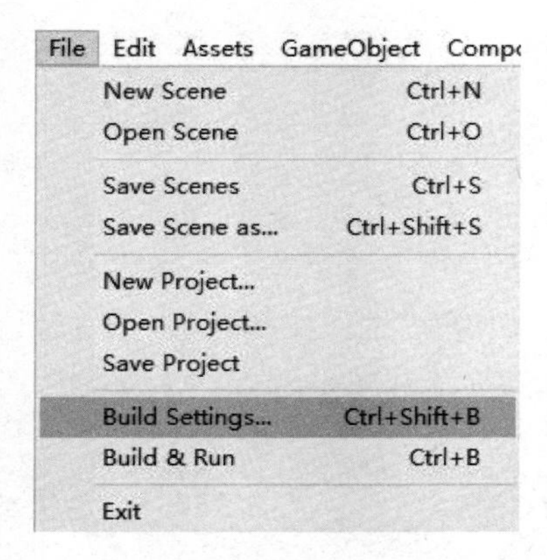

图 5.229 选择 File→Build Settings 命令

选择 File→Build Settings 命令后，将弹出 Build Settings 界面，如图 5.230 所示。

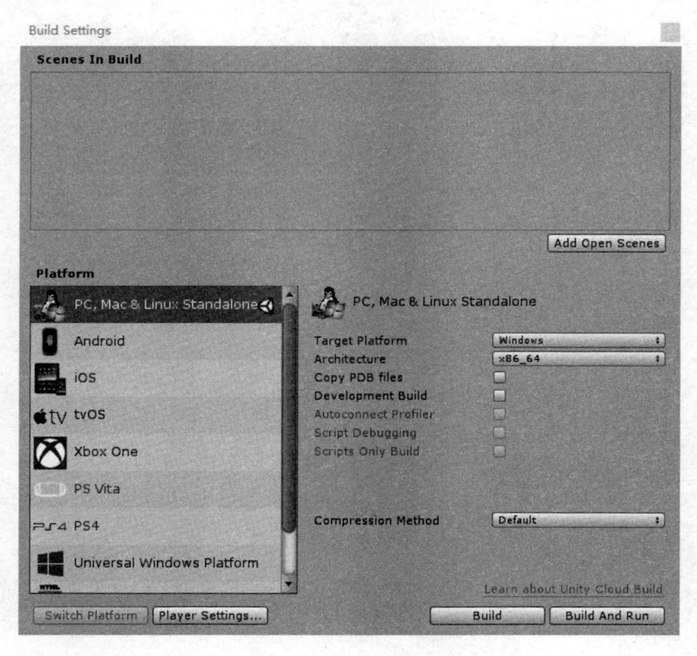

图 5.230 Build Settings 界面

（2）单击 Add Open Scenes 按钮，得到如图 5.231 所示的结果。

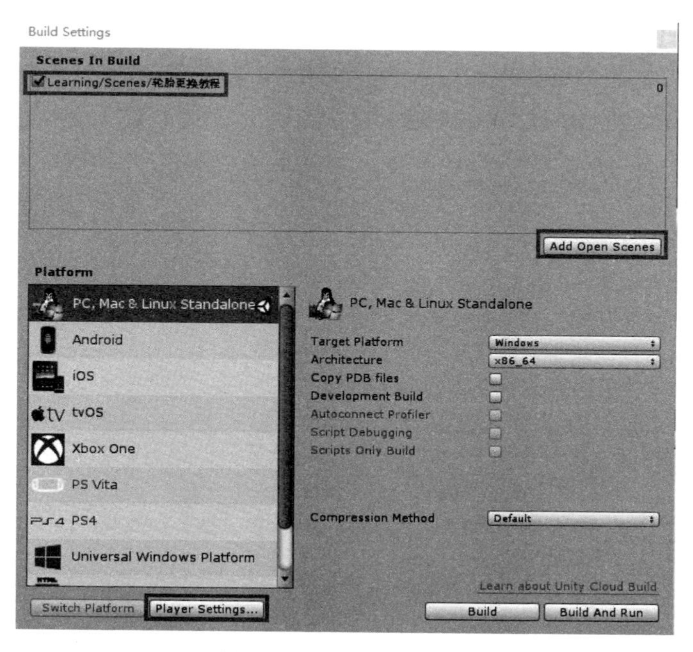

图 5.231　添加当前场景

（3）单击左下角的 Player Settings 按钮，在右侧的 Inspector 面板下得到如图 5.232 所示的结果。

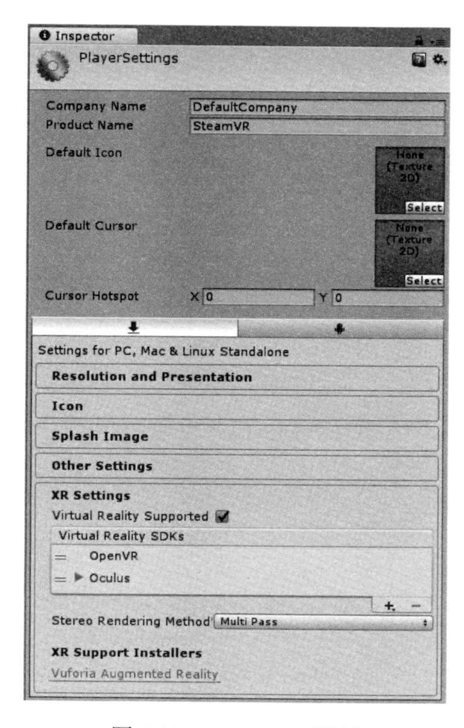

图 5.232　Inspector 面板

部分属性说明如下。

Company Name：单位或公司（个人）名称。

Product Name：产品名称。

Default Icon：默认的图标，用户可以创建一个属于自己产品的图标。

Default Cursor：默认的鼠标图标。

XR Settings 栏目下的 Virtual Reality Supported 复选框需要勾选。

（4）单击图 5.231 中的 Build 按钮，弹出如图 5.233 所示的 Build Windows 界面。

图 5.233　Build Windows 界面

用户可以新建一个文件夹，用来保存导出的.exe 格式的文件和其他与项目有关的数据，然后就可以运行该文件进行 VR 体验了。